コホモロジーのこころ

コホモロジーの
こころ

加藤五郎

岩波書店

この本を二人の偉大な女性，
母 加藤みさを，すなわち，
"おかあさん"
と，妻 Christine Willis，すなわち，
"Chrissie"
に感謝をこめて捧げる．

まえがき

こんな経験はありませんか:

目を少し細く開けても太陽いっぱいの光の中に見えるのが……,

　大海(おおうみ)に島もあらなくに海原(うなばら)のたゆたふ浪に

　　立てる白雲

これは万葉集(巻七・一〇八九)に出てくる作者不明の歌です．この歌は「何かある」というか「存在する」という言葉が意味を持つから心配しなくてもいいといった思いをいだかせます．この渾沌とした宇宙の中において「a は b と似ている」，そして「似ているもの」を集めて一組にしようとする考え方があります．またこういってもいいでしょう．「a と b は見かけは異なるが共通なものがある．」「月が地球をぐるぐる回っていても，どこにも飛んでいかない」し，「地球が太陽の周りを動いていても，どこにも飛んでいかない」．この二つの出来事に「何か似たようなことがあり，共通するものがある」というのが科学的目覚めであり，コホモロジーの創生状態であるのかも知れません．そうすると渾沌とした宇宙における美しい構造，それを定めている共通な物(概念)が浮かび上がってくるようです．

コホモロジーの始まりは，もう一度いいますと渾沌とした存在の中で

$$a \text{ と } b \text{ は似ている} \iff a \text{ と } b \text{ には共通なものがある}$$
$$\iff \text{どうでもいいところを無視すると}$$
$$a \text{ と } b \text{ は本質的には同じだ}$$

と分類して構造が生まれ，もう少し目を大きく開けると……,

　楽浪(ささなみ)の比良山風(ひらやまかぜ)の海吹けば

　　釣する海人(あま)の袖(そで)かへる見ゆ　　　(万葉集，巻九・一七一五)

という景色が見えてくることです.

比良山風を海の方にずっと吹かせて釣する人の袂をコホモロジー的に翻してみたいと……．万葉集にあるこの柿本人麻呂の歌の，きらめく海原にさわやかな比良山風が吹きおろし小舟の釣人の袂をゆする，この風の連続性が美しいとは思われませんか．

大ざっぱに言ったらコホモロジーとは割算のこと，あの 14 を 3 で割るとかいうものです．$14 = 4 \cdot 3 + 2$ ですが，この「余り」の 2 というのがコホモロジーの一つの元にあたります．この余りの 2 ですが $5 = 1 \cdot 3 + 2$ でもやはり余りは 2 です．そこで 14 と 5 は見かけは関係ないのですが，「何かを無視すると 14 と 5 はある意味で同じもの」，すなわち，「14 と 5 は余りが 2 であるということが共通している」，すなわち，「14 と 5 は似ている」，ということになって一つの構造が現れてきます．コホモロジーの定義はやはり割算みたいなもので

$$\frac{核\ (\text{kernel})}{像\ (\text{image})}$$

です．無視していいのはこの分母にある像でして，上の二つの例では $4 \cdot 3$ とか $1 \cdot 3$ とかいった何か掛ける 3 の部分です．ですから 14 と 5 は差があり，その差は 9 です．この差 9 を無視していいものなら，14 と 5 の差は無視してよろしいということです．$9 = 3 \cdot 3$ ですから，14 と 5 はコホモロジー的には ($\mod 3$ では) 同じものといった考え方です．このコホモロジー的といいますか，ある部分を無視して大切なところだけを取るというのは，この世にも通用することでして，何も無視しないですべてが大事と考えて生きる人生はその本人にとってもたまらんし，まわりにいる人だって付き合いきれない．逆のタイプもいます．全部無視しちゃって (ときにはそんな気にもなりますが) 人生をおくったら，それこそヒッピーみたいになってしまいます．人生はコホモロジー的な構造が美しいところのへんで生きましょうということでしょうか．コホモロジーとはまあこんな感じなものと考えていてください．もう気がつかれたかも知れませんが「コホモロジーのこころ」という以上，ざっくばらんに歯に衣を着せずに三河弁ももう出てしまったかも知れませんが，コホモロジー論の裏話もお話ししたいと思っています．

第1章のカテゴリーと層は第2章のための道具として話を進めていくことにします．そこで説明する関手とか自然変換は大切な考え方であり言葉です．米田の補題はグロタンディエック位相(サイトの節)にも大切です．抽象的に定義されたアーベリアン・カテゴリーの対象の中から元を取るには埋め込み定理が必要ですし，また表現可能関手の考え方も使い道がたくさんあります．ただカテゴリー論はチャーミングなところがあります．

　第2章は私も惚れこんでしまった代物というくらいエレガント(elegant)な(コ)ホモロジー代数です．ホモロジーよりこの本ではコホモロジーのほうが大事ですので，ここではコホモロジー代数と呼ぶことにします．コホモロジー代数が私の初恋の数学分野でして，それから後の数学もみなコホモロジー的色合になってしまいました．この章の中心はコホモロジー的なスペクトル系列と導来カテゴリー(derived category)です．これは難物でして，コホモロジー代数学の旧約聖書とでも申しましょうかカルタン–アイレンベルクの本ですっきりしていないのはスペクトル系列の章だけというくらいです．また，導来カテゴリー論もベルディアとかハルツォーンとかいった数学者がグロタンディエックのアイデアを1960年代に発展させました．ひょっとすると非常に大がかりになるであろう第二のカルタン–アイレンベルクがいつか出るのかも知れません．20世紀に出現したオイラー的巨人佐藤幹夫の書かれるべき「Hyperfunction III」もこのあたりのことを見定めてしまおうと……．"Spectral sequences appear everywhere in nature"(スペクトル系列は自然のいたるところに現れる)を，この章ではスローガンに掲げることにします．

　この二つの章で，コホモロジーの基本的なところは説明しました．その応用として，最後のAppendixではコホモロジー的幾何(cohomological geometry)，コホモロジー的解析(cohomological analysis)とでも申しましょうか，代数幾何と代数解析のコホモロジー的な見方を話します．代数幾何のほうはグロタンディエック–ドゥリングに代表されるカテゴリー論(第1章)，コホモロジー代数(第2章)，そしてスキーム・コホモロジーとゼータ不変量(zeta invariant，すなわち，zeta functions)ときて有限体上の代数多様体の有理点(連立方程式の解)がいくつあるかを数えてしまおうという数学です．また，

代数解析のほうは S.K.K. の Sato-Kawai-Kashiwara(佐藤-河合-柏原)のとくに Kashiwara(柏原)の $\mathcal{D}$ 加群にカテゴリー論，コホモロジー代数の流れが特に有効です．ここでは連立微分方程式，すなわち，$\mathcal{D}$ 加群，の解のコホモロジー的構造を決めてしまおうという数学です．この本で紹介できるところは，現代数学で最も上品な(sophisticated)この二つの分野のほんのほんの一部です．特にこの Appendix では文献をはっきり示して，この本では(私には)できない深くしてかつ美しいところは，そちらに譲ることにします．

　この本の題名「コホモロジーのこころ」は，木村達雄教授が付けてくださいました．それが始まりです．その後どのようにして，この本が今あるようになったかと申しますと，……．ブルバキ(Bourbaki)流に定義・公理を(番号を付けて)はっきりさせて，定理を書き，そして証明でその定理の正しさを明らかにする．これが普通の数学のしかたでしょう．ある意味で定理の正しさを読者に説き伏せてしまうやり方です．これでは「生きた数学にはならない」と言われたのが岩波書店編集部の吉田宇一さんです．「'生きた数学'かあ…」と考えつつ第1章を書き直しすること三，四回．"Eureka!(わかった)"——数学を書く者は読者の目の前にいておたがいの意識がずれないようにすればいいのだ！ そうすれば定理を書く前に読者は「その定理を予想し，またその正しさを疑うことなし」となると考えました．それでは実際どう書けばいいのであろう．それでやってみたのが「だれだれの定理によれば」とか「ある文献にあるように」とかを言わずに，本の始めっから自分自身と読者に話しかけつつ，納得しつつ，常に意識の流れを保ちながら全部を説明してしまおうというやりかたです．第1章と第2章はそのように試みました．しかし Appendix は 'self-contained' ではありません．

　そして第1章，第2章，Appendix の原稿は日本に送られタイプに打たれることになりました．タイプに打ってくださったのが筑波大学数学研究科大学院生の名倉誠さんです．名倉さんは，少しおかしくなりつつある私の日本語を正しい日本語にしてくださり，そして数学上のこともいろいろ指摘してくださいました．その他，文献のリストそして索引において努力してくださり，この本をよりきちんとしたものにしていただきました．名倉誠さんに感

謝いたします．心からです．そして岩波の吉田宇一さんは，はるばる日本からこの大学町 San Luis Obispo に来てくださり，proof reading をしてくださいました．私のわがままを聞いてくださいました．大変お世話になりました．

まえがきを終えるにあたりまして，恩師 Saul Lubkin 教授に心からの感謝を捧げます．カテゴリー論，(コ)ホモロジー代数，層，スキーム論，ゼータ函数という数学は Lubkin 教授から学んだものです．直接数学上というよりは，数学精神的な面での，Pierre Deligne 教授とその家族との友好は，心の喜びです．

2003 年 2 月

加 藤 五 郎

目　次

まえがき

1 カテゴリーと関手 1
　1.1 数学の舞台，カテゴリー　　1
　1.2 カテゴリー論の大黒柱，米田の補題　　15
　1.3 ずっと行った先が帰納的極限，ずっと戻った先が射影的極限　　30
　1.4 カテゴリーと前層　　38

2 コホモロジー代数 49
　2.1 使われているすべてのコホモロジーは，みな導来関手　　49
　2.2 数学自然に現れるスペクトル系列とは　　81
　2.3 スペクトル系列三羽烏に何ができる　　103
　2.4 コホモロジーを取らずにコホモロジーを捕らえる　　132
　2.5 コホモロジー論の作りなおし　　144

Appendix　コホモロジー代数史とその展望 165

　参考文献とあとがき 201
　索　引 203

1

カテゴリーと関手

1.1 数学の舞台, カテゴリー

　数学をする舞台がカテゴリーというところで登場人物は対象というもので，例えば**対象**が群なら，舞台は群からなる**カテゴリー**ということになります．一つの舞台上の登場人物の相互関係は対象間の**射**と呼ばれるものです．では二つの舞台をつなぐものはというと，それが**関手**と呼ばれるものです．それでは，まず数学の研究の舞台，登場人物と登場人物間の関係を表現している，すなわちカテゴリー，その対象と対象間の射のことを話し，その後，舞台と舞台をむすぶもの，すなわち，関手の一般論を話しましょう．

　いろいろな小宇宙 $\mathcal{C}, \mathcal{C}', \mathcal{C}'', \ldots$ があって，その一つ一つの小宇宙 $\mathcal{C}$ には住民が住んでいて，それらを $X, Y, Z, \ldots$ と書くことにします．住民たちは，たがいに連絡(コミュニケーション)をとり影響し合っています．そんな小宇宙 $\mathcal{C}$ を**カテゴリー**(category)とか日本語では圏といいます．その住民たちを**対象**(object)といい，住民，すなわち対象 X と Y の連絡を $X \xrightarrow{f} Y$ と書いて，そのような f を X から Y への**射**(morphism)といいます．では三人の住民 X, Y, Z が小宇宙 $\mathcal{C}$ の中にいて

（1.1.1） $$X \xrightarrow{f} Y \xrightarrow{g} Z$$
とたがいに連絡し影響しあっていたとしましょう．そのとき，Y での X の影響を受けている部分を $\operatorname{Im} f$ と書いて f の像(image)ということにします．ここで一つ約束事があります．それは X は Y に影響を与え，Y は Z に影響を与えていますが，X の影響は Z まで行くとなくなってしまうということです．Z の中の X から Y を通しての影響 $\operatorname{Im}(g \circ f)$ はゼロだということです．$g \circ f$ で射の**合成**を表します．これでもうコホモロジーが定義できてしまいます．その前にもう一つの言葉が必要です．Y は Z に連絡 g で影響を与えているわけですが，しかし Y の一部分で Z にまったく影響を与えない部分を $\operatorname{Ker} g$ と書いて g の**核**(kernel)といいます．Y が親で Z が子どもとしたら，Y の一部で，子どもに影響 g でやってもまったく関係ナシといったことはありますよね．それが親 Y の一部分の $\operatorname{Ker} g$ です．

上の(1.1.1)という X, Y, Z の間に連絡 f と g があったとき，Y での**コホモロジー**(cohomology)とは

（1.1.2） $$\operatorname{Ker} g / \operatorname{Im} f$$
という割算で定義します．上の約束事で X からの影響を受けている Y の部分 $\operatorname{Im} f$ は Z にはまったく影響なしだから $\operatorname{Im} f$ は $\operatorname{Ker} g$ の一部分，すなわち $\operatorname{Im} f \subset \operatorname{Ker} g$ です．だから Y でのコホモロジー(1.1.2)というのは，Z にまったく影響を与えない部分 $\operatorname{Ker} g$ であって，この $\operatorname{Ker} g$ の一部である X から影響されている部分 $\operatorname{Im} f$ を無視してもいい部分にあたり，$\operatorname{Ker} g$ を $\operatorname{Im} f$ で割った残りの集まりがコホモロジーです．

こう言ってもいいでしょう．(1.1.1)における Y でのコホモロジー(1.1.2)とは，Y の中で他人に影響を与えない部分 $\operatorname{Ker} g$ で，その中の，他人から影響を受ける部分を捨ててしまえということです．もっといってしまうなら Y の真髄とでもいうか，Y の本質を Y でのコホモロジーというのです．たとえば，Y がたった一人でくらしていた場合を考えてみてください．人は見かけによらないといいますが，Y そのものは見かけで Y のほんとうの姿はそのコホモロジーということになりましょうか．

ここまで話しましたことは，一つの小宇宙 $\mathcal{C}$ とそこでの住民 $X, Y, Z, \cdots$ と

住民たちの間での連絡による影響でした．そしてその中でのコホモロジーです．イメージはつかんでもらえたでしょうか．数学は他の学問より厳密であり，より正確です．それは数学の「定義というものがまずはっきりと与えられてから話を進める」というところにあると思います．カテゴリーからもう一つのカテゴリーへの関手(functor)というものを後で定義しますが，この本の全体を大きくつかむという意味で，まず次のようなイメージをつかんでください．今度は二つの小宇宙 $\mathcal{C}$ と $\mathcal{C}'$ を用意します．たとえば $\mathcal{C}$ の中で

$$(1.1.3) \quad \cdots \longrightarrow X \xrightarrow{f} Y \xrightarrow{g} Z \longrightarrow \cdots$$

とつながっているとしましょう．このつながりを $\mathcal{C}'$ の中へ運ぶということを考えたいのです．この $\mathcal{C}$ の中の住民と連絡を $\mathcal{C}'$ の中へ運ぶものを**関手**(functor)といいます．それを F と書きますと，(1.1.3)は F で運ばれて $\mathcal{C}'$ の中では

$$(1.1.4) \quad \cdots \longrightarrow FX \xrightarrow{Ff} FY \xrightarrow{Fg} FZ \longrightarrow \cdots$$

となります．$\mathcal{C}$ の中の X を $\mathcal{C}'$ の中で解釈(interpret)したのが FX というものです．ですから $\mathcal{C}$ での住民と関係が関手 F によって $\mathcal{C}'$ の中での住民 $FX, FY, \cdots$ や関係 $Ff, Fg, \cdots$ に移されたわけです．

そこで，少し先走りですが，

$$(1.1.5) \quad FX$$

を睨んでみて，F の X における導来関手(derived functor)がうっすらと現れてきたら，これが F の X におけるコホモロジーなのですが．F が(1.1.3)に現れる連絡や影響が $\mathcal{C}'$ に持ちこんでもあまり変わらないなら F の X におけるコホモロジーはシンプルなものだし，もし F がもとの関係(1.1.3)を大きく変えてしまうのなら，そのコホモロジーはより複雑になるという仕組みになっています．このコホモロジーは $R^j FX$ と書くのですが，これは F にも X にも依るわけです．すなわち導来関手(コホモロジー)は F と X がどのように関わっているのかを計る物差しのようなものです．

超コホモロジー(hypercohomology)というのは上の(1.1.5)の X のかわりに $\cdots, X, Y, Z, \cdots$ をひっくるめた(1.1.3)で置き換えたものに対して

$$(1.1.6) \quad F(\cdots \longrightarrow X \xrightarrow{f} Y \xrightarrow{g} Z \longrightarrow \cdots)$$

から出てきます．ここまでくると導来カテゴリー(derived category)やスペクトル系列(spectral sequence)の出番です．本論を始める前に言っておきたいことは，数学のいろんな分野に使われているすべてのコホモロジー(ホモロジー)論は，すべて導来関手です．航空写真は今はこのくらいにしておきます．

ここまででカテゴリーと呼ばれる小宇宙において，対象が住民で，射が住民を結ぶ関係だということがわかりました．一つのカテゴリー $\mathcal{C}$ の二つの対象 X と Y に対して X から Y への射の集まりを $\mathrm{Hom}_{\mathcal{C}}(X,Y)$ と書くことにします．X がつんとしてそっぽを向いて $\mathcal{C}$ に住んでいたら $\mathrm{Hom}_{\mathcal{C}}(X,Y)$ は空集合です．とにかく $\mathrm{Hom}_{\mathcal{C}}(X,Y)$ は射の集まりからなる集合です．ここにもう関手(functor)の一つの例があります．$\mathcal{C}$ の対象 X は $\mathrm{Hom}_{\mathcal{C}}(-,Y)$ によって運ばれて集合 $\mathrm{Hom}_{\mathcal{C}}(X,Y)$ になったのですから，$F=\mathrm{Hom}_{\mathcal{C}}(-,Y)$ は $\mathcal{C}$ から，集合が対象で写像が射であるカテゴリー $\mathcal{S}ets$ への関手です．この $F=\mathrm{Hom}_{\mathcal{C}}(-,Y)$ は X を変数と見なしましたが，Y を変数に見た $G=\mathrm{Hom}_{\mathcal{C}}(X,-)$ も $\mathcal{C}$ から $\mathcal{S}ets$ への関手です．この F と G の違いは後で話します．

その前に $\mathrm{Hom}_{\mathcal{C}}(X,X)$ を考えてみましょう．すなわち

(1.1.7) $$X \longrightarrow X$$

の射の集まりです．その中の一つ

(1.1.8) $$X \xrightarrow{1_X} X$$

は **恒等射**(identity morphism)といって，X をあるがままに見る射です．デカルトの「我思う，ゆえに我あり」を思い出させるような射です．すなわち座禅するときのような気持ちです．この恒等射 1_X は次の性質を持っています．どの $f:X\to Y$，そしてどの $h:Z\to X$ に対しても，

(1.1.9) $$Z \xrightarrow{h} X \xrightarrow{1_X} X \xrightarrow{f} Y$$

において，$1_X \circ h = h$，$f \circ 1_X = f$ が成り立ちます．

次にカテゴリー理論の肉付けであってまた層の理論，そしてそのコホモロジー論で使われる代数的概念を導入します．まず中学生時代にもどって

(1.1.10) $$x+3=0$$

を解けということから始めます．「こたえ」は

(1.1.11) $$x = 0 - 3$$
です.すなわち "3" を右辺に運んで "−3" としたわけです.「そんなことしていいのか」という質問とは「"−3" が存在するか」という質問です.一般に,a がある "数" の集まり G の元であるとき

(1.1.12) $$x + a = 0$$
がいつでも $x = 0 - a = -a$ と G の中で解けるような "数" の集まり G をアーベル群 (Abelian group) といいます.ですからアーベル群といいますのは,元の集まりからなる集合 G であって (1.1.12) の左辺の x と a を足す "+" という演算ができる集合ですから,まずは:(G.1) G のどの元 α と β との間にも "足算" + が定義されていて,その結果 $\alpha + \beta$ も G の中に入っていること.(1.1.12) の右辺に 0 とあるので:(G.2) G の中にゼロ元 0 があって,G のどの元 α に対しても $0 + \alpha = \alpha$ となること.そして上にいいました:(G.3) G のどの元 α に対しても $-\alpha$ という元が G 内にあって $\alpha + (-\alpha) = 0$ が成り立つこと.最後に (G.4) として:まず α と β を足してから γ を足しても,α と $\beta + \gamma$ を足しても同じということ,すなわち $(\alpha + \beta) + \gamma = \alpha + (\beta + \gamma)$.これら (G.1)~(G.4) が集合 G が**群**であることの定義です.ではアーベル群の「アーベル」というのは:(A.G) $\alpha + \beta = \beta + \alpha$ がいつでもどんな元についても成り立つということです.これでアーベル群の小宇宙の住民が定義できました.

次に住民と住民との連絡,すなわち射を定義しましょう.それができたらアーベル群のカテゴリーが定まります.では G と H をアーベル群とします.まず G と H をただの集合と見ましょう.G から H への集合としての写像

(1.1.13) $$G \longrightarrow H$$
のうち,すべての $x, y \in G$ に対して

(1.1.14) $$f(x + y) = f(x) + f(y)$$
を満たす写像 $f : G \to H$ を**群の準同型写像**(group homomorphism)といいます.これで対象としてアーベル群,射として群の準同型写像を持つ**アーベル群のカテゴリー**(category of Abelian groups)$\mathcal{G}$ が得られました.式 (1.1.14)

において $x+y$ は群 G 内の元ですが，$f(x)$ と $f(y)$ は x と y の f で移った先 H の元であるので $f(x)$ と $f(y)$ を足す "+" は H 内での足算です．

次は環と体のことを話します．そこで(1.1.12)の代わりに，a も b も，ある "数" の集まり R の元であるとき

(1.1.15) $$a \cdot x + b = 0$$

を考えます．この式(1.1.15)がいつでも $x = -\dfrac{b}{a}$ ($a \neq 0$) と R の中で解けるような "数" の集まり R が体(field)であり，どんな a でもというわけにはいきませんが $\dfrac{1}{a} = a^{-1}$ が存在するような a なら(1.1.15)が解けるというのが環です．環の定義は次のようなものです．(1.1.15)の左辺には掛算も出てきますので：
(R.1) 集合 R には，そのどの元 α，β に対しても $\alpha \cdot \beta$ と $\alpha + \beta$ が定義されていて $\alpha \cdot \beta$ も $\alpha + \beta$ もまた R の元であること．R の中に単位元 1 があって $\alpha \cdot 1 = \alpha$ が成り立つこと．足算 + に対しては上で話したアーベル群であること．そして上の (G.4) のように掛算 $\cdot$ に対しても $(\alpha \cdot \beta) \cdot \gamma = \alpha \cdot (\beta \cdot \gamma)$ が成り立つこと．最後に：(R.2) $(\alpha+\beta) \cdot \gamma = \alpha \cdot \gamma + \beta \cdot \gamma$，そして $\alpha \cdot (\beta+\gamma) = \alpha \cdot \beta + \alpha \cdot \gamma$ が成り立つこと．これが**環**(ring)の定義です．**体**(field)というのは特別な環でありまして，0 でないどの元 α に対しても，足算に対しての (G.3) のように，掛算に対しても α^{-1} が存在して $\alpha \cdot \alpha^{-1} = 1$ となること．すなわち，環から 0 を除いたものが掛算 $\cdot$ に対して群になっていたらその環は体です．代数幾何学では環のなかでも：(C.R) $\alpha \cdot \beta = \beta \cdot \alpha$ がどの元 α，β についても成り立つという**可換環**(commutative ring)が大切です(この日本語の発音 "kakankan" は日本人以外には吃ったように聞こえます)．可換環よりなるカテゴリー $\mathcal{R}$ の射 $f: R \to S$ は "+" に対して式(1.1.14)の他に，"$\cdot$" に対しても

(1.1.16) $$f(\alpha \cdot \beta) = f(\alpha) \cdot f(\beta)$$

がどの $\alpha, \beta \in R$ についても成立する写像です．

ここまでに得たカテゴリーの例はアーベル群のカテゴリー $\mathcal{G}$ と可換環のカテゴリー $\mathcal{R}$ です．

ここで，あとで説明する前層や層の定義に使いたい '一つの位相空間 X から定まるカテゴリー $\mathcal{T}$' のことを話します．まずは位相空間ですが，それは $\mathbb{R}^2 = \mathbb{R} \times \mathbb{R}$，すなわち xy 平面みたいなものです．集合 X が**位相空間**という

のは位相の入った集合のことですが，では位相(topology)とは何かということから始めます．それは境界(点線のところ)を含めない内側だけからなる

（1.1.17）

といった部分集合(それらを**開集合**といいます)を集めたものです．それが位相 T です．そんな部分集合 $U_1 \in T$ と $U_2 \in T$ に対して $U_1 \cap U_2$ もまたその仲間に入ります，すなわち，$U_1 \cap U_2 \in T$．しかし開部分集合が $U_1, U_2, \cdots \in T$ と無限にあるときは，$\bigcap_{i=1}^{\infty} U_i$ は T の元になるとはかぎりませんが，$\bigcup_{i=1}^{\infty} U_i$ はいつでも T の元となります．では，T の元が住民，すなわち，対象となるようなカテゴリー $\mathcal{T}$ を作るには，射はどんなものかを言わなければいけません．U と V が $\mathcal{T}$ の対象のとき，もしも $U \subset V$ であったときは対象 U から対象 V への射は包含写像(inclusion map)の $U \hookrightarrow V$ 唯一つです．すなわち $\mathrm{Hom}_{\mathcal{T}}(U, V) = \{\iota\}$．もしも $U \subset V$ でなかったとき，例えば

函数，写像，射の相異点 二つの対象を結びつける「射」という概念を導入しましたが，いわゆる数学における「函数」や「写像」という概念とどう違うのか，簡単に整理しておきましょう．

函数は，ふつう数の集合と数の集合との対応をいいます．写像は，集合の元と元との対応に使われます．写像のほうがより一般的な概念で，函数は写像の特別な場合です．たとえば，集合 A が，$A = \{$日本, ベトナム, イギリス, エチオピア$\}$ で，集合 B が，$B = \{$アジア, ヨーロッパ, アフリカ$\}$ で定義されているとき，写像 $f : A \to B$ を定義することはできますが，この f を函数とはいいません．函数の場合，$y = x^2$ として，$A = \{-1 \leq x \leq 1$ となる実数の集合$\}$ から $B = \{0 \leq y \leq 1$ となる実数の集合$\}$ への対応を考えるように，数と数との対応です．

そして，二つの対象間を結ぶ射ですが，この射が写像と異なるのは，集合には必ず元がありますが，カテゴリーの対象には一般的には元がありません．カテゴリーとして，集合のカテゴリーやアーベル群のカテゴリーを考えれば，その対象はもちろん元があります．このときには，射は写像でもあります．しかし，射のほうが写像よりもより一般的な概念で，写像でなくても射である場合はいくらでもあります．その一例が，本書で扱う関手のカテゴリーの場合なのです．

したがって，まとめるとこれら三つの概念は，
　　　　　　函数という概念 $\subset$ 写像という概念 $\subset$ 射という概念

という関係になります．

8   1 カテゴリーと関手

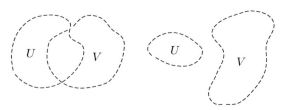

のときは U から V への射はナシ，すなわち，$\mathrm{Hom}_{\mathcal{T}}(U,V)=\varnothing$ です．これが位相空間 X の位相 T から作られたカテゴリー $\mathcal{T}$ です．

　これで層のコホモロジー理論(sheaf cohomology)の背骨ができました．しかし骨格ができたとはまだ言えません．カテゴリーとカテゴリーを結ぶ架橋となります関手(functor)を話さないといけません．じつは先走って言いますと前層(presheaf)というのは上の $\mathcal{T}$ という位相空間のカテゴリーから $\mathcal{G}$ というアーベル群のカテゴリーへの関手ですが，まずは一般論から始めます．それでは $\mathcal{C}$ と $\mathcal{C}'$ を二つのカテゴリーとします．ですから $\mathcal{C}$ の中の対象や射を $\mathcal{C}$ から $\mathcal{C}'$ への架橋 F でもって運ぶわけです．すなわち $X,Y,Z,\cdots$ が $\mathcal{C}$ の対象で，$f,g,h,\cdots$ が $\mathcal{C}$ の射であったら，関手 F はこれらを $\mathcal{C}'$ の中へ運んでいって $FX,FY,FZ,\cdots$ は $\mathcal{C}'$ の対象であり，$Ff,Fg,Fh,\cdots$ は $\mathcal{C}'$ の射になります．ここでカテゴリー $\mathcal{C}$ の中にある対象 X を関手 F で移して $\mathcal{C}'$ ではどういう解釈(interpret)ができるのだろうということを考えます．言い換えると X は F でもって $\mathcal{C}'$ の中ではどう振舞うかという問題なのです．そのときカテゴリー $\mathcal{C}'$ の中でのコホモロジー的な振舞いによって F と X の関係を研究することが目的の一つです．

　それでは，この $\mathcal{C}$ から $\mathcal{C}'$ への架橋 F が関手(共変な関手，covariant functor)であることの正確な定義を言います．$\mathcal{C}$ の中で $X \xrightarrow{f} Y$ という対象と射があるとき，これを F で $\mathcal{C}'$ の中に運ぶと Ff がやはりそのまま FX から FY への射になるということが第一の条件です．それを次のように書くとはっきりします．

(1.1.18) $\qquad X \xrightarrow{f} Y \qquad \xrightarrow{F} \qquad FX \xrightarrow{Ff} FY$
$\qquad\qquad\qquad\quad \text{in } \mathcal{C} \qquad\qquad\qquad\quad \text{in } \mathcal{C}'$

そしてあと二つの条件のうち一つは：$X \xrightarrow{1_X} X$ は F で $\mathcal{C}'$ の中に運ぶと $FX \xrightarrow{1_{FX}} FX$, すなわち $F1_X = 1_{FX}$ ということです．最後の条件は，$\mathcal{C}$ の中で $X \xrightarrow{f} Y \xrightarrow{g} Z$ とつながっていると $g \circ f$ は $X \to Z$ ですが，これを F で $\mathcal{C}'$ の中に運んだときどうなるのでしょうという条件です．それは

(1.1.19)

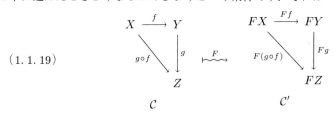

となります．すなわち $F(g \circ f) = Fg \circ Ff$ が成り立つということです．これら三つの条件が成り立つとき F をカテゴリー $\mathcal{C}$ からカテゴリー $\mathcal{C}'$ への**共変関手**といいまして，$F : \mathcal{C} \rightsquigarrow \mathcal{C}'$ と書きます．後で話しますことをここで少し言ってしまいますと，層のコホモロジーといいますのは，$\mathcal{C}$ が層からなるカテゴリーで，$\mathcal{C}'$ がアーベル群のカテゴリーであるとき，F が開集合で定まる関手である場合をいいます．ですから層のコホモロジー理論といいますのは，開集合できまる関手 F と $\mathcal{C}$ の対象である層との関係を $\mathcal{C}'$ の対象であるアーベル群で調べようという仕組みです．

　カテゴリー $\mathcal{C}$ の対象 X から Y への射の集合を $\mathrm{Hom}_{\mathcal{C}}(X,Y)$ と書くということはすでに話しました．$\mathcal{D}$ 加群の理論(theory of $\mathcal{D}$-modules)でよく使いますので，ここで関手の大切な例として $\mathrm{Hom}_{\mathcal{C}}(X,Y)$ を詳しく見定めたいと思います．$\mathrm{Hom}_{\mathcal{C}}(X,Y)$ から Y を取り外すと $\mathrm{Hom}_{\mathcal{C}}(X,-)$ です．$\mathrm{Hom}_{\mathcal{C}}(X,-)$ は何か宙ぶらりんのように見えますが，その通りで，これは $\mathcal{C}$ から集合のカテゴリー $\mathcal{S}ets$ への架橋になっています．$F = \mathrm{Hom}_{\mathcal{C}}(X,-)$ が $\mathcal{C}$ の対象 Y を「$-$」の所に代入することによって $\mathcal{S}ets$ の対象の $FY = \mathrm{Hom}_{\mathcal{C}}(X,Y)$ という集合になります．すなわち $F = \mathrm{Hom}_{\mathcal{C}}(X,-)$ が $\mathcal{C}$ から $\mathcal{S}ets$ への関手であることは，上の三つの条件を確かめることによってわかります．やってみましょう：

(1.1.20)

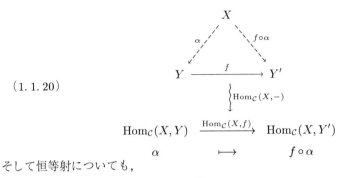

そして恒等射についても,

$$\begin{array}{c} X \\ {}^{\alpha}\swarrow \quad \searrow {}^{\alpha=1_Y\circ\alpha} \\ Y \xrightarrow{1_Y} Y \\ \downarrow {\scriptstyle \mathrm{Hom}_{\mathcal{C}}(X,-)} \\ \mathrm{Hom}_{\mathcal{C}}(X,Y) \xrightarrow{\mathrm{Hom}_{\mathcal{C}}(X,1_Y)} \mathrm{Hom}_{\mathcal{C}}(X,Y) \\ \alpha \longmapsto \alpha=1_Y\circ\alpha \end{array}$$

すなわち $\mathrm{Hom}_{\mathcal{C}}(X,1_Y)(\alpha)=\alpha$, つまり, $F1_Y \stackrel{\mathrm{def}}{=} \mathrm{Hom}_{\mathcal{C}}(X,1_Y)=1_{\mathrm{Hom}_{\mathcal{C}}(X,Y)}$ $=1_{FY}$. ここのところよろしいでしょうか. (1.1.19)にあたるところを確かめることは読者の宿題(home work)にしておきます.(私の小,中,高,大,大学院の先生方がここを読まれたら「何をえらそうなことを言っていやがる. 宿題などまったくやらなかったくせに!」と言われてしまいますが……. この宿題は,そんなにひどくない宿題です. 私の住む U.S.A. では大学でどんどん宿題を出しているのです, この私が!) とにかく

(1.1.21) $\quad\quad\quad \mathrm{Hom}_{\mathcal{C}}(X,-) : \mathcal{C} \rightsquigarrow \mathcal{S}ets$

という共変関手を得ました. 今度は X のほうを変数と見るために $\mathrm{Hom}_{\mathcal{C}}(-,Y)$ と X を取り外しますとどうなるのかを考えます. こちらのほうも X を代入すると $\mathrm{Hom}_{\mathcal{C}}(X,Y)$ という集合になるので

(1.1.22) $\quad\quad\quad \mathrm{Hom}_{\mathcal{C}}(-,Y) : \mathcal{C} \rightsquigarrow \mathcal{S}ets$

にはまちがいありません. それでは $X \xrightarrow{g} X'$ という $\mathcal{C}$ の中の対象間の射 g の向きが $\mathrm{Hom}_{\mathcal{C}}(-,Y)$ で $\mathcal{S}ets$ の中に運ばれてどうなるかを確かめてみましょ

う．まず $\mathcal{C}$ の中でどうなっているのかをみると

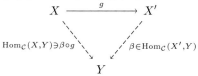

となっているわけです．$\mathrm{Hom}_{\mathcal{C}}(X',Y)$ の元 β を与えて $\beta\circ g$ という $\mathrm{Hom}_{\mathcal{C}}(X,Y)$ の元を得るわけです．ですから今度は

(1.1.23)

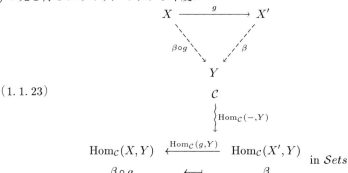

と向きが変わりました．すなわち $G=\mathrm{Hom}_{\mathcal{C}}(-,Y)$ は $\mathcal{C}$ から $\mathcal{S}ets$ への関手ですが向きを変えたので**反変関手**(contravariant functor) といいます．

次はカテゴリー $\mathcal{C}$ に対してその**双対カテゴリー** $\mathcal{C}^{\circ}$ を定義します．英語では $\mathcal{C}^{\circ}$ を dual category とか opposite category といいます．$\mathcal{C}^{\circ}$ の対象は $\mathcal{C}$ の対象そのままで，射のほうは向きを反対にします．$\mathcal{C}$ の中で $Y\to Y'$ なら，$\mathcal{C}^{\circ}$ の中では $Y\leftarrow Y'$ となります．上で話したような $\mathcal{C}^{\circ}$ から $\mathcal{S}ets$ への共変関手 $\mathrm{Hom}_{\mathcal{C}^{\circ}}(X,-)$ の $\mathcal{C}^{\circ}$ 上での振舞いを見定めましょう．

(1.1.24)

$$
\begin{array}{c}
\mathcal{C}^{\circ} \\
Y \xleftarrow{g^{\circ}} Y' \xmapsto{\mathrm{Hom}_{\mathcal{C}^{\circ}}(X,-)} \mathrm{Hom}_{\mathcal{C}^{\circ}}(X,Y) \longleftarrow \mathrm{Hom}_{\mathcal{C}^{\circ}}(X,Y') \\
(^{\circ})\Updownarrow(^{\circ}) \qquad\qquad\qquad \| \mathrm{def} \qquad\qquad \| \mathrm{def} \\
Y \xrightarrow{g} Y' \xmapsto[\mathrm{Hom}_{\mathcal{C}}(-,X)]{} \mathrm{Hom}_{\mathcal{C}}(Y,X) \dashleftarrow \mathrm{Hom}_{\mathcal{C}}(Y',X) \\
\mathcal{C} \qquad\qquad\qquad\qquad \| \mathrm{def} \qquad\qquad \| \mathrm{def} \\
G(Y) \quad\dashleftarrow\quad G(Y')
\end{array}
$$

となっているので $\mathrm{Hom}_{\mathcal{C}^\circ}(X,-)\circ(^\circ)=\mathrm{Hom}_{\mathcal{C}}(-,X)=G$ という関手は $\mathcal{C}^\circ$ 上では共変で $\mathcal{C}$ 上では反変ということになります．このことは一般的に言えることでして $F:\mathcal{C}\rightsquigarrow\mathcal{C}'$ が共変関手なら $F:\mathcal{C}^\circ\rightsquigarrow\mathcal{C}'$ は反変関手になるわけです．要するに F が $\mathcal{C}$ の中で右向き（左向き）の射を $\mathcal{C}'$ の中に運んでいっても右向き（左向き）なら F は共変です．しかしこの $\mathcal{C}$ の中の右向きの射は $\mathcal{C}^\circ$ の中では左向きですから，F は $\mathcal{C}^\circ$ から $\mathcal{C}'$ へは左向きを右向きにしたことになって，反変関手となるわけです．F を $\mathcal{C}\rightsquigarrow\mathcal{C}'^\circ$ と見なしたら反変で，$F:\mathcal{C}^\circ\rightsquigarrow\mathcal{C}'^\circ$ と見たなら，共変です．では $G:\mathcal{C}\rightsquigarrow\mathcal{C}'$ が反変関手だったら $G:\mathcal{C}^\circ\rightsquigarrow\mathcal{C}'$ は，……，いや，もうやめましょう．宿題もナシにしましょう．

ここまで来ると前層（presheaf）を定義するための御膳立てができました．一つの位相空間 X から開集合を集めて位相 T を作りました．開集合が対象で包含写像が射であるカテゴリー $\mathcal{T}$ を得たことはすでに話しました．前層というものをあっさり言ってしまいますと，それは $\mathcal{T}$ から $\mathcal{S}ets$（とかアーベル群のカテゴリー $\mathcal{G}$）への反変関手ということになります．双対カテゴリーの考えを使えば $\mathcal{T}^\circ$ から $\mathcal{S}ets$（とか $\mathcal{G}$）への共変関手です．層の話をするときにくわしく話しますが前層のことをもう少し言うと次のようになります．

対象，射，関手の関係 関手という新しい概念が出てきましたので，ここで，対象，射，関手の相互関係を整理しておきましょう．次のような対応になっています．

$$\begin{pmatrix} \text{対象 } A \xrightarrow{\text{射 } f} \text{対象 } B \\ \text{対象 } C \xrightarrow{\text{射 } g} \text{対象 } D \\ \cdots \quad \cdots \end{pmatrix}$$

これ全体をカテゴリー $\mathcal{C}$ とします．そして

$$\begin{pmatrix} \text{対象 } A' \xrightarrow{\text{射 } f'} \text{対象 } B' \\ \text{対象 } C' \xrightarrow{\text{射 } g'} \text{対象 } D' \\ \cdots \quad \cdots \end{pmatrix}$$

となる全体をカテゴリー $\mathcal{C}'$ とします．このとき，この二つのカテゴリーを結ぶのが関手 F というわけです．すなわち，

$$\text{カテゴリー } \mathcal{C} \xrightarrow{\text{関手 } F} \text{カテゴリー } \mathcal{C}'$$

と表されます．すなわち，$F:\mathcal{C}\rightsquigarrow\mathcal{C}'$ です．

$$\boxed{\begin{array}{c} A \xrightarrow{f} B \\ \vdots \end{array}} \xrightarrow{F} \boxed{\begin{array}{c} A' \xrightarrow{f'} B' \\ \vdots \end{array}}$$

$$\text{カテゴリー } \mathcal{C} \qquad\qquad \text{カテゴリー } \mathcal{C}'$$

U と V を $\mathcal{T}$ の対象とします. すなわち二つの開集合です. $U \not\subset V$ だと射が存在しないので $U \subset V$ とします. $\mathcal{T}$ の中の射としては $U \hookrightarrow V$ です. 前層 F は反変関手ですから $\mathcal{S}ets$ の中では $F(U) \xleftarrow{F(\iota)} F(V)$ となります. この少し味けない前層の定義を色どり豊かに言い直しますと $\mathcal{T}$ の対象 $U, V, \cdots$ とは窓の輪郭

(1.1.25)

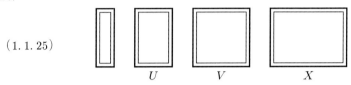

といったようなものです. では $\mathcal{T}$ の対象の U や V に対して, $F(U)$, $F(V)$ は何かと申しますと, 窓の輪郭 U, V から見える景色というものに相当するものです. すなわち $U \subset V$ のときは, U から見える景色 $F(U)$ は $F(V)$ の一部分ですので $F(V)$ をより小さな窓 U に制限した景色が $F(U)$ です. そこで $\mathcal{T}$ の中の $U \hookrightarrow V$ に対して $F(U) \xleftarrow{F(\iota)} F(V)$ を**制限写像**(restriction map)といいます. 下の図はカーテンをもっと開けて U から V に窓を広げた様子です.

(1.1.26)

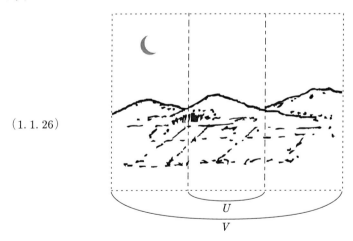

上のように $F(U)$ を窓 U から見た景色と捕らえるのはただ前層を色どりよく説明しただけという以上の意味があるのですが, それはあとで話します.

記号を導入しましょう．前層の集まり，すなわち
$$\mathcal{T}^\circ \rightsquigarrow \mathcal{S}ets$$
という共変関手の集まりを $\mathcal{P}$ とか $\mathcal{S}ets^{\mathcal{T}^\circ}$ とか書きます．これはただの集まりではなくカテゴリーになります．もっと一般に二つのカテゴリー $\mathcal{C}$ と $\mathcal{C}'$ があるとき，$\mathcal{C}'^{\mathcal{C}}$ すなわち
$$F: \mathcal{C} \rightsquigarrow \mathcal{C}'$$
という（共変でも反変でもかまわないですが）関手の集まりは実はカテゴリーになります．$\mathcal{C}'^{\mathcal{C}}$ をカテゴリーと呼ぶには，例によって，対象は何で射は何かという問いに答えないといけません．対象はもちろんのこと関手です．では二つの対象，すなわち，関手 F と G との間の射

(1.1.27) $\qquad\qquad \alpha : F \longrightarrow G \quad \text{in} \quad \mathcal{C}'^{\mathcal{C}}$

は何かということです．これは宙に浮いているので地に下ろしてみると，それは $\mathcal{C}'$ の中の射

(1.1.28) $\qquad\qquad \alpha_X : FX \longrightarrow GX$

がすべての $\mathcal{C}$ の対象 X に対して存在することです．またすべての $\mathcal{C}$ の中の射 $f:X \to X'$ に対して，まず
$$FX \xrightarrow{\alpha_X} GX$$
と
$$FX' \xrightarrow{\alpha_{X'}} GX'$$
がすぐ上の(1.1.28)で言ったように存在しますが，F と G は関手ですので，これらを

(1.1.29)
$$\begin{array}{ccc} FX & \xrightarrow{\alpha_X} & GX \\ {\scriptstyle Ff}\downarrow & & \downarrow{\scriptstyle Gf} \\ FX' & \xrightarrow{\alpha_{X'}} & GX' \end{array}$$

のように縦の射 Ff, Gf でつなぐことができます．そこで $\alpha:F\to G$ が $\mathcal{C}'^{\mathcal{C}}$ の射であるということの条件は(1.1.29)が可換な図(commutative diagram)，すなわち FX から GX' へ行く右回りと左回りの射は同じもの，つまり，$\alpha_{X'} \circ Ff = Gf \circ \alpha_X$，ということです．このようにして得られたカテゴリー $\mathcal{C}'^{\mathcal{C}}$ の射 $\alpha:F\to G$ には名前があって，これを F から G への**自然変換**(natural transformation）といいます．すなわち自然変換というのは関手間の射というものです．

1.2 カテゴリー論の大黒柱，米田の補題

ここまで来ると，カテゴリー的な考え方，そしてその方法が感じ取られたと思います．手を汚さない(clean)，すっきりした(clear)考え方と思われたかも知れません．とことん奇麗事で押し切る数学のしかたをアブストラクト・ナンセンス(abstract nonsense)とかジェネラル・ナンセンス(general nonsense)とかのあだ名がついていますが，ほんとうは general full-sense に変えたいくらいです．風にのって空中を，関手だの射だの，コホモロジーが消えるだの，スペクトル系列があるだのと来てまた地上に下りてみるといつのまにか証明したいことがすっかりすんでしまっている，こんなところからそんなあだ名がついてしまったのでしょう．ほんとうはセンスいっぱいなのです．これから，いままで話した関手という考えを使って部分カテゴリーとか，カテゴリーを別のよくわかっているカテゴリーに埋め込んでしまうことを話します．その後，対象を使って関手を作

元のない対象　元のない対象があることを，函数，写像，射の違いを説明したところで紹介しましたが，その例である関手のカテゴリーについて説明します．$\mathcal{C}, \mathcal{C}'$ をカテゴリーとします．そこで，$\mathcal{C}$ から $\mathcal{C}'$ への関手をあつめて作った集合を $\mathcal{C}'^{\mathcal{C}}$ とします．これがカテゴリーであるためには，$\mathcal{C}'^{\mathcal{C}}$ の対象はやはり関手で，$\mathcal{C}'^{\mathcal{C}}$ の射は自然変換(本文参照)とすればよいでしょう．このとき，たしかに $\mathcal{C}'^{\mathcal{C}}$ の対象である関手には元はありません．いわば，$\mathcal{C}'^{\mathcal{C}}$ というカテゴリーは，下の図においてカテゴリー $\mathcal{C}$ とカテゴリー $\mathcal{C}'$ の真ん中に作られたカテゴリーといえます．

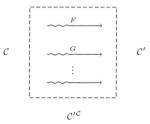

ること，すなわち表現可能な関手のことを話し，そして大切な米田の補題を詳しく話します．

次は一つのカテゴリーの中にまたより小さいカテゴリーがあるとか，一つのカテゴリーを含むもっと大きなカテゴリーがあるとかいうことを話します．ではカテゴリー $\mathcal{C}$ の中の**部分カテゴリー**(subcategory) $\mathcal{B}$ というものを定義します．それは $\mathcal{B}$ の対象も射もカテゴリー $\mathcal{C}$ の対象や射の一部だということです．記号を用意します．$\mathrm{Ob}(\mathcal{C})$ でカテゴリー $\mathcal{C}$ の対象の全体を示しましょう．そうすると $\mathcal{B}$ が $\mathcal{C}$ の部分カテゴリーということはまず $\mathrm{Ob}(\mathcal{B}) \subset \mathrm{Ob}(\mathcal{C})$ であって，かつ $\mathrm{Hom}_{\mathcal{B}}(X,Y) \subset \mathrm{Hom}_{\mathcal{C}}(X,Y)$ が $\mathcal{B}$ のどんな対象 X, Y であっても成り立つということです．例えば $\mathcal{B}$ が有限次元のベクトル空間を対象とするカテゴリーで，そして $\mathcal{C}$ のほうを有限次元とは限らないベクトル空間からなるカテゴリーとします．そのとき $\mathcal{B}$ の射も $\mathcal{C}$ の射も同じ線型写像です．すなわち線型写像という定義：$T(x+y)=T(x)+T(y)$, $T(\alpha x)=\alpha T(x)$, x, y はベクトルで α はスカラー，は次元には関係ありません．ですからこの例では $\mathrm{Hom}_{\mathcal{B}}(X,Y) = \mathrm{Hom}_{\mathcal{C}}(X,Y)$ です．この例のように $\mathcal{B}$ と $\mathcal{C}$ の射の集合の間に等号が成り立つとき，部分カテゴリー $\mathcal{B}$ は $\mathcal{C}$ の**充満な部分カテゴリー**(full subcategory)といいます．充満でない部分カテゴリーの例はいくらでもあります．もうすでに話しましたアーベル群のカテゴリー $\mathcal{G}$ は集合のカテゴリー $\mathcal{S}ets$ の部分カテゴリーではありません．(1.1.13)のあたりを見てください．

カテゴリー $\mathcal{B}$ はカテゴリー $\mathcal{C}$ の中には入っていないけれど $\mathcal{B}$ を $\mathcal{C}$ の中に埋め込むことはできないだろうかということを考えます．そこで F を $\mathcal{B}$ から $\mathcal{C}$ への関手とします．前に話したようにこの関手 F は $\mathcal{B}$ の対象や射を $\mathcal{C}$ の中へ運んでいきますが，この運びようによって F が $\mathcal{B}$ を $\mathcal{C}$ の中に埋め込むことができるとか，できないとかいうことを考えるのです．$\mathcal{B}$ の対象 X と Y に対して

$$X \xrightarrow{f} Y$$

という $\mathcal{B}$ での射 f は関手 F によって $\mathcal{C}$ の中に

$$FX \xrightarrow{Ff} FY$$

と運ばれます．すなわち $\mathrm{Hom}_{\mathcal{B}}(X,Y)$ の元 f に対して $\mathrm{Hom}_{\mathcal{C}}(FX,FY)$ の元 Ff を対応させることができます．言い換えると $F:\mathcal{B}\rightsquigarrow\mathcal{C}$ は

(1.2.1) $\qquad \mathrm{Hom}_{\mathcal{B}}(X,Y) \xrightarrow{\widetilde{F}} \mathrm{Hom}_{\mathcal{C}}(FX,FY)$

という集合間の写像 $\widetilde{F}$ を引き起こすわけです．上で言ったように $\widetilde{F}$ の定義は $f\in\mathrm{Hom}_{\mathcal{B}}(X,Y)$ に対して $\widetilde{F}(f)=Ff\in\mathrm{Hom}_{\mathcal{C}}(FX,FY)$ です．そしてこの写像 $\widetilde{F}$ が単射(injection または monomorphism)であるとき，$F:\mathcal{B}\rightsquigarrow\mathcal{C}$ を**忠実な関手**(faithful functor)といい，また $\widetilde{F}$ が全射(surjection または epimorphism)のときは $F:\mathcal{B}\rightsquigarrow\mathcal{C}$ を**充満な関手**(full functor)といいます．ここで気をつけないといけないことは，F が忠実とか充満だとかは $\mathcal{B}$ の射と $\mathcal{C}$ の射との対応のことで，対象間のことじゃないということです．そこで F が $\mathcal{B}$ から $\mathcal{C}$ への埋め込み(imbedding とか embedding といいます)というのは，まず F が忠実な関手(射に対して，すなわち，$Ff=Ff' \Longrightarrow f=f'$)，そして F が対象に対しても忠実(すなわち $FX=FX' \Longrightarrow X=X'$ ということ)，であるときと定義します．

ここまで来ると次に話したくなるのは，アーベリアン・カテゴリー(Abelian category)と呼ばれるカテゴリー的に(抽象的に)定義されたものを完全埋め込み(exact imbedding)でもって具体的に元をもつアーベル群のカテゴリー $\mathcal{G}$ の中に入れてしまおうという定理です．この定理，完全埋め込み定理(exact imbedding theorem)の良いところは次のことです．カテゴリーの定義で気がつかれたかも知れませんが対象の中の元(element)ということは話には出ませんでした．では射は何をどこへ(別の対象の中のどの元に)持っていくのかと聞きたくなります．すなわちカテゴリー的なピューリタン(純粋主義者)は射だけで飯を食っていかなければなりません．それも悪くないですが不便なときは対象内の元を取って話を進めたり証明したくなるものです．そこでこの完全埋め込み定理を使うとアーベリアン・カテゴリー $\mathcal{A}$ の対象 X を完全埋め込み関手でアーベル群のカテゴリー $\mathcal{G}$ の対象 X' に運べます．X' はアーベル群だから元をひろうことができます．いわば $\mathcal{A}$ 内の出来事 D をこうして $\mathcal{G}$ 内の出来事 D' に移して話を進めるという方法です．D は対象と射がい

ろいろ絡んでいるでしょうが埋め込みは対象も射も一対一に $\mathcal{G}$ の中に移しますし、ボーナスは $\mathcal{G}$ の中ではそれらの対象内に元があるということです。そんなわけで D' は D の良いコピーですがおまけもついているわけです。

その前に表現可能な関手のことを話します。後でアーベリアン・カテゴリーの定義にこの表現可能な関手を応用したいのです。まず (1.1.21) で言いました

$$\mathrm{Hom}_{\mathcal{C}}(X,-) : \mathcal{C} \rightsquigarrow \mathcal{S}ets$$

という共変関手を覚えておられるでしょう。$\mathcal{C}$ から $\mathcal{S}ets$ への共変関手はこの (1.1.21) のタイプ、すなわち $\mathcal{C}$ の対象 X でもって作った共変関手 $\mathrm{Hom}_{\mathcal{C}}(X,-)$ の他にもいろいろあるでしょうが、$\mathrm{Hom}_{\mathcal{C}}(X,-)$ と同じような共変関手に注意を向けたいのです。そこで $G : \mathcal{C} \rightsquigarrow \mathcal{S}ets$ を共変関手とします。そのとき

(1.2.2) $$\{\mathrm{Hom}_{\mathcal{C}}(X,-)\}_{X \in \mathrm{Ob}(\mathcal{C})}$$

の中に G とそっくりな $\mathrm{Hom}_{\mathcal{C}}(X,-)$ がみつかるとき、X という対象は G を**表現する**というのです。このことを正座していいなおしますと次のようになります。$G : \mathcal{C} \rightsquigarrow \mathcal{S}ets$ という共変関手に対して、$\mathcal{C}$ の中にある対象 X が存在して G と $\mathrm{Hom}_{\mathcal{C}}(X,-)$ が関手として同型になるとき G を**表現可能関手** (representable functor) といいます。そのとき X を G を**表現する対象**といいます。このことを $\mathcal{S}ets^{\mathcal{C}}$ の中の対象として見れば G と $\mathrm{Hom}_{\mathcal{C}}(X,-)$ が同型といってもいいのです。すなわち $\mathcal{S}ets^{\mathcal{C}}$ の同型な射 $\alpha : G \xrightarrow{\simeq} \mathrm{Hom}_{\mathcal{C}}(X,-)$ があるということです。もっと地上に下ろして、この自然変換 α が $\mathcal{C}$ のどんな対象 Y に対しても

(1.2.3) $$\alpha_Y : GY \xrightarrow{\simeq} \mathrm{Hom}_{\mathcal{C}}(X,Y) \quad \text{in} \quad \mathcal{S}ets$$

と $\mathcal{S}ets$ 内の同型 (すなわち、全単射ということ) になっているということです。$\mathcal{C}$ の対象の中でそこらじゅうさがしてもどうしても $G \xrightarrow{\simeq} \mathrm{Hom}_{\mathcal{C}}(X,-)$ という X が見つからないときは、G は表現可能ではないということです。すなわち、大ざっぱに言って

(1.2.4) $$\{\mathrm{Hom}_{\mathcal{C}}(X,-)\}_{X \in \mathrm{Ob}(\mathcal{C})} \subset \mathcal{S}ets^{\mathcal{C}}$$

ですが、$\{\mathrm{Hom}_{\mathcal{C}}(X,-)\}_{X \in \mathrm{Ob}(\mathcal{C})}$ の遠方にある関手 $\in \mathcal{S}ets^{\mathcal{C}}$ はどの対象を使っても表現できないというわけです。

1.2 カテゴリー論の大黒柱，米田の補題

このように話を進めてくると米田の補題(Yoneda's lemma)というカテゴリストの間で大黒柱となっている自然なレンマが浮かび上がってきます．F をカテゴリー $\mathcal{C}$ から集合のカテゴリー $\mathcal{S}ets$ への共変関手とします．ですから $\mathcal{C}$ のどの対象 X も F で $\mathcal{S}ets$ の中の FX へと運ばれます．この $\mathcal{C}$ の対象 X から作られる共変関手 $\mathrm{Hom}_{\mathcal{C}}(X,-)$ を上で話した表現可能な関手のところで考えました．そこで $\mathrm{Hom}_{\mathcal{C}}(X,-)$ を $\widetilde{X}$ と書きます．$\widetilde{X}$ も F も $\mathcal{S}ets^{\mathcal{C}}$ の対象です．ですから $\mathcal{S}ets^{\mathcal{C}}$ というカテゴリーの中で，対象 $\widetilde{X}$ から対象 F への射の集まり，すなわち，

(1.2.5) $$\mathrm{Hom}_{\mathcal{S}ets^{\mathcal{C}}}(\widetilde{X}, F)$$

という集合を考えることができます．このとき米田の補題はこれら二つの集合 $\mathrm{Hom}_{\mathcal{S}ets^{\mathcal{C}}}(\widetilde{X}, F)$ と FX が同型です(すなわち，全単射がある)というのです．横の書き方(1.2.5)を縦にして書くと

(1.2.6) $$\begin{array}{c} F \\ \uparrow \\ \widetilde{X} \end{array}$$

となります．先の話ですが，代数幾何でスキームという概念が出てきますが，この F と $\widetilde{X}$ をまるでスキームであるかのように思えば，(1.2.6)は F 上の $\widetilde{X}$ 有理点($\widetilde{X}$-rational points)です．この後すぐに話すことですが，X の上にある $\sim$ が関手でしかも充満かつ忠実な関手であることを思えば，この埋め込み $\sim$ でもって $\widetilde{X}$ を X と書きたくなります．それならば，なおさら F 上の $\widetilde{X}$ 有理点の集合 $F\widetilde{X}$ を FX と書きたくなります．先走ってしまいましたが，こう解釈すれば米田の補題は自然に見えてきます：

(1.2.7) $$FX = F\widetilde{X} \approx \mathrm{Hom}_{\mathcal{S}ets^{\mathcal{C}}}(\widetilde{X}, F).$$

ところで(1.2.5)の元は関手間の射ですから自然変換です．それを $\gamma: \widetilde{X} \to F$ としましょう．(1.1.28)で言ったように $\mathcal{C}$ のどの対象に対しても γ は $\mathcal{S}ets$ の射(すなわち，集合の写像)を与えますから，$\mathcal{C}$ の対象として X 自身をえらんでも

(1.2.8) $$\gamma_X : \widetilde{X}X \longrightarrow FX$$

という集合の写像を得ます．$\widetilde{X}X$ を書きなおすと $\widetilde{X}X=\mathrm{Hom}_{\mathcal{C}}(X,X)$ です．
(1.1.8)で話した $1_X:X\to X$ は $\mathrm{Hom}_{\mathcal{C}}(X,X)$ の元の一つです．この 1_X を
(1.2.8)の γ_X で FX の中にある $\gamma_X(1_X)$ に移します．すなわち $\gamma:\widetilde{X}\to F$ に
$\gamma_X(1_X)$ を対応させることによって

(1.2.9) $$\mathrm{Hom}_{Sets^{\mathcal{C}}}(\widetilde{X},F)\longrightarrow FX$$

という写像が定義できました．では(1.2.9)の逆の対応を探してみます．ようするに $x\in FX$ に対して $\widetilde{X}\to F$ という自然変換がほしいわけです．そのためには $\mathcal{C}$ の任意の対象 Y に対してどうなるかを決めればいいわけです．すなわち，宙から地におろした

(1.2.10) $$\widetilde{X}Y\longrightarrow FY$$

をどうするかということです．ですから $f\in\widetilde{X}Y=\mathrm{Hom}_{\mathcal{C}}(X,Y)$ に対して上の $x\in FX$ を使って FY の元を定めたいのです．こんなときはダイアグラムを書いてみるのが一番いいと思います．

(1.2.11)
$$\begin{array}{ccc} X \xrightarrow{1_X} X & \widetilde{X}X=\mathrm{Hom}_{\mathcal{C}}(X,X) \xrightarrow{\gamma_X} FX \\ f\downarrow \swarrow_{f=f\circ 1_X} & \downarrow \mathrm{Hom}_{\mathcal{C}}(X,f) \quad \downarrow Ff \\ Y & \widetilde{X}Y=\mathrm{Hom}_{\mathcal{C}}(X,Y) \xrightarrow{\gamma_Y} FY \end{array}$$

(1.2.11)の右側のダイアグラムを見れば(1.2.10)の元を得るには $f\in\widetilde{X}Y=\mathrm{Hom}_{\mathcal{C}}(X,Y)$ に対してまず f を F で $Sets$ の中へ運んで Ff とします．$Ff:FX\to FY$ だから FY の元を得るためには $(Ff)(x)$ とすればいいわけです．すなわち(1.2.10)は

(1.2.12) $$\widetilde{X}Y\longrightarrow FY$$
$$f\longmapsto (Ff)(x)$$

です．

今までのことを $x\in FX$ から出発して辿ってみましょう．上で言ったように Y での自然変換を $f\mapsto (Ff)(x)$ で定めました．こうして定まった自然変換に対して FX の元にもどすには，Y のかわりに X をとって 1_X の行く先できめるのでした．すなわち $1_X\mapsto (F1_X)(x)=1_{FX}(x)=x$ となります．今したことは(1.2.9)の右側の $x\in FX$ から出発して定義されたように左側に行ってまた右にもどったら x になったということです．

1.2 カテゴリー論の大黒柱,米田の補題

今度は(1.2.9)の左側から出ましょう.$\gamma:\widetilde{X}\to F$ という自然変換が左側の元です.右への行き先は $\gamma_X(1_X)\in FX$ でした.これをまた左側に送るその送り方は,$f\mapsto (Ff)(\gamma_X(1_X))$ でした.この $(Ff)(\gamma_X(1_X))$ ですが,ダイアグラム(1.2.11)を見てください.まず(1.2.11)の右のダイアグラムの左上に $1_X\in\widetilde{X}X$ があって,$(Ff)(\gamma_X(1_X))$ はこのダイアグラムの時計回りで FY に着いたということです.しかし(1.1.29)で言ったようにこのダイアグラムは可換です.では $1_X\in\widetilde{X}X$ から始まって左回りに行くと $\mathrm{Hom}_{\mathcal{C}}(X,f)(1_X)$ ですが(1.2.11)の左側のダイアグラムを横目で見るとそれは $f\circ 1_X=f\in\widetilde{X}Y$ となります.最後に f を右に運んで $\gamma_Y(f)$ です.すなわち $\gamma:\widetilde{X}\to F$ から始めて(1.2.9)の右に行きそして左に帰したら $f\mapsto \gamma_Y(f)$ になったということです(すべての Y とすべての $f\in\widetilde{X}Y$ に対して).

(1.2.9)の右向きの写像を Φ,左向きのを Ψ としたら,上でしたことは $\Psi\circ\Phi=1_{\text{左}}$,$\Phi\circ\Psi=1_{\text{右}}$ です.米田の補題を証明したことになりますが少し長くゆっくりとやりすぎたでしょうか.もう一度まとめますと……

米田の補題(Yoneda's lemma) カテゴリー $\mathcal{C}$ から $\mathcal{S}ets$ への共変関手 F は $\mathcal{C}$ のどの対象 X に対しても

$$\mathrm{Hom}_{\mathcal{S}ets^{\mathcal{C}}}(\widetilde{X},F)\xrightarrow{\approx} FX$$

という集合の間の全単射が存在する. ∎

このごろは米田の補題の考え方が最新の物理学にも現れています.例えば「*Quantum Fields and Strings*」, Vol.1(Deligne と Morgan の論文の Chap.2 を見てください), Vol.2, A.M.S., 1999.

次に,前に話した表現可能な関手と米田の補題を結びつけたら何が出てくるのでしょう.共変関手 $G:\mathcal{C}\rightsquigarrow\mathcal{S}ets$ が表現可能な関手であるとします.そして G を表現している $\mathcal{C}$ の対象を X とします.そのとき,$\mathcal{C}$ のどんな対象 Y に対しても

(1.2.13) $\qquad GY\xrightarrow{\approx}\mathrm{Hom}_{\mathcal{C}}(X,Y)=\widetilde{X}Y$

という同型があることはすでに言いました.このとき(1.2.13)の左辺は米田の補題から

(1.2.14) $\qquad \mathrm{Hom}_{\mathcal{S}ets^{\mathcal{C}}}(\widetilde{Y},G)\xrightarrow{\approx} GY$

です．ちょっと待ってくださいよ．G は表現可能ですから $Sets^{\mathcal{C}}$ の中で

(1.2.15) $$G \xrightarrow{\approx} \widetilde{X} = \mathrm{Hom}_{\mathcal{C}}(X, -)$$

です．すなわち，(1.2.13)．$\mathrm{Hom}_{Sets^{\mathcal{C}}}(\widetilde{Y}, -)$ も関手で $Sets^{\mathcal{C}}$ のものを $Sets$ の中に運びます．それなら $Sets^{\mathcal{C}}$ の中の同型(1.2.15)を $Sets$ の中の同型

(1.2.16) $$\mathrm{Hom}_{Sets^{\mathcal{C}}}(\widetilde{Y}, G) \xrightarrow{\approx} \mathrm{Hom}_{Sets^{\mathcal{C}}}(\widetilde{Y}, \widetilde{X})$$

に運びます．といいますのは関手は同型を同型に運びます．(…(1.1.18)と(1.1.19)のあたりを使ってこのことを証明することを宿題にしようかなあ．…やめとこう．) (1.2.13)と(1.2.14)と(1.2.16)を結びつけて

(1.2.17) $$\mathrm{Hom}_{\mathcal{C}}(X, Y) \xrightarrow{\approx} \mathrm{Hom}_{Sets^{\mathcal{C}}}(\widetilde{Y}, \widetilde{X})$$

という同型が得られます．(1.2.17)は $\mathcal{C}^{\circ}$ での射の集合と $Sets^{\mathcal{C}}$ での射の集合が 〜 で X と Y を $\mathcal{C}^{\circ}$ から $Sets^{\mathcal{C}}$ へ運んだ後も集合として同型，すなわち，全単射だといっています．もう一度言い直すと

(1.2.18) $$\sim : \mathcal{C}^{\circ} \rightsquigarrow Sets^{\mathcal{C}}$$

という関手は((1.2.1)で話しましたように)忠実であり充満な共変関手になります，ということです．実はここでは証明しませんが，この関手は $\mathcal{C}^{\circ}$ の対象に対しても忠実なのです．すなわち $\mathcal{C}^{\circ}$ の対象 X と Y が異なっているとき，〜 で $Sets^{\mathcal{C}}$ の中に連れていった $\widetilde{X} = \mathrm{Hom}_{\mathcal{C}}(X, -)$ と $\widetilde{Y} = \mathrm{Hom}_{\mathcal{C}}(Y, -)$ も異なります．そんなわけで 〜 は埋め込みとなります．すなわち 〜 という関手は $\mathcal{C}^{\circ}$ の対象と射をそのままもっと大きなカテゴリー $Sets^{\mathcal{C}}$ の中に埋め込んでしまえるわけで，そんなとき埋め込まれた後の対象 $\widetilde{X}$ と埋め込まれる前の X を同一視して $\widetilde{X} = X$ と見なすことをよく数学ではします．そう考えると(1.2.6)で書いたことが

(1.2.19) $$\begin{array}{c} F \\ \uparrow \\ X \end{array}$$

と書いてもいいことになります．米田の補題は，FX という集合は X 有理点の集まりと同型ですということを言っていることになります．

ここまで来ると少し自由が得られました．少し遊んでみましょう．

1.2 カテゴリー論の大黒柱，米田の補題　23

(1.2.20)

米田の補題は上のダイアグラムが可換(同型的に)であることをいっているわけです．すなわち $\mathcal{C}^\circ$ から出発した X を $\sim$ で $\mathcal{S}ets^{\mathcal{C}}$ へ埋め込みで送ったのが $\widetilde{X}$，それを反変な関手 $\mathrm{Hom}_{\mathcal{S}ets^{\mathcal{C}}}(-, F)$ で $\mathcal{S}ets$ へ送ると $\mathrm{Hom}_{\mathcal{S}ets^{\mathcal{C}}}(\widetilde{X}, F)$．$\mathcal{C}^\circ$ から近回りして F で $\mathcal{S}ets$ に送ったのが FX ですから，$FX \approx \mathrm{Hom}_{\mathcal{S}ets^{\mathcal{C}}}(\widetilde{X}, F)$ となるわけです．まず $\mathcal{C}^\circ$ の中で $X \xleftarrow{f} Y$ であったとします．これを F で右上の $\mathcal{S}ets$ に運べば $FX \xrightarrow{Ff} FY$ です．ではこれを $\sim$ で左に運んで $\mathcal{S}ets^{\mathcal{C}}$ の中では $\widetilde{X} \xleftarrow{\widetilde{f}} \widetilde{Y}$ となります．この F も $\mathcal{S}ets^{\mathcal{C}}$ の住民ですから $\widetilde{X} \xleftarrow{\widetilde{f}} \widetilde{Y}$ に $\mathrm{Hom}_{\mathcal{S}ets^{\mathcal{C}}}(-, F)$ を施すということは $\mathcal{S}ets^{\mathcal{C}}$ の中で次のダイアグラムを考えるということです．

(1.2.21)

ですから $\widetilde{X}$ から F への射を考えると $\widetilde{f}$ と合成できて $\widetilde{Y}$ から F の射を得るわけです．すなわち $\mathrm{Hom}_{\mathcal{S}ets^{\mathcal{C}}}(\widetilde{X}, F) \to \mathrm{Hom}_{\mathcal{S}ets^{\mathcal{C}}}(\widetilde{Y}, F)$ のことです．(1.2.20) で $\mathcal{C}$ の $X \xleftarrow{f} Y$ から始まって左回り，右回りして $\mathcal{S}ets$ に着いた状態を書くと

(1.2.22)
$$
\begin{array}{ccc}
FX & \xrightarrow{Ff} & FY \\
\uparrow\wr & & \uparrow\wr \\
\mathrm{Hom}_{\mathcal{S}ets^{\mathcal{C}}}(\widetilde{X}, F) & \xrightarrow{\mathrm{Hom}_{\mathcal{S}ets^{\mathcal{C}}}(\widetilde{f}, F)} & \mathrm{Hom}_{\mathcal{S}ets^{\mathcal{C}}}(\widetilde{Y}, F)
\end{array}
$$

縦の二つの同型は米田の補題の言うところです．今度は $\mathcal{C}^\circ$ の対象を二つ考えるのではなく $\mathcal{C}$ から $\mathcal{S}ets$ への共変関手を F と F' の二つとり $F \xrightarrow{\beta} F'$ とします．そのとき(1.2.20)で $\mathcal{C}^\circ$ の対象 X に対して時計回りで右上に F と F' で持って行くと，$\mathcal{S}ets$ の中で

(1.2.23)
$$FX \xrightarrow{\beta_X} F'X$$

となります.次に,(1.2.20)においてまず X を $\widetilde{X}$ と右に運びます.ではまた $\mathcal{S}ets^{\mathcal{C}}$ の中で F と F' と $\widetilde{X}$ がどうなっているかを見ましょう.

今度は $\widetilde{X}$ から F への射(すなわち,$\mathrm{Hom}_{\mathcal{S}ets^{\mathcal{C}}}(\widetilde{X},F)$ の元)に対して β と合成して $\widetilde{X}$ から F' への射(すなわち,$\mathrm{Hom}_{\mathcal{S}ets^{\mathcal{C}}}(\widetilde{X},F')$ の元)が定まります.すなわち

(1.2.24) $\qquad \mathrm{Hom}_{\mathcal{S}ets^{\mathcal{C}}}(\widetilde{X},F) \xrightarrow{\mathrm{Hom}_{\mathcal{S}ets^{\mathcal{C}}}(\widetilde{X},\beta)} \mathrm{Hom}_{\mathcal{S}ets^{\mathcal{C}}}(\widetilde{X},F')$

です.(1.2.23)も(1.2.24)も $\mathcal{C}$ から出て,右回り,左回りで $\mathcal{S}ets$ に着いたものです.

(1.2.25)
$$\begin{array}{ccc} FX & \xrightarrow{\beta_X} & F'X \\ \uparrow u & & \uparrow u \\ \mathrm{Hom}_{\mathcal{S}ets^{\mathcal{C}}}(\widetilde{X},F) & \xrightarrow{\mathrm{Hom}_{\mathcal{S}ets^{\mathcal{C}}}(\widetilde{X},\beta)} & \mathrm{Hom}_{\mathcal{S}ets^{\mathcal{C}}}(\widetilde{X},F') \end{array}$$

この(1.2.22)と(1.2.25)を少し考えておいてください(特に(1.2.25)のほうを),何かおもしろいことがひょっとして出てくるかもしれませんから.

　表現可能関手の考え方の応用としてアーベリアン・カテゴリーの定義と随伴関手の概念を話します.その次は極限について述べます.極限には射影的なものと帰納的なものがありますが,これも少々バカ丁寧にしますので自分の肌に合った説明のところだけを取ってくだされればけっこうです.前層とか層には前にも少しだけ触れましたが,ここで正確に定義します.第2章への準備をしているわけですけれど,層という考え方は,多変数複素函数論,代数幾何学,超函数(hyperfunction)は言うにおよばず代数解析学でいたるところ現れるものです.層とカテゴリー的な考え方が,うまく第2章で一様に収束するようにしたいのです.

1.2 カテゴリー論の大黒柱，米田の補題

表現可能な関手の話の前にアーベリアン・カテゴリー $\mathcal{A}$ をアーベル群のカテゴリー $\mathcal{G}$ の中に埋め込むということを言いました．そこでアーベリアン・カテゴリー(Abelian category)を表現可能な関手の考え方を使って定義しますが，表現可能関手の応用というか演習くらいに思ってもらっていいでしょう．それは，前にも言ったように $\mathcal{A}$ を $\mathcal{G}$ に埋め込んでやればボーナスとして，$\mathcal{A}$ の対象 A を $\mathcal{G}$ の中へ埋め込んだものを A' とすると，A' は(普通の)アーベル群です．たとえばダイアグラムとか完全列を埋め込まれたところで考えると，元をひろって話を進めることができるわけです．カテゴリー論に惚れこんでしまったというのでなければこんな態度でもいいでしょう．

$\mathcal{A}$ をカテゴリーとします．$\mathcal{A}$ が次の条件(A.1)〜(A.6)を満たすとき $\mathcal{A}$ を**アーベリアン・カテゴリー**といいます．

(**A.1**) $\mathcal{A}$ のどの対象 X と Y に対しても $\mathrm{Hom}_{\mathcal{A}}(X,Y)$ はただの集合ではなくアーベル群であることです．射 $f, g \in \mathrm{Hom}_{\mathcal{A}}(X,Y)$ に対して $(f+g) \in \mathrm{Hom}_{\mathcal{A}}(X,Y)$ が定義されていて，この + でアーベル群になるということです．

(**A.2**) $\mathcal{A}$ の中にゼロ対象 0 が存在すること．そのとき $\mathrm{Hom}_{\mathcal{A}}(0,0)$ はトリビアルなゼロアーベル群です．

米田の補題と埋め込み 米田の補題と埋め込みについて，復習しておきます．米田の補題は，
$$\mathrm{Hom}_{\mathcal{S}ets^{\mathcal{C}}}(\widetilde{X}, F) \xrightarrow{\approx} FX$$
でした．ここで $\widetilde{X}$ は，もともとの定義から $\mathrm{Hom}_{\mathcal{C}}(X,-)$ ですから，上の左辺は $\mathrm{Hom}_{\mathcal{S}ets^{\mathcal{C}}}(\mathrm{Hom}_{\mathcal{C}}(X,-), F)$ とかくことができます．したがって，米田の補題は集合のカテゴリー $\mathcal{S}ets$ の中で
$$\mathrm{Hom}_{\mathcal{S}ets^{\mathcal{C}}}(\mathrm{Hom}_{\mathcal{C}}(X,-), F) \xrightarrow{\approx} FX$$
であることを表します．
また，F が表現可能な関手であるとします．すなわち，その意味は $F \approx \widetilde{Y} \stackrel{\mathrm{def}}{=} \mathrm{Hom}_{\mathcal{C}}(Y,-)$ となるカテゴリー $\mathcal{C}$ の対象 Y があるということです．このとき，$F = \widetilde{Y}$ に対する米田の補題をかきくだすと，
$$\mathrm{Hom}_{\mathcal{S}ets^{\mathcal{C}}}(\widetilde{X}, \widetilde{Y}) \approx \widetilde{Y}X = \mathrm{Hom}_{\mathcal{C}}(Y, X)$$
となり，集合のカテゴリー $\mathcal{S}ets$ の中での同型を示します．これは，
$$\sim : \mathcal{C}^{\circ} \rightsquigarrow \mathcal{S}ets^{\mathcal{C}}$$
という関手が射の集合間の全単射を与えているということです．定義から，この関手 $\sim$ が忠実かつ充満な関手です．すなわち，この関手 $\sim$ を**米田の埋め込み**(Yoneda's embedding)といいます．

（**A.3**）すべての $\mathcal{A}$ の中の対象 X と Y に対して直和 $X\oplus Y$ という対象が $\mathcal{A}$ の中に存在することです．この対象 $X\oplus Y$ は $\mathcal{A}$ から $\mathcal{G}$ への共変関手である $\mathrm{Hom}_{\mathcal{A}}(X,-)\times\mathrm{Hom}_{\mathcal{A}}(Y,-):\mathcal{A}\rightsquigarrow\mathcal{G}$ を表現している対象です．すなわち $\widetilde{X\oplus Y}Z=\mathrm{Hom}_{\mathcal{A}}(X\oplus Y,Z)\xrightarrow{\approx}\mathrm{Hom}_{\mathcal{A}}(X,Z)\times\mathrm{Hom}_{\mathcal{A}}(Y,Z)$ がすべての $\mathcal{A}$ の対象 Z に対して成り立つような対象 $X\oplus Y$ が存在するということです．

（**A.4**）$\mathcal{A}$ の中の $X\xrightarrow{f}Y$ に対して，$\mathcal{A}$ の中に f の核 $\mathrm{Ker}\,f$ と呼ばれる対象が存在することです．この対象 $\mathrm{Ker}\,f$ は $Z\rightsquigarrow\mathrm{Ker}(\mathrm{Hom}_{\mathcal{A}}(Z,X)\to\mathrm{Hom}_{\mathcal{A}}(Z,Y))$ と表現している対象です．すなわち，すべての対象 Z に対して

$$(1.2.26)\quad \mathrm{Hom}_{\mathcal{A}}(Z,\mathrm{Ker}\,f)\xrightarrow{\approx}\mathrm{Ker}(\mathrm{Hom}_{\mathcal{A}}(Z,X)\longrightarrow\mathrm{Hom}_{\mathcal{A}}(Z,Y))$$

となる $\mathcal{A}$ の対象が $\mathrm{Ker}\,f$ です．(1.2.26)の右側に現れる関手

$$\mathrm{Ker}(\mathrm{Hom}_{\mathcal{A}}(-,X)\longrightarrow\mathrm{Hom}_{\mathcal{A}}(-,Y))$$

が反変なので，左側の $\mathrm{Ker}\,f$ で表現されている関手も $\mathrm{Hom}_{\mathcal{A}}(-,\mathrm{Ker}\,f)=\widetilde{\mathrm{Ker}\,f}$ と反変になるのです．

（**A.5**）上の(A.4)と同じように $X\xrightarrow{f}Y$ に対して $\mathcal{A}$ の中に f の余核 $\mathrm{Coker}\,f$ という対象が存在することです．この対象 $\mathrm{Coker}\,f$ は $Z\rightsquigarrow\mathrm{Ker}(\mathrm{Hom}_{\mathcal{A}}(Y,Z)\to\mathrm{Hom}_{\mathcal{A}}(X,Z))$ という共変関手を表現している $\mathcal{A}$ の対象です．すなわち，すべての $\mathcal{A}$ の対象 Z に対して

$$(1.2.27)$$
$$\mathrm{Hom}_{\mathcal{A}}(\mathrm{Coker}\,f,Z)\xrightarrow{\approx}\mathrm{Ker}(\mathrm{Hom}_{\mathcal{A}}(Y,Z)\longrightarrow\mathrm{Hom}_{\mathcal{A}}(X,Z))$$

となる $\mathcal{A}$ の対象が $\mathrm{Coker}\,f$ です．(1.2.27)の左辺は $\widetilde{\mathrm{Coker}\,f}Z$ のことです．ここで気がついてほしいことは(1.2.26)と(1.2.27)は対象 $\mathrm{Ker}\,f$ と $\mathrm{Coker}\,f$ の，代数学の講義に出てくるいわゆる普遍写像性(universal mapping property)による特徴づけと一致するということです．

(1.2.26)より $\mathrm{Hom}_{\mathcal{A}}(Z,\mathrm{Ker}\,f)$ は $\mathrm{Hom}_{\mathcal{A}}(Z,X)$ の一部と同型だといっているのだから $\mathrm{Hom}_{\mathcal{A}}(Z,\mathrm{Ker}\,f)\to\mathrm{Hom}_{\mathcal{A}}(Z,X)$ という射(群の準同型)がすべての Z に対してあるということです．すなわち関手間の射 $\widetilde{\mathrm{Ker}\,f}\to\widetilde{X}$ があって埋め込み前は $\mathcal{A}$ の中で $\mathrm{Ker}\,f\xrightarrow{\iota}X$ です．(A.5)により $\mathrm{Coker}\,\iota$ が存

1.2 カテゴリー論の大黒柱, 米田の補題　27

在します．それを $\text{Coim} f$ とします，すなわち，$\text{Coim} f = \text{Coker}\iota$ です．次に
(1.2.27)を見てください．$\text{Hom}_{\mathcal{A}}(\text{Coker} f, Z) \to \text{Hom}_{\mathcal{A}}(Y, Z)$ が上で言ったよ
うに存在しますが，Z として $\text{Coker} f$ を取りますと $\text{Hom}_{\mathcal{A}}(\text{Coker} f, \text{Coker} f) \to$
$\text{Hom}_{\mathcal{A}}(Y, \text{Coker} f)$ です．$1_{\text{Coker} f} : \text{Coker} f \to \text{Coker} f$ の $\text{Hom}_{\mathcal{A}}(Y, \text{Coker} f)$ の
中へ行った射を $\pi : Y \to \text{Coker} f$ とします．そこで $\text{Im} f = \text{Ker} \pi$ で定義します．
少しややこしくなってきましたので，こんなときはダイアグラムを書いてみ
ることです．

(1.2.28)
$$\begin{array}{ccccccc} \text{Ker} f & \xrightarrow{\iota} & X & \xrightarrow{f} & Y & \xrightarrow{\pi} & \text{Coker} f \\ & & \downarrow & \searrow^{g} & \uparrow & & \\ & & \text{Coim} f & \dashrightarrow^{h} & \text{Im} f & & \\ & & \| & & \| & & \\ & & \text{Coker}\,\iota & & \text{Ker}\,\pi & & \end{array}$$

$\pi \circ f = 0$ ですから普遍写像性より，または(1.2.26)より $X \xrightarrow{g} \text{Ker} \pi = \text{Im} f$
が存在します．このとき $g \circ \iota = 0$ ですから $\text{Coker}\iota$ の普遍写像性，または
(1.2.27)より $\text{Coker}\iota = \text{Coim} f \xrightarrow{h} \text{Im} f$ が存在します．そこで最後の条件は

　(**A.6**)　$\text{Coim} f \xrightarrow{h} \text{Im} f$ は同型になる

ということです．

　少し長くなってしまいましたが条件(A.1)～(A.6)を満たすカテゴリー $\mathcal{A}$
をアーベリアン・カテゴリーといいます．前にも言いましたが表現可能関手
の考え方の演習問題になってしまいました．大切なことはアーベリアン・カ
テゴリーはアーベル群のカテゴリー $\mathcal{G}$ に埋め込めるという定理です．この定
理は，S. ルブキン(Saul Lubkin)という数学者がコロンビア大学一年生のと
きに S. アイレンベルク(ホモロジー代数学の創始者)の大学院の講義のクリ
スマス・バケーション中に書いたレポートの中で，証明されました．その後
B. ミッチェル(Mitchell)や P. フロイド(Freyd)によって一般化されました．

　完全埋め込み定理　対象の全体が集合となるようなアーベリアン・カテゴ
リー $\mathcal{A}$ からアーベル群のカテゴリー $\mathcal{G}$ への加法的完全埋め込み関手 $'$ が存
在する，すなわち，$\mathcal{A} \xrightarrow{\prime} \mathcal{G}$ です．　∎

　その御利益は $\mathcal{A}$ での完全列(exact sequence)，すなわち，$\cdots \to A_{j-1} \xrightarrow{f_{j-1}}$

$A_j \xrightarrow{f_j} A_{j+1} \to \cdots$ で $\operatorname{Ker} f_j = \operatorname{Im} f_{j-1}$ となっている $\mathcal{A}$ の対象と射は，埋め込まれた $\mathcal{G}$ の中でも $\cdots \to A'_{j-1} \xrightarrow{f'_{j-1}} A'_j \xrightarrow{f'_j} A'_{j+1} \to \cdots$ が完全，すなわち，$\operatorname{Ker} f'_j = \operatorname{Im} f'_{j-1}$ となっていることが第一です．第二に前にも話したボーナスです．$A \in \mathcal{A}$ の元ということは言えませんが $A' \in \mathcal{G}$ の元はアーベル群 A' の元です．ですから $\mathcal{A}$ の中では $\operatorname{Ker} f$，$\operatorname{Coker} f$ は射のみで定義されましたが $f \in \mathcal{A}$ を $f' \in \mathcal{G}$ に移してしまえば $\operatorname{Ker} f'$ や $\operatorname{Coker} f'$ は普通の元による定義でもよいわけです．特に(A.6)は $\mathcal{G}$ に移してやると群の第一同型定理ですので(トートロジーですが)アーベリアン・カテゴリーは $\operatorname{Ker} f$，$\operatorname{Coker} f$ が存在しかつ第一同型定理のようなものが成り立つようなカテゴリーと言ってもいいでしょう．

　上の定理の中で「加法的」ということを言いましたので説明します．それは(A.1)により $\operatorname{Hom}_{\mathcal{A}}(X, Y)$ はアーベル群ですから，$f, g \in \operatorname{Hom}_{\mathcal{A}}(X, Y)$ に対して $(f+g) \in \operatorname{Hom}_{\mathcal{A}}(X, Y)$ です．そこでこれらの $\mathcal{A}$ の射 $f, g, f+g$ を埋め込み関手 ′ で $\mathcal{G}$ に送ってやると $f', g', (f+g)'$ ですが，そこで，カテゴリー $\mathcal{G}$ の中で

$$(1.2.29) \qquad (f+g)' = f' + g'$$

が成り立つとき，関手 ′ は**加法的**(additive)というのです．(1.2.1)を思い出してください．すなわち，

$$(1.2.1) \qquad \operatorname{Hom}_{\mathcal{B}}(X, Y) \xrightarrow{\widetilde{F}} \operatorname{Hom}_{\mathcal{C}}(FX, FY)$$

でした．$\mathcal{B}$ も $\mathcal{C}$ もアーベリアン・カテゴリーとします．そのとき(A.1)から(1.2.1)の両辺はアーベル群です．(1.2.1)の写像 $\widetilde{F}$ は $F: \mathcal{B} \leadsto \mathcal{C}$ から定まった写像で定義は $\widetilde{F}(f) = Ff$，$f \in \operatorname{Hom}_{\mathcal{B}}(X, Y)$ でした．アーベリアン・カテゴリー間の関手 $F: \mathcal{B} \leadsto \mathcal{C}$ が加法的であることの一般的な定義は，$\widetilde{F}$ がアーベル群 $\operatorname{Hom}_{\mathcal{B}}(X, Y)$ からアーベル群 $\operatorname{Hom}_{\mathcal{C}}(FX, FY)$ への準同型であるということです．すなわち，

$$(1.2.30) \qquad \widetilde{F}(f+g) = \widetilde{F}(f) + \widetilde{F}(g), \quad \text{i.e.,} \quad F(f+g) = Ff + Fg,$$

ただし，$f, g \in \operatorname{Hom}_{\mathcal{B}}(X, Y)$ です．

　ここで話題を変えましょう．L をカテゴリー $\mathcal{C}$ からカテゴリー $\mathcal{C}'$ への共変関手とします．すなわち $\mathcal{C}$ の対象 X に対して LX は $\mathcal{C}'$ の対象です．そこで Y' が $\mathcal{C}'$ の対象なら $\operatorname{Hom}_{\mathcal{C}'}(LX, Y')$ という集合が定まります．L は共変で

射の向きを変えない，そして $\mathrm{Hom}_{\mathcal{C}'}(-,Y')$ は反変で向きを変えます．ですから $\mathcal{C} \xrightarrow{L} \mathcal{C}' \xrightarrow{\mathrm{Hom}_{\mathcal{C}'}(-,Y')} \mathcal{S}ets$ と合成した $\mathrm{Hom}_{\mathcal{C}'}(-,Y') \circ L = \mathrm{Hom}_{\mathcal{C}'}(L-,Y')$ は向きが変わって反変関手となります．すなわち X を変数とみなした関手

(1.2.31) $$\mathrm{Hom}_{\mathcal{C}'}(L-,Y') : \mathcal{C} \rightsquigarrow \mathcal{S}ets$$

は反変関手です．この反変を共変に移したかったら $\mathcal{C}$ のかわりに $\mathcal{C}^\circ$ を取ると $F \overset{\mathrm{def}}{=} \mathrm{Hom}_{\mathcal{C}'}(L-,Y')$ は $\mathcal{C}^\circ$ から $\mathcal{S}ets$ への共変関手になります．このときこの共変関手 $F = \mathrm{Hom}_{\mathcal{C}'}(L-,Y')$ が表現可能であるということはどういうことかを考えてみましょう．それは $\mathcal{C}^\circ$ の中に，ある対象 Y を見つけることができて関手としての同型，すなわち，カテゴリー $\mathcal{S}ets^{\mathcal{C}^\circ}$ での同型，$F \xrightarrow{\approx} \mathrm{Hom}_{\mathcal{C}^\circ}(Y,-)$ があるということです．ということは，すべての $\mathcal{C}^\circ$ の対象 X に対して集合としての同型(すなわち，全単射)

(1.2.32) $$FX \xrightarrow{\approx} \mathrm{Hom}_{\mathcal{C}^\circ}(Y,X)$$

があるということです．(1.2.3) のあたりを見てください．(1.2.32) の右辺ですが $\mathcal{C}^\circ$ の中では $Y \to X$ です．それなら $\mathcal{C}$ の中では $X \to Y$ です．(1.2.32) を書き直しますと

(1.2.33) $$FX \overset{\mathrm{def}}{=} \mathrm{Hom}_{\mathcal{C}'}(LX,Y') \xrightarrow{\approx} \mathrm{Hom}_{\mathcal{C}}(X,Y)$$

になります．この Y は F を表現している $\mathcal{C}^\circ$ の対象($\mathcal{C}$ の対象ということ，(1.1.24) のあたりを見てください)でしたから F に左右されます．さらに F は $\mathrm{Hom}_{\mathcal{C}'}(L-,Y') = \mathrm{Hom}_{\mathcal{C}'}(-,Y') \circ L$ でしたので，Y' と L に左右されます．そこで $Y = RY'$ としましょう．そのとき (1.2.33) は

(1.2.34) $$\mathrm{Hom}_{\mathcal{C}}(X,RY') \approx \mathrm{Hom}_{\mathcal{C}'}(LX,Y')$$

となります．

定義 $\mathcal{C}$ から $\mathcal{C}'$ への共変関手 L に対して，$\mathcal{C}'$ から $\mathcal{C}$ への共変関手 R が存在して (1.2.34) のように $\mathcal{S}ets$ の同型が得られたとき，R を L の**右随伴関手**(right adjoint functor of L)といい，L を R の**左随伴関手**(left adjoint functor of R)といいます． ∎

上では $L : \mathcal{C} \rightsquigarrow \mathcal{C}'$ という共変関手から話を始めて，$\mathcal{C}^\circ$ から $\mathcal{S}ets$ への共変関手 $\mathrm{Hom}_{\mathcal{C}'}(L-,Y')$ の表現可能性を仮定して，L の右随伴関手 $R : \mathcal{C}' \rightsquigarrow \mathcal{C}$ を定義しました．申し合わせたように，だれも本には書いていないようですので，

今度は $R:\mathcal{C}'\rightsquigarrow\mathcal{C}$ という共変関手から始めて L を定義してみましょう．宿題をここでやってしまおうというわけです．今度は $\mathcal{C}'\xrightarrow{R}\mathcal{C}\xrightarrow{\mathrm{Hom}_\mathcal{C}(X,-)}\mathcal{S}ets$ の合成 $\mathrm{Hom}_\mathcal{C}(X,-)\circ R=\mathrm{Hom}_\mathcal{C}(X,R-)$ ですから共変です．そこで

(1.2.35) $$G\underset{\mathrm{def}}{=}\mathrm{Hom}_\mathcal{C}(X,R-):\mathcal{C}'\rightsquigarrow\mathcal{S}ets$$

が表現可能であるとしたら $\mathcal{C}'$ の対象の中にある対象 X' を見つけることができて

(1.2.36) $$G=\mathrm{Hom}_\mathcal{C}(X,R-)\xrightarrow{\approx}\mathrm{Hom}_{\mathcal{C}'}(X',-)=\widetilde{X'}$$

という関手としての同型があります．すなわち，すべての $\mathcal{C}'$ の対象 Y' に対して

(1.2.37) $$GY'=\mathrm{Hom}_\mathcal{C}(X,RY')\approx\mathrm{Hom}_{\mathcal{C}'}(X',Y')=\widetilde{X'}Y'$$

という $\mathcal{S}ets$ での同型があります．そこで G を表現する X' を LX と記すと

(1.2.34) $$\mathrm{Hom}_\mathcal{C}(X,RY')\approx\mathrm{Hom}_{\mathcal{C}'}(LX,Y')$$

がまた得られました．そしてこの L が R の左随伴関手です．

こうして「まえがき」でお話した比良山風をずうっと息もつかずに吹かせておりますがどうでしょうか．釣人の袂にその風が届くにはまだまだです．しかしその風はもう海の上に出ております．

1.3 ずっと行った先が帰納的極限，ずっと戻った先が射影的極限

次にお話ししたいのは極限(limit)についてです．二つありまして一つは射影的極限(inverse limit，または projective limit)，他の一つは帰納的極限(direct limit，または inductive limit)です．そこで F をカテゴリー $\mathcal{I}$ からカテゴリー $\mathcal{C}$ への共変関手とします．まず F の射影的極限を定義します．F は関手ですから $\mathcal{I}$ での $i\xrightarrow{\varphi}j$ に対して，$\mathcal{C}$ での $Fi\xrightarrow{F\varphi}Fj$ を定めます．このとき F の射影的極限というのは $\mathcal{C}$ の対象でそれを $\varprojlim_{i\in\mathcal{I}}Fi$ とか，ただ $\varprojlim Fi$ とか書きますが，次の二つの公理を満たすものです．まず一つ目の公理は，$\mathcal{C}$ の中で $\varprojlim Fi$ から Fi への射 α_i があること，そして $i\xrightarrow{\varphi}j$ に対してダイアグラム

1.3 ずっと行った先が帰納的極限,ずっと戻った先が射影的極限

$$(1.3.1) \quad \varprojlim Fi \overset{\alpha_i}{\underset{\alpha_j}{\rightrightarrows}} \begin{matrix} Fi \\ \downarrow F\varphi \\ Fj \end{matrix}$$

が可換であるという公理です.もう一つの公理はその普遍写像性です.すなわち $\mathcal{C}$ のある対象 Y が $\varprojlim Fi$ のように性質(1.3.1)をもつとき,つまり,

$$(1.3.2) \quad Y \overset{\beta_i}{\underset{\beta_j}{\rightrightarrows}} \begin{matrix} Fi \\ \downarrow F\varphi \\ Fj \end{matrix}$$

が可換であるとき,$h: Y \to \varprojlim Fi$ という唯一つの射が存在して

$$(1.3.3) \quad \begin{matrix} Y \\ \downarrow h \\ \varprojlim Fi \end{matrix} \overset{\beta_i}{\underset{\alpha_i}{\rightrightarrows}} Fi$$

がすべての i について可換となるという公理です.どうしてこのような普遍写像性(1.3.3)を加えるのかというと,それは(1.3.1)や(1.3.2)のように α_i や β_i が $\varprojlim Fi$ や Y から出ていれば,$\varprojlim Fi$ や Y は射影的な対象です.そのような射影的なものの中の極限的なものがそれこそ射影的極限です.すなわち射影的な対象全体の中の究極的なもの(この場合は終対象(final object)),それが $\varprojlim Fi$ であって,どんな(1.3.1)を満たす Y でも,h でもってもっと上に移してからおのおのの Fi に射影できるということなのです.そして(1.3.3)のボーナスとしてそのような究極的な対象は一つしかないということが出てくるのです.表現可能性を使うと射影的極限はどうなるのでありましょう.

ちょっとその前に宿題をここでやってしまいます.出そうと思っていた宿題は上で話した(1.3.3)のボーナスを証明することです.すなわち $\varprojlim Fi$ がもし存在したら唯一つしかないということです.もっと正確に言うと(1.3.1)

と(1.3.3)を満たすものが二つあったらそれは同型ですということを証明したいわけです(このような宿題は長い人生の内に一度くらいしておいてもいいと思います). では $\varprojlim Fi$ も $(\varprojlim Fi)'$ も $F: \mathcal{I} \rightsquigarrow \mathcal{C}$ の射影的極限であったとします. すなわち(1.3.1)と(1.3.3)を満足する $\mathcal{C}$ の対象です. $(\varprojlim Fi)'$ は少なくとも(1.3.1)を満たすので射影的な対象です. そこで $\varprojlim Fi$ が射影的極限と思えば $(\varprojlim Fi)'$ は Y のようなものの一つですから(1.3.3)により唯一つの $h: (\varprojlim Fi)' \to \varprojlim Fi$ が存在します. 今度は逆に $\varprojlim Fi$ を Y のような射影的な対象の一つと思い $(\varprojlim Fi)'$ のほうが射影的極限と考えれば, 今度は唯一つの射があり, それを h' とします. その h' は $\varprojlim Fi$ から $(\varprojlim Fi)'$ への射です. ですから

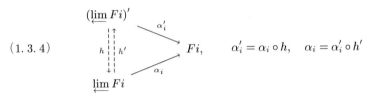

$$(1.3.4) \qquad \alpha_i' = \alpha_i \circ h, \quad \alpha_i = \alpha_i' \circ h'$$

という可換ダイアグラムが得られます.

そこでこんな小細工をするのです. (1.3.3)で Y として $\varprojlim Fi$ を取ってやるのです. そうしたら(1.3.3)は

$$(1.3.5)$$

ですが, (1.3.5)を可換にする $\varprojlim Fi$ からそれ自身への射にはたしかに恒等射 $1_{\varprojlim Fi}$ があります. 小細工がつづきます. $\varprojlim Fi \xrightarrow{h'} (\varprojlim Fi)' \xrightarrow{h} \varprojlim Fi$ の合成 $h \circ h'$ も $\varprojlim Fi$ から $\varprojlim Fi$ への射で

$$(1.3.6)$$

1.3 ずっと行った先が帰納的極限，ずっと戻った先が射影的極限

を可換にします．なぜなら $\alpha_i \circ h \circ h' = (\alpha_i \circ h) \circ h' = \alpha'_i \circ h' = \alpha_i$ ((1.3.4)を見てください)．しかしそんな可換にするような射は唯一つしかないというのが(1.3.3)でしたので，(1.3.5)の $1_{\varprojlim Fi}$ と $h \circ h'$ は同じでなければなりません．すなわち，$h \circ h' = 1_{\varprojlim Fi}$．それでは(1.3.5)で $\varprojlim Fi$ を $(\varprojlim Fi)'$ で置き換えてやって同じことをくりかえせば $h' \circ h$ が $(\varprojlim Fi)'$ から $(\varprojlim Fi)'$ への恒等射 $1_{(\varprojlim Fi)'}$ であることが言えて，h と h' が同型であることがわかりました．

(1.3.1)とか(1.3.2)がたしかに射影的な'物'を表し，(1.3.3)がそういう'物'の中の'極限的な物'と思えたら上の定義で納得がいくわけですが，人の好みはさまざまですので(とくにこの U.S.A. はひどく足並みが揃わない，ほんとうに)別の角度から表現可能性を使って言い換えてみます．

そこで少し変わった関手を定義します．$\iota:\mathcal{C} \rightsquigarrow \mathcal{C}^{\mathcal{I}}$ という関手を定義したいのです．そのために $\mathcal{C}$ の中で $Y \xrightarrow{f} Y'$ という対象と射をとります．そこで ι で $\mathcal{C}^{\mathcal{I}}$ の中に送りますと $\iota Y \xrightarrow{\iota f} \iota Y'$ です．しかし $\mathcal{C}^{\mathcal{I}}$ は $\mathcal{I}$ から $\mathcal{C}$ への関手からなるカテゴリーで $\mathcal{C}^{\mathcal{I}}$ の射は自然変換です．すなわち上の ιY と $\iota Y'$ は $\mathcal{I}$ から $\mathcal{C}$ への関手で ιf はその間の自然変換です．そこで $\mathcal{I}$ の対象 i に対して ιY や $\iota Y'$ は i を $\mathcal{C}$ のどの対象に移すのかというと $(\iota Y)(i) = Y$, $(\iota Y')(i) = Y'$ と定義するのです．自然変換 ιf は $\mathcal{I}$ の対象に対して $(\iota f)(i) = f$ と定義するのです．もう一度書きますと $i \in \mathcal{I}$ に対して $\iota Y, \iota Y' : \mathcal{I} \rightsquigarrow \mathcal{C}$ は

(1.3.7)
$$(\iota Y)i \xrightarrow{(\iota f)i = f} (\iota Y')i \quad \text{in} \quad \mathcal{C}$$
$$\| \qquad \qquad \|$$
$$Y \qquad \qquad Y'$$

となります．少し変わっているでしょう，この関手は！そこで F を $\mathcal{C}^{\mathcal{I}}$ の対象(すなわち，$F:\mathcal{I} \rightsquigarrow \mathcal{C}$ という関手ということ)としますと ιY も $\mathcal{C}^{\mathcal{I}}$ の対象ですから $\mathrm{Hom}_{\mathcal{C}^{\mathcal{I}}}(\iota Y, F)$ という集合が考えられます．これを次のように悟ってください：

(1.3.8) $\qquad \mathrm{Hom}_{\mathcal{C}^{\mathcal{I}}}(\iota -, F) : \mathcal{C} \rightsquigarrow \mathcal{S}ets$

という反変関手となります．(次に私が何を言うか見当がつきますか．つかなくてもいいです．ここまで書いて前の定義の方がより直感的だし，この順

序に書いてきて今すこしほっとしています.）次に(1.3.8)の関手が表現可能
ということは，どういうことかを調べますと……. $\mathcal{C}$ の中にある対象 X を
見つけ出すことができて，この X で作る関手 $\widetilde{X}=\mathrm{Hom}_{\mathcal{C}}(-,X)$ と(1.3.8)の
$\mathrm{Hom}_{\mathcal{C}^{\mathcal{I}}}(\iota-,F)$ が同じようなもの($\mathcal{C}^{\mathcal{I}}$ での同型)ということでした((1.2.3)の
あたりを思いおこしてください).ですからどんな $\mathcal{C}$ の対象 Y に対しても

(1.3.9) $\qquad \mathrm{Hom}_{\mathcal{C}^{\mathcal{I}}}(\iota Y, F) \xrightarrow{\approx} \mathrm{Hom}_{\mathcal{C}}(Y, X)$ in $\mathcal{S}ets$

と同型が得られるということです．実は(1.3.8)の関手を表現するこの対象
X が $\varprojlim Fi$ なのです．(1.3.9)が(1.3.1),(1.3.2)そして(1.3.3)をみな含
んでいるのです．まず(1.3.1)から始めますと(1.3.9)で $X=\varprojlim Fi$ とし, Y
は何でもよいわけですので $Y=\varprojlim Fi$ としますと(1.3.9)は

$$\mathrm{Hom}_{\mathcal{C}^{\mathcal{I}}}(\iota \varprojlim Fi, F) \approx \mathrm{Hom}_{\mathcal{C}}(\varprojlim Fi, \varprojlim Fi)$$

です．右辺の元 $1_{\varprojlim Fi}$ に対して唯一つ $\alpha \in \mathrm{Hom}_{\mathcal{C}^{\mathcal{I}}}(\iota \varprojlim Fi, F)$ が存在します．
これを書き換えれば

$$\iota \varprojlim Fi \xrightarrow{\alpha} F$$

という $\mathcal{C}^{\mathcal{I}}$ の対象間の射 α というダイアグラムです．ということは $i \xrightarrow{\varphi} j$ と
いう $\mathcal{I}$ 内の対象と射 φ に対して

(1.3.10)
$$\begin{array}{ccc} \varprojlim Fi=(\iota \varprojlim Fi)i & \xrightarrow{\alpha_i} & Fi \\ \Big\downarrow 1_{\varprojlim Fi} & & \Big\downarrow F\varphi \\ \varprojlim Fi=(\iota \varprojlim Fi)j & \xrightarrow{\alpha_j} & Fj \end{array}$$

ですが，(1.3.10)の右半分は F が関手であることから，そして(1.3.10)の
左半分は(1.3.7)の少し上のあたりの定義を見てくだされば，あとは(1.3.1)
と(1.3.10)が同じであることは見たらわかると思います．次に(1.3.2)を得
るには(1.3.9)の左辺の元 β を取りますと，$\mathcal{C}^{\mathcal{I}}$ の中で

(1.3.11) $\qquad\qquad\qquad \iota Y \xrightarrow{\beta} F$

ですが，$\mathcal{I}$ 内の $i \xrightarrow{\varphi} j$ に対して，(1.3.10)を得たように

1.3 ずっと行った先が帰納的極限，ずっと戻った先が射影的極限　35

(1.3.2)
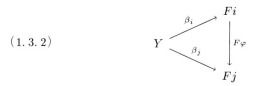

を得ます．このような β に対して(1.3.9)の同型により右辺に唯一つの元 $h \in \mathrm{Hom}_{\mathcal{C}}(Y, X)$ が対応します．ここで $X = \varprojlim Fi$ でしたので，それが(1.3.3)を与えます．

　表現可能関手の考え方で $\varprojlim$ を定義するのは演習問題のようになりました．アーベリアン・カテゴリーの定義のときも表現可能関手の演習でしたから，これも始めに話した $\varprojlim$ の定義が本質的で，上の定義は表現可能関手の応用第二くらいに思ってください．

　さて次は $F: \mathcal{I} \rightsquigarrow \mathcal{C}$ に対する**帰納的極限**(direct limit)を定義することです．F の帰納的極限 $\varinjlim Fi$ は $\mathcal{C}$ の対象であって，おのおのの Fi から $\varinjlim Fi$ への射 δ_i があること，そのとき F は $\mathcal{I}$ の中の $i \xrightarrow{\varphi} j$ を $\mathcal{C}$ の中の $Fi \xrightarrow{F\varphi} Fj$ に移しますが

(1.3.12)
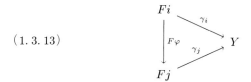

が可換になることです．そして $\mathcal{C}$ の中に(1.3.12)と似たような性質を持った対象 Y があれば，すなわち，

(1.3.13)

が可換であったならば $h: \varinjlim Fi \to Y$ という射が唯一つ存在して，すべての $i \in \mathcal{I}$ に対して

(1.3.14)

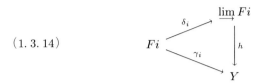

が可換になること，というのが $\varinjlim Fi$ の定義です．すなわち射影的極限のときも話しましたように，(1.3.13)のような性質を持つ対象全体の中で $\varinjlim Fi$ が究極的な存在になって，(1.3.14)のように射 h が $\varinjlim Fi$ から出ていますから，そういう全体の中の始対象(initial object)と言うことができます．射影的極限のときと同様に，表現可能性による定義をあっさり言ってしまいますとこうなります．

(1.3.15) $\qquad \mathrm{Hom}_{\mathcal{C}^{\mathcal{I}}}(F, \iota -) : \mathcal{C} \rightsquigarrow \mathcal{S}ets$

が表現可能なとき，帰納的極限が存在します．そしてこの(1.3.15)の共変関手を表現する $\mathcal{C}$ の対象が F の帰納的極限 $\varinjlim Fi$ です．すなわちどんな $\mathcal{C}$ の対象 Y に対しても

(1.3.16) $\qquad \mathrm{Hom}_{\mathcal{C}^{\mathcal{I}}}(F, \iota Y) \approx \mathrm{Hom}_{\mathcal{C}}(\varinjlim Fi, Y)$

という同型が存在するということです．

この本の題名は(木村達雄教授命名の)'コホモロジーのこころ'ですから話し手の心と聞く人の心の同調にも注意して話してきました．この極限についてのコメントを加えます．今までのように $F:\mathcal{I} \rightsquigarrow \mathcal{C}$ を共変関手とします．$\mathcal{I}$ の対象を整数であるかのように($\cdots \to i \to j \to k \to \cdots$ とか書く代わりに)

(1.3.17) $\qquad \cdots \longrightarrow i-1 \xrightarrow{\varphi_{i-1}} i \xrightarrow{\varphi_i} i+1 \xrightarrow{\varphi_{i+1}} \cdots$

と書きますと，F は(1.3.17)を $\mathcal{C}$ の中の

(1.3.18) $\qquad \cdots \longrightarrow F(i-1) \xrightarrow{F\varphi_{i-1}} Fi \xrightarrow{F\varphi_i} F(i+1) \xrightarrow{F\varphi_{i+1}} \cdots$

に運びます．そこで F の射影的極限は

1.3 ずっと行った先が帰納的極限,ずっと戻った先が射影的極限   37

(1.3.19)
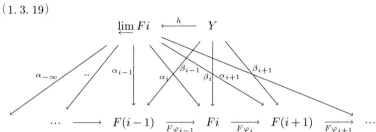

が可換になるダイアグラムで,Y もそのようなものの一つなら $Y \xrightarrow{h} \varprojlim Fi$ という射が唯一つあるというものでした.ここで $\alpha_{i-1}: \varprojlim Fi \to F(i-1)$ を一つ定めますと可換性より α_i は $F\varphi_{i-1} \circ \alpha_{i-1}$ で決まります.同じ理由で α_i が定まると α_{i+1} も定まります.ということは,仮想的な $\alpha_{-\infty}: \varprojlim Fi \to F(-\infty)$ を決めたらすべての $\{\alpha_i\}_{i \in \mathcal{I}}$ が決まります.しかし $\beta_{-\infty}: Y \to F(-\infty)$ を選んでも Y が(1.3.2)を満たす究極的な対象でないので $\varprojlim Fi$ から $\{Fi\}$ への射が得られません.ですから $\varprojlim Fi$ は(1.3.18)の尻尾に位置する対象,すなわち,

(1.3.20) $\quad \varprojlim Fi \xrightarrow{\alpha_{-\infty}} \cdots \longrightarrow F(i-1) \longrightarrow Fi \longrightarrow F(i+1) \longrightarrow \cdots$

です.帰納的極限の方は

(1.3.21)
$$\cdots \longrightarrow F(i-1) \longrightarrow Fi \longrightarrow F(i+1) \longrightarrow \cdots$$
$$\searrow_{\delta_{i-1}} \quad \downarrow_{\delta_i} \quad \swarrow_{\delta_{i+1}} \quad \swarrow_{\delta_\infty}$$
$$\varinjlim Fi$$

でしたので,仮想的な δ_∞ をきめれば(可換性により δ_{i+1} が定まると δ_i が定まるということになりますので,$i \to \infty$ を取って)すべての δ_i が定まります.そこでまた

(1.3.22) $\quad \cdots \longrightarrow F(i-1) \longrightarrow Fi \longrightarrow F(i+1) \longrightarrow \cdots \xrightarrow{\delta_\infty} \varinjlim Fi$

と書けます.二つの極限は

(1.3.23)
$\varprojlim Fi \xrightarrow{\alpha_{-\infty}} \cdots \longrightarrow F(i-1) \xrightarrow{F\varphi_{i-1}} Fi \xrightarrow{F\varphi_i} F(i+1) \longrightarrow \cdots \xrightarrow{\delta_\infty} \varinjlim Fi$

というふうに帰納的極限(direct limit)は矢印の向かう遠方にあって，射影的極限(inverse limit)は矢印の逆の方向の遠方にあるわけです．

　もう一つのコメントを言いますとアーベル群のカテゴリーのように $\mathcal{C}$ の対象に元がある場合は，射影的極限 $\varprojlim Fi$ の元は，射影で Fi の元を与え，可換性により $F(i+1)$ の元は Fi のその元の $F\varphi_i$ による像です．すなわち $\varprojlim Fi$ の元の像は $\{F\varphi_i\}$ とうまくつながって $\{Fi\}$ に現れています．しかし $\varinjlim Fi$ のほうは矢印の向かった先ですので戻れません．言うなれば $\varprojlim Fi$ は，だんご $\{Fi\}$ に刺さった串の集まりで $\varinjlim Fi$ は串の先の集まりといったところです．

1.4　カテゴリーと前層

　これから前層とか層について話します．位相空間については (1.1.17) の前後をもう一度読んでください．そして前層については (1.1.25) の前後を読んでください．まずはがっちりとした定義から始めます．(1.1.25) のあたりで話したことをもう一度言います．T を位相とした位相空間 X から作ったカテゴリー $\mathcal{T}$ というものの対象は T の元，すなわち，開集合で，対象間の射は $U \subset V$ ならば $\mathrm{Hom}_\mathcal{T}(U,V)$ は包含写像だけからなる集合で，$U \not\subset V$ ならば $\mathrm{Hom}_\mathcal{T}(U,V) = \varnothing$ というものでした．そこで

(1.4.1) $$\mathcal{P} = \mathcal{S}ets^{\mathcal{T}^\circ}$$

が前層からなるカテゴリーです．すなわち，$\mathcal{T}^\circ$ から $\mathcal{S}ets$ への共変関手からなるカテゴリーです．P_1 と P_2 が前層なら P_1 から P_2 への前層の射は共変関手間の射ですから P_1 から P_2 への自然変換ということになります．(1.4.1) において $\mathcal{S}ets$ をアーベル群のカテゴリー $\mathcal{G}$ やアーベリアン・カテゴリー $\mathcal{A}$ でおきかえた $\mathcal{G}^{\mathcal{T}^\circ}$ や $\mathcal{A}^{\mathcal{T}^\circ}$ も応用には現れます．

　(1.4.1) で十分なのですが，(1.4.1) が何を言っているのかをはっきり全部書いてしまいますと次のようになります．位相空間 X 上の**前層**(presheaf) F とは $\mathcal{T}^\circ$ から ($\mathcal{T}$ から) $\mathcal{S}ets$ への共変関手 (反変関手) であります，すなわち，

　(**P.1**)　$U \subset X$ なる開集合に対して FU (ここでは $F(U)$ と書きます) は $\mathcal{S}ets$

の対象(すなわち集合)であって，

(**P.2**)　開集合が $U\subset V$ なら $\rho_{V,U}:F(V)\to F(U)$ という(集合の)写像があることです．この $\rho_{V,U}$ を**制限写像**(restriction map)といいます．制限写像とは次の公理を満たすものです．

　(P.i)　どの開集合 $U\subset X$ に対しても $\rho_{U,U}:F(U)\to F(U)$ は恒等写像であり，

　(P.ii)　もし $U\subset V\subset W$ という開集合があれば，ダイアグラム

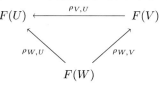

は可換であること，すなわち，$\rho_{W,U}=\rho_{V,U}\circ\rho_{W,V}$ が成り立つことです．

これが(1.4.1)で示されるカテゴリー $\mathcal{P}$ の対象であることの定義，すなわち前層の定義です．気がついていただきたいことは，前に話した共変関手の定義である(1.1.18)が(P.2)そのもので，(P.ii)は(1.1.19)のこと，そして(P.i)は(1.1.18)と(1.1.19)の間に書いた $F1_X=1_{FX}$ のことだということです．このところを見定めておいてください．要するに $\mathcal{T}^\circ\rightsquigarrow\mathcal{S}ets$ という共変関手の定義を書き下したのが(P.1)〜(P.ii)というわけです．F と G を前層とします(簡単に $F,G\in\mathcal{P}$ と書いてもいいでしょう)．そのとき

(1.4.2)　　　　　　$\mathrm{Hom}_\mathcal{P}(F,G)=\{$すべての自然変換 $F\longrightarrow G\}$

です．すなわち $\alpha\in\mathrm{Hom}_\mathcal{P}(F,G)$ とは任意の開集合 $U\subset X$ (すなわち，$U\in\mathcal{T}^\circ$)に対して

(1.4.3)　　　　　　　　$\alpha_U:F(U)\longrightarrow G(U)$

という写像で，$U\subset V\subset X$ に対しては

(1.4.4)
$$\begin{array}{ccc} F(U) & \xrightarrow{\alpha_U} & G(U) \\ \uparrow{\rho_{V,U}} & & \uparrow{\rho'_{V,U}} \\ F(V) & \xrightarrow{\alpha_V} & G(V) \end{array}$$

が可換となるものです．(1.1.27)から(1.1.29)のあたりを見てください．ま

た(1.1.25)のあたりで前層 F とは U という「窓」に対して $F(U)$ という「景色」を対応させるものだと言いました．上の $\rho_{V,U}$ は V から見える景色をより小さな窓 U から見える景色に制限することです．それでは U を(1.1.25)のようにどんどん小さくして，(1.1.25)の左の遠方にある細長い窓からの景色は，$\cdots \subset U \subset V \subset W \subset \cdots$ に対する

(1.4.5) $\quad \cdots \longrightarrow F(W) \xrightarrow{\rho_{W,V}} F(V) \xrightarrow{\rho_{V,U}} F(U) \longrightarrow \cdots$

の右の遠方にある $\mathcal{S}ets$ の対象です．(1.4.5)と(1.3.22)（または(1.3.23)）をよく見ますとわかりますように，それは帰納的極限

(1.4.6) $\quad\quad\quad\quad\quad\quad F_x = \varinjlim_{x \in U} F(U)$

のことです．$\varinjlim_{x \in U} F(U)$ は U が x を含みながらどんどん細長くなっていくということです．(1.4.6)の F_x のことを F の x での茎(stalk at x)といいます．

例を挙げますと，位相空間として $X = \mathbb{R}$ を取り，開集合 $(a,b) \subset \mathbb{R}$ を上の U と思ってください．そこで $F(U) = \{(a,b)$ から $\mathbb{R}$ への連続関数$\}$ という集合を対応させれば $\mathbb{R}$ の開集合の位相から定まるカテゴリー $\mathcal{T}_\mathbb{R}$ から $\mathcal{S}ets$ への関手 F が定義できたことになります．この場合の $F(U)$ の図を書くと

(1.4.7)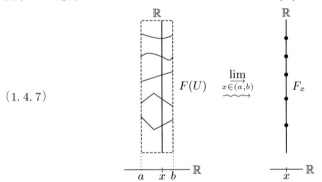

の左側の図のように見えます．右の図は (a,b) をどんどん細くして $\varinjlim_{x \in (a,b)}$ を取って得られた x での茎の図です．(1.4.6)の茎というものは $\bigcup_{x \in U} F(U)$ という集合に，ある同値関係 "$\sim$" を定義してその商集合 $F_x = \bigcup_{x \in U} F(U)/\sim$ と定義しても同じです：$x \in U$ と $x \in V$ に対して $s \in F(U)$ と $t \in F(V)$ が同値，$s \sim t$，を次のように定義します．まず $x \in U$, $x \in V$ ですから $x \in U \cap V$ です．

1.4 カテゴリーと前層　41

$U \cap V$ は開集合ですので $x \in I \subset U \cap V$ となる開集合 I があります．ダイアグラムを書きましょう．

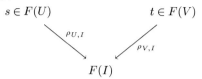

そこで

(1.4.8) $\qquad s \sim t \iff \rho_{U,I}(s) = \rho_{V,I}(t)$

と定義します．これは何をいっているかというと $s \in F(U)$ が x を含んだ窓 U から見えた'あるもの'，$t \in F(V)$ は V から見えた'あるもの'で，x を含む（U にも V にも含まれるような）小さい窓 I から見たら s も t も同じものであったということです．ですから窓 I でもうすでに s と t が同じなら，I をどんどん小さくとって $\varinjlim_{x \in I} F(I)$ でも，もちろん $s=t$ です．すなわち(1.4.8)の言っていることは s と t は x から離れたところでは同じでないかも知れないが x のごく近くでは $s=t$ だといっているのです．$F_x = \varinjlim_{x \in U} F(U)$ の元を芽（germ）といいます．(1.4.7) の右の図は五つの芽が出ています．

(1.4.9)

さて上の(1.4.9)のように U_1, U_2, U_3, U_4 で U が全部被覆されたとします，すなわち $U = \bigcup_{i=1}^{4} U_i$．これら小窓 U_1, U_2, U_3, U_4 から見える景色ですが，$F(U_1)$ には「*Ma*」，$F(U_2)$ には「*that*」，$F(U_3)$ には「*thema*」，$F(U_4)$ には「*atics*」が見えます．おのおのの窓から見えるものだけなら「何のことやら」ですが $U_1 \cap U_2$，$U_2 \cap U_3$，$U_3 \cap U_4$ と共通したところを使って情報を'つなぎ合わせる'ことができれば，「ああ，これは mathematics だ」と悟ることができるのです．そのとき，たとえば $F(U_2)$ の「*that*」は $\rho_{U,U_2}(\text{mathematics}) =$ *that* とわかるのです．このように F が情報をつなぎ合わせることができると

きは F を層といいます．正式な定義に入ります．位相空間上の前層 F (すなわち，$F \in Sets^{\mathcal{T}^\circ}$) が層(sheaf)であるとは次のことが成り立つことです．かってな X の開集合 U (すなわち，$U \in \mathcal{T}^\circ$) に対してかってな開集合 $\{U_i\}_{i \in I}$ からなるカバー(covering, 被覆ともいいます)，すなわち，$U = \bigcup_{i \in I} U_i$ を取ります．ここで $U_i \in \mathcal{T}^\circ$ です．このとき，層であるとは

(S.1)　$s_i \in F(U_i)$ $(i \in I)$ が $\rho_{U_i, U_i \cap U_j}(s_i) = \rho_{U_j, U_j \cap U_i}(s_j)$ $(i, j \in I)$ を満たすならば，$s \in F(U)$ が唯一つ存在して $\rho_{U, U_i}(s) = s_i$ がすべての $i \in I$ に対して成り立つ

というものです．これが層の定義です．層のカテゴリーを $\mathcal{S}$ と記しますが対象はもちろん層でも，射が何かを定義しないといけません．F と G を層としたとき，F と G を前層とみなして前層のカテゴリーでの射 (1.4.2) を F から G への射と定義します．別の言い方をしましょう．対象についてみれば $\mathcal{S} \subset \mathcal{P}$ (層ならば前層ですから)です．(1.1.29) と (1.2.1) の間で話しましたように一般的には $\text{Hom}_\mathcal{S}(F, G) \subset \text{Hom}_\mathcal{P}(F, G)$ ですが上の層の射の定義は $\text{Hom}_\mathcal{S}(F, G) = \text{Hom}_\mathcal{P}(F, G)$ になるといっているのです．すなわち $\mathcal{S}$ は $\mathcal{P}$ の充満な部分カテゴリーということです．次に言葉を紹介します．$F(U)$ の元を U 上の F の切断(section)といいます．

これから代数的なことを話しますので前層のカテゴリー $\mathcal{P}$ の定義 (1.4.1) の $Sets$ をアーベル群のカテゴリー $\mathcal{G}$ (アーベリアン・カテゴリー $\mathcal{A}$ でもいいですが)でおきかえた

(1.4.10) $$\mathcal{P} = \mathcal{G}^{\mathcal{T}^\circ}$$

を考えます．どの $U \in \mathcal{T}^\circ$ に対しても $F \in \mathcal{G}^{\mathcal{T}^\circ}$ は U を $F(U) \in \mathcal{G}$ に運びますから，$F(U)$ はアーベル群です．そこで $\mathcal{P}$ の中で $F \xrightarrow{\varphi} G$ を考えます．そのときすべての U に対して

(1.4.11) $$F(U) \xrightarrow{\varphi_U} G(U)$$

はアーベル群 $F(U)$ と $G(U)$ の間のアーベル群の準同型です．そこで
$$\text{Ker}(U) \stackrel{\text{def}}{=} \text{Ker}\,\varphi_U = \{a_U \in F(U);\ \varphi_U(a_U) = 0_{G(U)}\}$$
と定義しますと，$\text{Ker}(-)$ は前層になります．すなわち，$\text{Ker}(-) \in \mathcal{G}^{\mathcal{T}^\circ}$．ここで，$0_{G(U)}$ はアーベル群 $G(U)$ のゼロ元です．$\text{Ker}(-)$ が前層であることを証明

1.4 カテゴリーと前層　43

するには (1.1.18)〜(1.1.19) あたりのことを確かめることですが，(1.1.18) をここでやってみます．すなわち

(1.4.12) $\quad U \overset{\iota}{\hookrightarrow} V \overset{\mathrm{Ker}(-)}{\rightsquigarrow} \mathrm{Ker}(U) \overset{\mathrm{Ker}\,\iota}{\longleftarrow} \mathrm{Ker}(V)$

を示すことです．ダイアグラムは

(1.4.13)
$$\begin{array}{ccc} \mathrm{Ker}\,\varphi_U \subseteq F(U) & \xrightarrow{\varphi_U} & G(U) \\ \uparrow \mathrm{Ker}\,\iota & \uparrow F\iota = \rho_{V,U} & \uparrow G\iota = \rho'_{V,U} \\ \mathrm{Ker}\,\varphi_V \subseteq F(V) & \xrightarrow{\varphi_V} & G(V) \end{array}$$

で，ほしいのは点線の $\mathrm{Ker}\,\iota$ です．$a_V \in \mathrm{Ker}\,\varphi_V$ に対して $\mathrm{Ker}\,\iota(a_V)$ を定めることです．$\mathrm{Ker}\,\varphi_V \subset F(V)$ ですから，$a_V \in F(V)$ と見ます．そこで $F\iota(a_V)$ と (1.4.13) にあるように上に送って $F\iota(a_V) \in F(U)$ となります．このとき，もし $\varphi_U(F\iota(a_V)) = 0_{G(U)}$ なら $F\iota(a_V) \in \mathrm{Ker}\,\varphi_U$ ですので，$\varphi_U(F\iota(a_V))$ を計算しましょう．(1.4.13) の可換性から

$$\varphi_U(F\iota(a_V)) = (\varphi_U \circ F\iota)(a_V) = (G\iota \circ \varphi_V)(a_V) = G\iota(\varphi_V(a_V))$$

ですが，最後の式の所で $a_V \in \mathrm{Ker}\,\varphi_V$ でしたから $\varphi_V(a_V) = 0_{G(V)}$ です．これから $G\iota(0_{G(V)}) = 0_{G(U)}$ が出ました ($G\iota$ は準同型写像ですので $0_{G(V)}$ を $0_{G(U)}$ に送ります)．こうして $F\iota(a_V) \in \mathrm{Ker}\,\varphi_U \overset{\mathrm{def}}{=} \mathrm{Ker}(U)$ が言えましたので，$\mathrm{Ker}\,\iota(a_V) = F\iota(a_V)$ と定義することができて $\mathrm{Ker}\,\iota$ が定まります．$\mathrm{Ker}(-)$ は $\mathcal{T}^\circ$ の対象と射を $\mathcal{G}$ の対象と射に送っていることがわかりました，すなわち，$\mathrm{Ker}(-)$ は前層です．カテゴリー論がすっきりうまくできていることを経験するためにも (1.1.18)〜(1.1.19) のあたりを自分でやってみることはよいことだと思います．

次に F も G も層であった場合，$\mathrm{Ker}(-)$ は前層ばかりではなく層になるということをここで丁寧に示します．ここにも外国にも (日本を含めて) このところをくわしく証明してある本はありません．この本の題目は 'コホモロジーのこころ' ですので落葉を一枚一枚拾うようにして証明もあつかいます．それでは $F \overset{\varphi}{\to} G$ を層のカテゴリー $\mathcal{S}$ の対象と射とします．そして U を任意の開集合，すなわち，$U \in \mathcal{T}^\circ$ そして $U = \bigcup_{i \in I} U_i$ を任意のカバーとします．ただし $U_i \in \mathcal{T}^\circ$ です．そこで $a_i \in \mathrm{Ker}(U_i), i \in I$，が層の定義 (S.1) の $\rho_{U_i, U_i \cap U_j}(a_i) = \rho_{U_j, U_j \cap U_i}(a_j), j \in I$，となったとします．$\mathrm{Ker}(U_i) \subset F(U_i)$ ですから a_i も a_j

も $F(U_i)$ と $F(U_j)$ の元,すなわち U_i 上と U_j 上の切断です.そのとき F は層ですから $\rho_{U,U_i}(a)=a_i$ を満たす $a \in F(U)$ という切断が唯一つ存在します.ですからこの a が $\mathrm{Ker}(U)$ 内に入っているかどうかを言うことが問題です.こんなときはダイアグラムを見つめるのがいいのです.

$$(1.4.14) \qquad \begin{array}{ccc} F(U_i) & \xrightarrow{\varphi_{U_i}} & G(U_i) \\ \uparrow{\rho_{U,U_i}} & & \uparrow{\rho'_{U,U_i}} \\ F(U) & \xrightarrow{\varphi_U} & G(U) \end{array}$$

言いたいことは $\varphi_U(a)=0_{G(U)}$ です.左下の $F(U)$ の元 a から時計回りに進みますと $\varphi_{U_i}(\rho_{U,U_i}(a))=\varphi_{U_i}(a_i)=0_{G(U_i)}$(層の定義の(S.1)を使いました).(1.4.14)は可換ですから $\rho'_{U,U_i}(\varphi_U(a))=0_{G(U_i)}$ でなければいけませんが,$G(U)$ の元 $0_{G(U)}$ だって $\rho'_{U,U_i}(0_{G(U)})=0_{G(U_i)}$ を満たします.しかし(S.1)の'唯一つの'という条件から $\varphi_U(a)=0_{G(U)}$ でなければなりません.すなわち $a \in \mathrm{Ker}(U)=\mathrm{Ker}\,\varphi_U$ が言えました.

またもとにもどって F も G も前層とします.そしてカテゴリー $\mathcal{P}$ の中の $F \xrightarrow{\varphi} G$ を考えます.(1.4.11)のようにすべての $U \in \mathcal{T}^\circ$ に対して $F(U) \xrightarrow{\varphi_U} G(U)$ が得られます.そこで

$$(1.4.15) \qquad \mathrm{Im}(U) \stackrel{\mathrm{def}}{=} \mathrm{Im}\,\varphi_U = \{\varphi_U(a_U);\ a_U \in F(U)\}$$

と定義します.$\mathrm{Im}(-):\mathcal{T}^\circ \rightsquigarrow \mathcal{G}$ が前層であることは $\mathrm{Ker}(-)$ が前層であることの証明と似ています.しかし $F \xrightarrow{\varphi} G$ が層のカテゴリー $\mathcal{S}$ 内にあっても(1.4.15)で定義された $\mathrm{Im}(-)$ が層になるとは限りません:前のように $U=\bigcup_{i \in I} U_i$ とします.そこで $a'_i \in \mathrm{Im}(U_i)=\mathrm{Im}\,\varphi_{U_i}$ が $\rho'_{U_i,U_i \cap U_j}(a'_i)=\rho'_{U_j,U_j \cap U_i}(a'_j)$ を満たしたとします.ダイアグラムを書きますと

$$(1.4.16) \qquad \begin{array}{ccccc} F(U_i) & \xrightarrow{\varphi_{U_i}} & \mathrm{Im}\,\varphi_{U_i} & \subset & G(U_i) \\ \downarrow{\rho_{U_i,U_i \cap U_j}} & & & & \downarrow{\rho'_{U_i,U_i \cap U_j}} \\ F(U_i \cap U_j) & \xrightarrow{\varphi_{U_i \cap U_j}} & \mathrm{Im}\,\varphi_{U_i \cap U_j} & \subset & G(U_i \cap U_j) \\ \uparrow{\rho_{U_j,U_j \cap U_i}} & & & & \uparrow{\rho'_{U_j,U_j \cap U_i}} \\ F(U_j) & \xrightarrow{\varphi_{U_j}} & \mathrm{Im}\,\varphi_{U_j} & \subset & G(U_j) \end{array}$$

です．上の a_i' と a_j' を $G(U_i)$ と $G(U_j)$ の元とみなせば，G は層でありますから確かに $a' \in G(U)$ という元があって $\rho_{U,U_i}(a')=a_i'$, $i \in I$ となります．しかし $a_i'=\varphi_{U_i}(a_i)$, $a_i \in F(U_i)$ そして $a_j'=\varphi_{U_j}(a_j)$, $a_j \in F(U_j)$ でも $a' \in \text{Im}(U) = \text{Im}\varphi_U$ となる保証がありません．すなわち，ある $a \in F(U)$ に対して $a'=\varphi_U(a)$ とは限らないわけです，つまり，$\varphi_U : F(U) \to G(U)$ は全射とは限りません．

次は $\mathcal{P}$ 内の $F \xrightarrow{\varphi} G$ に対して

(1.4.17)
$$\text{Coker}(U) = \text{Coker}\,\varphi_U = G(U)/\text{Im}\,\varphi_U = \{b_U' + \text{Im}\,\varphi_U \,;\, b_U' \in G(U)\}$$

と定義します．このとき $\text{Coker}(-)$ も前層になります．しかし $F \xrightarrow{\varphi} G$ が $\mathcal{S}$ 内の対象と射であっても一般的には $\text{Coker}(-)$ は層にはなりません．そこを説明します．前のように $U = \bigcup_{i \in I} U_i$ とします．そして類 $\overline{b_{U_i}'} \stackrel{\text{def}}{=} b_{U_i}' + \text{Im}\,\varphi_{U_i} \in \text{Coker}(U_i)$ が $\overline{0_i}$ であったとします．すなわち $b_{U_i}' \in \text{Im}\,\varphi_{U_i}$ ということです．たとえ $\overline{\rho_{U_i,U_i \cap U_j}'}(\overline{0_i}) = \overline{\rho_{U_j,U_i \cap U_j}'}(\overline{0_j})$ であっても，これは $b_{U_i}' \in \text{Im}\,\varphi_{U_i} = \text{Im}(U_i)$ と $b_{U_j}' \in \text{Im}\,\varphi_{U_j} = \text{Im}(U_j)$ が $\text{Im}(U_i \cap U_j) = \text{Im}\,\varphi_{U_i \cap U_j}$ で一致しても，ということですので，$\text{Im}(-)$ が前層でしかないため U 上の $\overline{0} \in \text{Coker}(U)$ で $\overline{\rho_{U,U_i}'}(\overline{0}) = \overline{0_i}$ となる $\overline{0}$ が存在するとは限りません．ここにて $\overline{\rho_{U_i,U_i \cap U_j}'}$ は $\rho_{U_i,U_i \cap U_j}' : G(U_i) \to G(U_i \cap U_j)$ より定まる $\overline{\rho_{U_i,U_i \cap U_j}'} : G(U_i)/\text{Im}\,\varphi_{U_i} = \text{Coker}(U_i) \to G(U_i \cap U_j)/\text{Im}\,\varphi_{U_i \cap U_j} = \text{Coker}(U_i \cap U_j)$ です．すなわち $\text{Coker}(-)$ が層とは限らないということは，$\text{Im}(-)$ が層とは限らないということから出ることです．

そこで次のような質問がしたくなります．上の例のように $\text{Coker}(-)$ は前層ではありますが層になるとは限らないわけだけれど，それでは，できるだけ $\text{Coker}(-)$ を変えないで $\text{Coker}(-)$ によく似た層が作れるだろうかという質問です(似た層を作ることを層化といいます)．答えは「はい，できます」です．その前に，ここで前層の**層化**(sheafification とか associated sheaf とかいいます)をその雰囲気がうまく現れるような例から始めます．M. C. エッシャー(Escher)の絵は見たことがあるでしょう(魚が並んで泳いでいるのが目をゆっくり別の部分に移すといつの間にか鳥が空を飛んでいる絵になったり，階段を上っていると思ったら一回りしてまったく上っていなかったのに気づくとか……)．それでは魚の絵が鳥の絵に(逆に鳥の絵が魚の絵に)なっ

てしまうのを例に取りますと，この絵は前層ですが層ではありません．

(1.4.18)

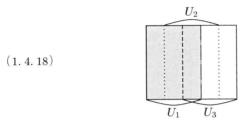

上の(1.4.18)のようにこの絵を U_1, U_2, U_3 でカバーします．左側の部分は魚としか考えられない絵ですが，右へ行くほどあやしくなり右側の部分では，まちがいなく鳥の絵としか見られないようになっているとします．全体としては，他のエッシャーの絵も多くはそうですが，矛盾していたりこの世には存在しえないものです．すなわち

$$\rho_{U_1, U_1 \cap U_2}(s_1) = \rho_{U_2, U_2 \cap U_1}(s_2), \quad \rho_{U_2, U_2 \cap U_3}(s_2) = \rho_{U_3, U_3 \cap U_2}(s_3),$$

$s_i \in F(U_i)$, $i = 1, 2, 3$ でも，$s \in F(X)$ で $\rho_{X, U_i}(s) = s_i$, $i = 1, 2, 3$ となるような s がありません．ここで F は "この世のもののカテゴリー" への "関手" のようにとらえての話ですが．ではこのエッシャーの絵である前層 F からどうやって F に最も似た層 F' を作るのかといいますと，次のような感じです．左側からじわじわと右に進むわけですが，少しでも魚らしくなくなったら少しずつ絵を魚としかとれないように変えて行くのです．そうしながら右側に着くまでじわじわと魚だけの絵にしてしまうのです．そうしてでき上がったのが F' で，この F' がもとの前層 F に最も近い層になります．このことを正確に言うにはどうすればよいかです．

　位相空間 X があって開集合から位相ができ，それから $\mathcal{T}$ という開集合と包含写像よりなるカテゴリーを作りました．そこで前層 F はカテゴリー $\mathcal{G}^{\mathcal{T}^\circ}$ の対象，すなわち，$\mathcal{T}^\circ$ から $\mathcal{G}$ への共変関手と定義したのでした．この F から(S.1)を満たす層 F' を作りたいのです．U を開集合とします．そこで $F'(U)$ を U から茎の和 $\bigcup_{x \in U} F_x$ への関数の集合，すなわち，$F'(U) = \Big\{ s' : U \to \bigcup_{x \in U} F_x$; 次の条件 (′) を満たすもの $\Big\}$:

　(′)　まず $x \in U$ に対して $s'(x) \in F_x$ であって，そして，x を含みかつ U に

含まれるような小さな開集合 W と $t \in F(W)$ があって，すべての W 内の点 x' に対して $s'(x')$ は t の x' における芽になる：$t_{x'} = s'(x')$
と定義します．

(1.4.19)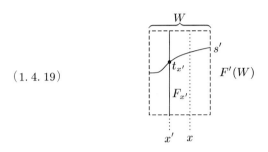

上の魚と鳥のエッシャーの絵の話で言えば，「少しずつ」が W で，「じわじわと」が $t_{x'}$ で，書き換えられたところが $s'(x')$ です．F' が前層であることは F が前層だからです．それでは F' が(S.1)を満たすことを確かめましょう．かってなカバー $U = \bigcup U_i$ を取ります．そして $\rho'_{U_i, U_i \cap U_j}(s'_i) = \rho'_{U_j, U_i \cap U_j}(s'_j)$ が $s'_i \in F'(U_i)$, $s'_j \in F'(U_j)$ に対して満たされたとします．ここにて $\rho'_{V,U} = F'(\iota) : F'(V) \to F'(U)$, $\iota : U \hookrightarrow V$. $F'(U_i)(F'(U_j))$ の定義 (') から，(') の中の W が $U_i \cap U_j$ 内にあるということです．そのとき $F(W)$ の中に，ある t が存在して $\rho'_{U_i, W}(s'_i)(x') = t_{x'} = \rho'_{U_j, W}(s'_j)(x')$, $x' \in W$ です．この t で s'_i と s'_j をつないで $F'(U_i \cup U_j)$ の元を得て，$\{U_i\}$ が U のカバーですので $s' \in F'(U)$ が存在し $\rho'_{U, U_i}(s') = s'_i$, $s'_i \in F'(U_i)$ となります．

層のカテゴリー $\mathcal{S}$ は前層のカテゴリー $\mathcal{P}$ の充満部分カテゴリーだということをすでに話しました（(S.1)の少し後）．すなわち

(1.4.20) $\qquad \iota : \mathcal{S} \hookrightarrow \mathcal{P}$

です．上の前層 F に対して層 F' を作る関手

(1.4.21) $\qquad ' : \mathcal{P} \rightsquigarrow \mathcal{S}$

は ι の左随伴関手なのです．すなわち，

(1.4.22) $\qquad \mathrm{Hom}_{\mathcal{S}}(F', G) \xrightarrow{\sim} \mathrm{Hom}_{\mathcal{P}}(F, \iota G)$

という同型があります．(1.4.22)は次のように普遍写像性を使って言い換えることができます．任意の前層の射 $\varphi : F \to \iota G$ に対して，層の射（定義によ

り前層の射) $\psi: F' \to G$ が唯一つ存在して(すなわち,(1.4.22)が全単射ということ)

(1.4.23)
$$\begin{CD} F @>\theta>> F' \\ @V\varphi VV @VV\psi V \\ & G & \end{CD}$$

が可換になるという性質です.ここにて前層の射 θ(すなわち,自然変換): $F \to F'$ は $U \in \mathcal{T}^\circ$ に対して $\theta_U: F(U) \to F'(U)$ という $\mathcal{G}$ 内の射ですが,$\theta_U(s) \in F'(U)$,$s \in F(U)$ を次の式で定義します.

(1.4.24)
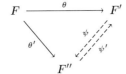

前層 F に対してその層化 F' が唯一つ(uniqueness)であることは(1.3.4)〜(1.3.6)でした方法,すなわち層化が F' と F'' の二つあったとき

$$\begin{CD} F @>\theta>> F' \\ @V\theta' VV @VV\psi V \\ F'' & & \end{CD}$$

というダイアグラムを使って証明してみてください.

これでカテゴリー論を道具として使うための準備がほぼできました.今,数学で使われているすべてのコホモロジー(ホモロジー)論は例外なく導来関手(derived functor)の例です.そんなわけで導来関手の考え方が基礎の基礎です.それを次の章で話します.

2

コホモロジー代数

2.1 使われているすべてのコホモロジーは，みな導来関手

　地球にはいろんな人種があり見掛けは異なっていてもみな新人類いわゆるホモサピエンスであるように，いろいろなホモロジー，コホモロジーもみな導来関手なのです．まず「コホモロジーを取る」とはどういうことか，という話から始めて，関手 F が対象 A を一つのカテゴリーから他のカテゴリーに運ぶ，その運び方を測るものとしての F の A におけるコホモロジーへと話を進めます．

「$\mathcal{A}$ をアーベリアン・カテゴリーとせよ」といって話を進めてもいいのですが対象の元を取りたくなったら完全埋め込み定理を使えばアーベル群のカテゴリー $\mathcal{G}$ に舞台が移りますので「始めからアーベル群のカテゴリー内で話します」としてもいいのです．ですから，これから出てくる対象はアーベル群です．コホモロジーを取る(take a cohomology)ということを話したいので，まずコホモロジーが取れるのはどんなときか，それから始めます．$\mathcal{G}$ 内で

$$(2.1.1) \quad \cdots \longrightarrow A' \xrightarrow{\varphi} A \xrightarrow{\psi} A'' \longrightarrow \cdots$$

という列があったとします．この列の A でのコホモロジーを取りたいわけで

す．コホモロジーとは第1章でも言いましたように $\operatorname{Ker}\psi/\operatorname{Im}\varphi$ というもの
でしたので，コホモロジーが取れるのはどんなときかという問いは，

(2.1.2) $\qquad\qquad\operatorname{Ker}\psi/\operatorname{Im}\varphi$

が取れる，すなわち，(2.1.2)が意味を持つとはどういうときかということ
を問うことです．それは $\operatorname{Im}\varphi\subset\operatorname{Ker}\psi$ が成り立つときです．A の中の元で A'
から φ で運ばれてきたものは $\operatorname{Ker}\psi$ の中にある，すなわち $a'\in A'$ に対して
$\varphi(a')\in\operatorname{Ker}\psi$，つまり，$\psi(\varphi(a'))$ が A'' の中でゼロ元になることです．とい
うわけですから，φ という射が A に入ってきて ψ が A から出ていったとき

(2.1.3) $\qquad\qquad\psi\circ\varphi=0$

であれば，A でコホモロジーが取れるということです．A だけでなく，A'
でも A'' でも…，どこでもコホモロジーが取れるには，そのおのおのの対象
のところで(2.1.3)のように，続いた二つの射の合成がゼロ射になっていな
ければなりません．そのときコホモロジーが取れるというわけです．そこ
で，どこでもコホモロジーが取れるという(2.1.1)のような列を**双対鎖複体**
(cochain complex)といいます．ここではそれを単に**複体**(complex)といいま
しょう．そこで(2.1.1)を書き換え，どこでコホモロジーを取ったかがはっ
きりわかるように番号をつけましょう．そこで

(2.1.4) $\qquad \cdots\longrightarrow A^{j-1}\xrightarrow{d^{j-1}} A^j\xrightarrow{d^j} A^{j+1}\xrightarrow{d^{j+1}}\cdots$

とすれば上の(2.1.3)の条件は

(2.1.5) $\qquad\qquad d^j\circ d^{j-1}=0,\qquad j\in\mathbb{Z}$ (整数の集合)

と書けます．上の複体(2.1.4)を $A^\bullet$ と書きます．A^j でコホモロジーを取る
とそれは $\operatorname{Ker}d^j/\operatorname{Im}d^{j-1}$ ですが，それを

(2.1.6) $\qquad\qquad H^j(A^\bullet)=\operatorname{Ker}d^j/\operatorname{Im}d^{j-1}$

と書くことにします．これを $A^\bullet$ の j 次コホモロジー群(j-th cohomology
group)といいます．ここでコホモロジー群と"群"とつけたのは群のカテゴ
リーの中での対象であるからです．$\operatorname{Ker}d^j\subset A^j$ ですので，アーベル群 A^j の
部分対象の $\operatorname{Ker}d^j$ はまた部分アーベル群です．それを $\operatorname{Ker}d^j$ の部分アーベル
群の $\operatorname{Im}d^{j-1}$ で割っているので商のアーベル群が $H^j(A^\bullet)$ です．こうしてコホ
モロジー(アーベル)群 $H^j(A^\bullet)$ が得られました．この部分対象 $\operatorname{Ker}d^j$ を取っ

て，その商対象 $\operatorname{Ker} d^j/\operatorname{Im} d^{j-1}$ を取るということは，部分商(subquotient)を考えることになります．ここでは，この部分商を大切な，いやものすごく大切な対象だと考えています．(2.1.5)の $d^j \circ d^{j-1}=0$ と部分商のことに少し考えをめぐらせておいてください．ここにコホモロジー代数の種があるわけですから．

　ここで上のいろいろな対象にはそれぞれ名前が付いていますのでそれを紹介します．複体 $A^\bullet$ がどの j に対しても $\operatorname{Ker} d^j=\operatorname{Im} d^{j-1}$ となるとき，すなわち，コホモロジー群が消えてゼロ群になるとき $A^\bullet$ は**完全**(exact)であるとか，$A^\bullet$ は**非輪状**(acyclic，エイ・シックリックと発音します)であるとかいいます．$\operatorname{Ker} d^j$ の元は**双対輪体**(cocycle，コサイクルと発音します)といい，$\operatorname{Im} d^{j-1}$ の元を**双対境界輪体**(coboundary，コバンダリー)といいます．そして $H^j(A^\bullet)$ の元を**コホモロジー類**(cohomology class)といいます．

　次に複体 $A^\bullet, B^\bullet, C^\bullet, \cdots$ を集めてカテゴリーにすることを考えます．対象は複体でも，もちろん複体と複体の間の射を定義しないといけません．すなわち $f^\bullet: A^\bullet \to B^\bullet$ を定義するわけです．おのおのの $j \in \mathbb{Z}$ に対して $f^j: A^j \to B^j$ は $\mathcal{G}$ での射，つまり，群の準同型であって次のダイアグラムがどの四角も可換であるとき，すなわち，

(2.1.7)
$$\begin{array}{ccccccccc} \cdots & \longrightarrow & A^{j-1} & \xrightarrow{d^{j-1}} & A^j & \xrightarrow{d^j} & A^{j+1} & \longrightarrow & \cdots \\ & & \downarrow f^{j-1} & & \downarrow f^j & & \downarrow f^{j+1} & & \\ \cdots & \longrightarrow & B^{j-1} & \xrightarrow{'d^{j-1}} & B^j & \xrightarrow{'d^j} & B^{j+1} & \longrightarrow & \cdots \end{array}$$

で $'d^j \circ f^j = f^{j+1} \circ d^j$ がすべての j で成り立つとき，$f^\bullet$ を $A^\bullet$ から $B^\bullet$ への射と定めます．これで新しいカテゴリーができました．それを**複体のカテゴリー**といって $\operatorname{Co}(\mathcal{G})$ と記しましょう．($\mathcal{G}$ のかわりにアーベリアン・カテゴリー $\mathcal{A}$ でも可換環 R 上の加群のカテゴリー ${}_R\mathcal{M}$ で置き換えても，それぞれの複体のカテゴリー $\operatorname{Co}(\mathcal{A})$ や $\operatorname{Co}({}_R\mathcal{M})$ が得られます)．少しダイアグラムが大きくなりますが，$H^j(A^\bullet)$ や $H^j(B^\bullet)$ の関わりがどうなっているかを目で見るために書いてみましょう．

(2.1.8)

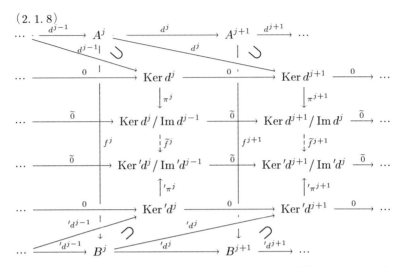

(2.1.8)の一番上の $d^j: A^j \to A^{j+1}$ ですが，$\operatorname{Im} d^j \subset \operatorname{Ker} d^{j+1}$ ですので，d^j の斜め下に向かう $d^j: A^j \to \operatorname{Ker} d^{j+1}$ ができます．これをつづけて商をとって $\operatorname{Ker} d^{j+1}/\operatorname{Im} d^j$ に向かう $\pi^{j+1}: \operatorname{Ker} d^{j+1} \to \operatorname{Ker} d^{j+1}/\operatorname{Im} d^j$ は $H^{j+1}(A^\bullet)$ に着きます．また d^j を $\operatorname{Ker} d^j$ に制限した $d^j|_{\operatorname{Ker} d^j}$ はゼロ射ですので上のダイアグラムで $\operatorname{Ker} d^j \xrightarrow{0} \operatorname{Ker} d^{j+1}$ と着きました．このゼロ射を商に移してもやはりゼロ射ですので $\widetilde{0}$ と書きましたが，それは $\widetilde{0}: H^j(A^\bullet) = \operatorname{Ker} d^j/\operatorname{Im} d^{j-1} \to H^{j+1}(A^\bullet) = \operatorname{Ker} d^{j+1}/\operatorname{Im} d^j$ という射です．

(2.1.8)の真中にある $\widetilde{f^j}$ は $H^j(A^\bullet)$ から $H^j(B^\bullet)$ への射ですが，次にこれを説明します．何が言いたいのかと申しますと $H^j(-)$ が $\operatorname{Co}(\mathcal{G})$ から $\mathcal{G}$ への関手

(2.1.9) $\qquad H^j: \operatorname{Co}(\mathcal{G}) \rightsquigarrow \mathcal{G}$

であることを話したいのです．$H^j(A^\bullet)$ がまたアーベル群であることは，すでに話しました．ですから(2.1.8)にあるように $\operatorname{Co}(\mathcal{G})$ 内での射 $f^\bullet: A^\bullet \to B^\bullet$ に対して $H^j(f^\bullet): H^j(A^\bullet) \to H^j(B^\bullet)$ をどのように定めるのかというのがまさしくダイアグラム(2.1.8)の中にある $\widetilde{f^j}: \operatorname{Ker} d^j/\operatorname{Im} d^{j-1} \dashrightarrow \operatorname{Ker}'d^j/\operatorname{Im}'d^{j-1}$ なんです．すなわち，$H^j(f^\bullet) = \widetilde{f^j}$ です．では，$\pi^j(x) = \overline{x} \in H^j(A^\bullet) = \operatorname{Ker} d^j/\operatorname{Im} d^{j-1}$ というコホモロジー類に対して $\widetilde{f^j}(\overline{x}) \in H^j(B^\bullet) = \operatorname{Ker}'d^j/\operatorname{Im}'d^{j-1}$ と

2.1 使われているすべてのコホモロジーは，みな導来関手　53

いうコホモロジー類を定義しましょう．$x\in\mathrm{Ker}\,d^j$ ですが f^j で B^j の中へ運んで $f^j(x)\in B^j$ もやはり $\mathrm{Ker}\,'d^j$ の元です．というのは(2.1.7)を見てください：$x\in\mathrm{Ker}\,d^j\subseteq A^j$ を d^j で A^{j+1} の元に移したら $d^j(x)=0$ です．それを f^{j+1} で下に送った $f^{j+1}(d^j(x))=f^{j+1}(0)$ も B^{j+1} のゼロ元です．すなわち $f^{j+1}(d^j(x))=0$．(2.1.7)は可換でしたので $f^{j+1}(d^j(x))='d^j(f^j(x))=0$ です．すなわち $f^j(x)$ は $'d^j$ で B^j から B^{j+1} に移ったらゼロ元，つまり，$f^j(x)\in\mathrm{Ker}\,'d^j$ です．そこで(2.1.8)において $f^j(x)\in\mathrm{Ker}\,'d^j$ を $'\pi^j$ で上に送ってやると $'\pi^j(f^j(x))\in\mathrm{Ker}\,'d^j/\mathrm{Im}\,'d^{j-1}=H^j(B^\bullet)$ にたどりつきましたので，$H^j(f^\bullet)=\widetilde{f}^j:H^j(A^\bullet)\to H^j(B^\bullet)$ の定義は

（2.1.10）$$\widetilde{f}^j(\overline{x})=\overline{f^j(x)}$$

です．ここで $\overline{x}=\pi^j(x)$, $\overline{f^j(x)}='\pi^j(f^j(x))$ ということは，すでに言いました π^j と $'\pi^j$ の定義です．これで

$$H^j:\mathrm{Co}(\mathcal{G})\rightsquigarrow \mathcal{G}$$

が共変な関手であることがわかりました(第 1 章の(1.1.18)〜(1.1.19)を確かめてみてください)．

　導来カテゴリーへの準備ということも考えて次のようなことを問題にしましょう．上の複体 $A^\bullet$ から複体 $B^\bullet$ への射 $f^\bullet$ の他に $g^\bullet$ という射もあったとしましょう．そのとき関手 H^j は $H^j(f^\bullet)$ と $H^j(g^\bullet)$ を $H^j(A^\bullet)$ から $H^j(B^\bullet)$ への射に移します．問題は「$f^\bullet$ と $g^\bullet$ の間にどんな関係があると $H^j(f^\bullet)=H^j(g^\bullet)$ となるのか？」という問いです．これを(2.1.10)を使って書くと，どういうときに $\mathrm{Ker}\,'d^j/\mathrm{Im}\,'d^{j-1}=H^j(B^\bullet)$ の中で

（2.1.11）
$$\left(H^j(f^\bullet)(\overline{x})\stackrel{\mathrm{def}}{=}\widetilde{f}^j(\overline{x})\stackrel{\mathrm{def}}{=}\right)\overline{f^j(x)}=\overline{g^j(x)}\left(\stackrel{\mathrm{def}}{=}\widetilde{g}^j(\overline{x})\stackrel{\mathrm{def}}{=}H^j(g^\bullet)(\overline{x})\right)$$

となるのかということです．すなわち $f^j(x)$ と $g^j(x)$ とが同じコホモロジー類に入るのかということですので，それは

（2.1.12）$$f^j(x)-g^j(x)\in\mathrm{Im}\,'d^{j-1}$$

が答えです．$\mathcal{G}$ での射(すなわち，群の準同型写像)で $s^j:A^j\to B^{j-1}$, $j\in\mathbb{Z}$ というものを考えます．そのとき $('d^{j-1}\circ s^j+s^{j+1}\circ d^j):A^j\to B^j$, $j\in\mathbb{Z}$ は $\mathrm{Co}(\mathcal{G})$ での射です((2.1.14)のダイアグラムを見てください)．つまり(2.1.7)

の四角がすべて可換になるということです．もしも $f^\bullet$ と $g^\bullet$ が

(2.1.13) $$f^j - g^j = {}'d^{j-1} \circ s^j + s^{j+1} \circ d^j$$

を満たすとき(2.1.11)が成り立つのです．すなわち，$H^j(f^\bullet) = H^j(g^\bullet)$ です．

(2.1.14)
$$\begin{array}{ccccccccc}
\cdots & \longrightarrow & A^{j-1} & \xrightarrow{d^{j-1}} & A^j & \xrightarrow{d^j} & A^{j+1} & \longrightarrow & \cdots \\
& & \Big\downarrow{\scriptstyle f^{j-1}}\Big\downarrow{\scriptstyle g^{j-1}} {\scriptstyle s^j} & & \Big\downarrow{\scriptstyle f^j}\Big\downarrow{\scriptstyle g^j}{\scriptstyle s^{j+1}} & & \Big\downarrow{\scriptstyle f^{j+1}}\Big\downarrow{\scriptstyle g^{j+1}} & & \\
\cdots & \longrightarrow & B^{j-1} & \xrightarrow{{}'d^{j-1}} & B^j & \xrightarrow{{}'d^j} & B^{j+1} & \longrightarrow & \cdots
\end{array}$$

これを証明するということは，(2.1.12)を示すことですので，$x \in \operatorname{Ker} d^j$ に対して(2.1.13)を計算してみます．

(2.1.15) $(f^j - g^j)(x) = f^j(x) - g^j(x) = {}'d^{j-1}(s^j(x)) + s^{j+1}(d^j(x))$

ですが，$x \in \operatorname{Ker} d^j$ なので $d^j(x) = 0$ となり，$s^j(x) \in B^{j-1}$ ですので((2.1.13)を見てください)，$f^j(x) - g^j(x)$ が ${}'d^{j-1}$ の像，すなわち，$\operatorname{Im} {}'d^{j-1}$ に入っています．(2.1.12)が言えましたので，$H^j(f^\bullet) = H^j(g^\bullet)$ がわかりました．このとき $f^\bullet \sim g^\bullet$ と書いて，$f^\bullet$ と $g^\bullet$ は互いに**ホモトピック**(homotopic)といいます．この関係は同値関係です．そこで $\operatorname{Co}(\mathcal{G})$ での射の集まりを互いにホモトピックな類にわけますと，すなわち，$\operatorname{Co}(\mathcal{G})$ のおのおのの対象 $A^\bullet, B^\bullet$ に対して

(2.1.16) $$\{\operatorname{Hom}_{\operatorname{Co}(\mathcal{G})}(A^\bullet, B^\bullet)/\sim\}$$

となり，新しいカテゴリー $K(\mathcal{G})$ ができます．すなわち対象は $\operatorname{Co}(\mathcal{G})$ と同じで，射は(2.1.16)のような**ホモトピー同値類**(homotopy equivalence class)の集まりです．大切なことは

(2.1.17) $${}'H^j : K(\mathcal{G}) \rightsquigarrow \mathcal{G}$$

が関手となるということです．一つのホモトピー同値類 $[f^\bullet] \in \operatorname{Hom}_{K(\mathcal{G})}(A^\bullet, B^\bullet)$ に対して

(2.1.18) $${}'H^j([f^\bullet]) = H^j(f^\bullet)$$

と定義してやりますとホモトピーの定義よりいわゆる well-defined(正しく定義されたもの)になります．$K(\mathcal{G})$ の対象は $\operatorname{Co}(\mathcal{G})$ の対象と変わりありませんから ${}'H^j(A^\bullet) = H^j(A^\bullet)$ ですが，これは少し形式的すぎますので，かえって言わない方がよかったかもしれません．(2.1.17)の ${}'H^j$ は，これからは

2.1 使われているすべてのコホモロジーは，みな導来関手

(2.1.9)と同じ H^j を使います．

　ここまでは一つのアーベリアン・カテゴリー内でのコホモロジーを取るということを話してきました．次はカテゴリー $\mathcal{A}$ からカテゴリー $\mathcal{B}$ への関手 F があったとき $\mathcal{A}$ の対象 A に対して F が A を $\mathcal{B}$ の中にどのように運ぶか，その運び具合を測るものとして F の導来関手を定義します．$\mathcal{A}$ の代わりに $\text{Co}(\mathcal{A})$ を取って $\text{Co}(\mathcal{A})$ の対象，すなわち，複体 $A^\bullet$ を F が $\mathcal{B}$ の中へどのように運ぶのかを調べるのが超導来関手です．$A^\bullet$ を F で移す前にコホモロジーをまず取って，それから F で $\mathcal{B}$ へ運んだものはどう関係してくるのかという問いに対して，飛び上がってくるのがスペクトル系列です．それは超導来関手の節で話します．

　ここからしばらくの間 $\mathcal{A}$ と $\mathcal{B}$ をアーベリアン・カテゴリーとします．そして F を $\mathcal{A}$ から $\mathcal{B}$ への加法的な関手(additive functor)とします．この定義は第1章の(1.2.30)のあたりで言いましたが，すなわちこの F がアーベル群 $\text{Hom}_{\mathcal{A}}(X,Y)$ からアーベル群 $\text{Hom}_{\mathcal{B}}(FX,FY)$ への群の準同型であるということでした．さらに F を $\mathcal{A}$ から $\mathcal{B}$ への共変な関手とします．

　そこでこのカテゴリー $\mathcal{A}$ からカテゴリー $\mathcal{B}$ への加法的共変関手 F に対して，$\mathcal{A}$ の対象 A における F の導来関手 $R^j FA$ を定義したいのです．この記号からして F と A によってのみ決まるものということはこれから話しますが，もう少しこの関手 F のことに注意を向けましょう．F は $\mathcal{A}$ の対象と射を $\mathcal{B}$ の中に運んでいきますが，$\mathcal{A}$ の中の対象と射の関係をどのくらい忠実に $\mathcal{B}$ の中に移すか，またはこう言ってもいいでしょう，$\mathcal{A}$ の中の対象と射を $\mathcal{B}$ の中に運んでいきますが，$\mathcal{A}$ の中の対象と射の関係を $\mathcal{B}$ の中に移す際どのくらい乱すかということを測りたいとき，どう測ればいいのかということです．それは次のようにすればよいでしょう．$\mathcal{A}$ の中で完全に整った関係が F によって $\mathcal{B}$ の中でどのくらい乱れたかを見ればいいわけです．すなわち $\mathcal{A}$ の中で整った対象と射の関係として

(2.1.4) $\quad \cdots \longrightarrow A^{j-1} \xrightarrow{d^{j-1}} A^j \xrightarrow{d^j} A^{j+1} \xrightarrow{d^{j+1}} \cdots$

ですべての j に対して $\operatorname{Ker} d^j = \operatorname{Im} d^{j-1}$ となる複体 $A^\bullet$ を用意します. すなわち, $A^\bullet$ が完全なもの(非輪状な $A^\bullet$)です. これが F によって $\mathcal{B}$ の中で

(2.1.19) $\quad \cdots \longrightarrow FA^{j-1} \xrightarrow{Fd^{j-1}} FA^j \xrightarrow{Fd^j} FA^{j+1} \xrightarrow{Fd^{j+1}} \cdots$

となりますが, $\mathcal{A}$ の中での完全性 $\operatorname{Ker} d^j = \operatorname{Im} d^{j-1}$ が $\mathcal{B}$ の中で $\operatorname{Ker} Fd^j$ と $\operatorname{Im} Fd^{j-1}$ の差がどのくらい広がったかで F の $\mathcal{A}$ から $\mathcal{B}$ への乱れ具合を測りたいのです. まず注意したいことは F は関手ですから, $F(d^j \circ d^{j-1}) = Fd^j \circ Fd^{j-1}$ (第1章の(1.1.19)あたりを見てください)です. $A^\bullet$ が複体で

完全列について ここで, 本書でよく現れる完全列について, 簡単に説明しておきましょう. アーベル群のカテゴリー $\mathcal{G}$ の中で,

$$\cdots \longrightarrow {}'A \xrightarrow{'f} A' \xrightarrow{f'} A \xrightarrow{f} A'' \xrightarrow{f''} {}''A \xrightarrow{''f} \cdots$$

という列があったとします. ここで射の合成 $f \circ f'$ がゼロ射である(それを $f \circ f' = 0$ とかきます)というのは, A' のどんな元 a' に対しても $(f \circ f')(a')$ が A'' のゼロ元 $0_{A''}$ になるということ, すなわち, $(f \circ f')(a') = f(f'(a')) = 0_{A''}$ です(0 が元であることを明示するために添字を付けました).

しかし, $\operatorname{Im} f' \stackrel{\text{def}}{=} \{f'(a') | a' \in A'\}$ ですから, $f(f'(a')) = 0_{A''}$ であるとは, $\operatorname{Im} f'$ のどの元も f によって $0_{A''}$ に移るということです. 一方, $\operatorname{Ker} f \stackrel{\text{def}}{=} \{a \in A | f(a) = 0_{A''}\}$ ですから, $f(f'(a')) = 0_{A''}$ は $f'(a') \in \operatorname{Ker} f$ を意味します. これは, $\operatorname{Im} f' \subset \operatorname{Ker} f$ を表します. この逆も成り立つとき, $\operatorname{Im} f' = \operatorname{Ker} f$ がいえて, この列は「A で完全」といいます.

くり返すと,「A で完全」とは, 「もし, A の元 a が f によって $f(a) = 0_{A''}$ ならば, A' のある元 a' に対し $a = f'(a')$ となること, かつ, もし A の元 a が $a = f'(a'), a' \in A'$ とかけるならば, 必ず $f(a) = f(f'(a')) = 0_{A''}$ となることである」といえます.

いま, 上の列で, $'A$ として $0_{'A}$ のみからなるアーベル群 $\{0_{'A}\}$ を考え, 同様に, $''A$ としてアーベル群 $\{0_{''A}\}$ を考えます. そのとき列は単に

$$0 \xrightarrow{'f} A' \xrightarrow{f'} A \xrightarrow{f} A'' \xrightarrow{f''} 0$$

とかけます. この短い列で, A' でも A でも, また A'' でも「完全」であるとは, 何を意味するかを考えます. A で完全の場合は, 説明したとおりです. では, A' で完全であるとは, すなわち $\operatorname{Im} 'f = \operatorname{Ker} f'$ ですが, 上の列から, $\operatorname{Im} 'f = \{0_{A'}\} = \operatorname{Ker} f'$ となり, $\operatorname{Ker} f'$ は $0_{A'}$ しか含まないというのですから, もし $f'(a') = 0$ なら必ず $a' = 0$ であることがいえて, すなわち f' が単射となることが示せます.

同様に, A'' で完全から, $\operatorname{Im} f = \operatorname{Ker} f''$ がいえます. ところが f'' はすべての A'' の元を $0_{''A}$ に移しますから, $\operatorname{Ker} f''$ は A'' そのものです. すなわち, $\operatorname{Ker} f'' = A''$ です. つまり, $\operatorname{Im} f = A''$ となり, $\operatorname{Im} f$ が A'' 全体というのですから, A'' のすべての元が $f(a), a \in A$ という形をしている. これは f が全射であることを意味します.

いままでのことをまとめますと,

$$0 \longrightarrow A' \xrightarrow{f'} A \xrightarrow{f} A'' \longrightarrow 0$$

という列が完全列であるとは, f' が単射で, f が全射, かつ A で, $\operatorname{Im} f' = \operatorname{Ker} f$ が成り立つ場合をいいます. ただし, この式に現れる 0 はゼロ群を表し, 本来なら $\{0\}$ と表示すべき, 1つの元からなる群であることを注意しておきます.

すので $d^j \circ d^{j-1}=0$ です.だから $F(d^j \circ d^{j-1})=F(0)=0$. ここで後の等号は F が加法的ということから言えます.すなわち $Fd^j \circ Fd^{j-1}=0$ が言えましたので,(2.1.19) の $FA^\bullet$ も $\mathcal{B}$ の中での複体となります.言い換えれば $\operatorname{Ker} Fd^j \supset \operatorname{Im} Fd^{j-1}$ ということです.さて (2.1.4) のような完全列は実は対象が三つの完全列から作られているものと見なすことができます.次のダイアグラムを見てください.

(2.1.20)
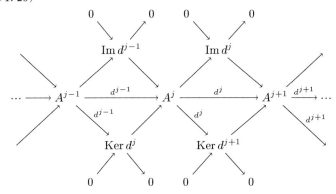

すなわち (2.1.4) のような長い完全列の F による乱れを (2.1.19) で調べるかわりに

(2.1.21) $\qquad 0 \xrightarrow{\varphi'} A' \xrightarrow{\varphi} A \xrightarrow{\psi} A'' \xrightarrow{\psi'} 0$

のような短い完全列を使って,$\mathcal{B}$ の中に移った

(2.1.22) $\qquad F0 \xrightarrow{F\varphi'} FA' \xrightarrow{F\varphi} FA \xrightarrow{F\psi} FA'' \xrightarrow{F\psi'} F0$

がどのくらい完全性をなくしたかで調べることにします.

まず (2.1.21) の完全性について話します.すなわち,列 (2.1.21) は A' でも A でも A'' でも完全だということはどういうことかを言います.A' で完全とは $\operatorname{Ker} \varphi=\operatorname{Im} \varphi'$ のことです.しかし $\operatorname{Im} \varphi'=0$ ですので $\operatorname{Ker} \varphi=0$ ということです.すなわち A' の元の中で φ で消えるのは 0 だけというのですから(完全埋め込み定理を使っています),φ は単射ということです.また,A で完全であるとは $\operatorname{Ker} \psi=\operatorname{Im} \varphi$ ということです.A'' で完全であるということは $\operatorname{Ker} \psi'=\operatorname{Im} \psi$ ということですが,ψ' は A'' のどの元も 0 に送りますので

$\mathrm{Ker}\,\psi'$ は A'' そのものです．すなわち $A''=\mathrm{Im}\,\psi$ ということ，すなわち，ψ は全射です．道草を食ってしまいました．

(2.1.21)と(2.1.22)に注意を向けましょう．今のところ数学では F による完全性の乱れとして次のような例が大切です．完全列(2.1.21)に対して $\mathcal{B}$ の中で

(2.1.23) $$0 \longrightarrow FA' \xrightarrow{F\varphi} FA \xrightarrow{F\psi} FA''$$

が完全列になるとき，すなわち(2.1.21)が F で $\mathcal{B}$ の中に送られて失ったのは $F\psi$ の全射性のみというとき，F を**左完全関手**(left exact functor)といいます．次に $\mathcal{B}$ で

(2.1.24) $$FA' \xrightarrow{F\varphi} FA \xrightarrow{F\psi} FA'' \longrightarrow 0$$

が完全なとき，F を**右完全関手**(right exact functor)といいます．そして

(2.1.25) $$FA' \xrightarrow{F\varphi} FA \xrightarrow{F\psi} FA''$$

と $F\varphi$ の単射性も $F\psi$ の全射性も失われ，FA での完全性，すなわち，$\mathrm{Ker}\,F\psi = \mathrm{Im}\,F\varphi$ だけが乱れずに保たれたとき F を**半完全関手**(half exact functor)といいます．R^j，F と A の組み合わせの概念である導来関手 R^jFA ではどんな F を考えるのかということがはっきりしたと思います．

次は対象 A のことを考えます．他の科学分野でもよくやることですが，あるもの A を調べたいとき，A を分解したり溶解したりします．それは溶解されたもののほうが A より調べやすいからです．ここでもそれに似たようなことをします．アーベリアン・カテゴリー $\mathcal{A}$ の対象 A を次のように溶かします．

(2.1.26)
$$\begin{array}{ccccccccccc} \cdots & \longrightarrow & 0 & \xrightarrow{\varphi} & A & \xrightarrow{\psi} & 0 & \longrightarrow & 0 & \longrightarrow & \cdots \\ & & \downarrow & & \downarrow{\varepsilon} & & \downarrow & & \downarrow & & \\ \cdots & \longrightarrow & 0 & \longrightarrow & I^0 & \xrightarrow{d^0} & I^1 & \xrightarrow{d^1} & I^2 & \xrightarrow{d^2} & \cdots \end{array}$$

ここで ε という射は A を溶かされた対象 I^j，$j=0,1,2,\cdots$ と結びつけるものです．実は上の(2.1.26)は複体 $A^\bullet$ から複体 $I^\bullet$ への $\mathrm{Co}(\mathcal{A})$ での射です．ですから(2.1.26)において A の前後に対象 0 を書きましたのが $A^\bullet$ です．すなわち，$A^j=0$，$j \neq 0$．$\mathcal{A}$ の対象 A に対して(2.1.26)の一行目の $\cdots \to 0 \to A \to 0 \to \cdots$

2.1 使われているすべてのコホモロジーは，みな導来関手   59

を対応させることによりカテゴリー $\mathcal{A}$ は $\mathrm{Co}(\mathcal{A})$ の部分カテゴリーと考えることができます．そこで A の代わりに A を溶かして作った $I^{\bullet}$ で置き換えたいのですが，そのために A と $I^{\bullet}$ がコホモロジー的には '同じもの' であるようにしたいし，そしてもう一つは，A の内容を秘めて溶かされたもの $I^{\bullet}$ は 'F に対してトリビアル(trivial)なもの' のようにしたいのです．

A と $I^{\bullet}$ がコホモロジー的に同じということは(2.1.26)における一行目の $A^{\bullet}$ も二行目の $I^{\bullet}$ もコホモロジーを取ると同型になるということです．実際にコホモロジーを取ってみましょう．$\mathrm{Ker}\,\psi/\mathrm{Im}\,\varphi = A/0 \approx A$ ですから

(2.1.27)

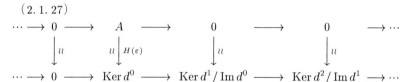

が同型になるように $I^{\bullet}$ を取りたいわけですので，$A \xrightarrow{\sim} \mathrm{Ker}\,d^0$ のように取り，かつ $\mathrm{Ker}\,d^j/\mathrm{Im}\,d^{j-1} = 0$，すなわち，$\mathrm{Ker}\,d^j = \mathrm{Im}\,d^{j-1}$，すなわち，$I^{\bullet}$ は完全な複体になるように射 d^j, $j = 0, 1, 2, \cdots$ を選ぶことが第一です．次に $I^{\bullet}$ が 'F に対してトリビアル' ということはどういうことかを話します．これは F の高次元のコホモロジー(高次元導来関手)が消えるということであると言いたいのですが，その高次元の導来関手をこれから説明しようというのですから，そんなことでは説明になりません．そこで次のように言っていいでしょう．F は $\mathcal{A}$ の対象間の完全性(exactness)を $\mathcal{B}$ の中に運んでいったとき一般的には乱しますが，F に対してトリビアルな対象に対しては F はその完全性を失わないということです．これは後でわかることですがスペクトル系列がこのところをはっきりと説明してくれます．このような F に対してトリビアルな対象を **F 非輪状対象**(F-acyclic object)といいます．

F が左完全関手のとき，F 非輪状対象の例として単射的対象を次に定義します．アーベリアン・カテゴリー $\mathcal{A}$ の内で

(2.1.28)

という任意の完全列 $0 \to A' \xrightarrow{\varphi} A$, すなわち, φ が単射, と $f': A' \to I$ が与えられたとき(2.1.28)が可換になるような $f: A \to I$ という射が存在するとき, I を**単射的対象**(injective object)といいます. ここまで話してきた A の溶かし方をまとめますと

(2.1.29) $\qquad 0 \to A \xrightarrow{\varepsilon} I^0 \xrightarrow{d^0} I^1 \xrightarrow{d^1} I^2 \xrightarrow{d^2} \cdots$

において, I^j, $j=0,1,2,\cdots$ は単射的対象であって(2.1.29)が完全列であるということです. すなわち(2.1.29)が完全とは, A においても I^j, $j=0,1,\cdots$ においても完全ということですから, まず A において $\operatorname{Ker}\varepsilon = \operatorname{Im}(0 \to A) = 0$, すなわち, ε は単射となり, I^0 において完全とは $\operatorname{Ker}d^0 = \operatorname{Im}\varepsilon$ ですが, ε は単射ですから $\operatorname{Im}\varepsilon \approx A$, すなわち, $\operatorname{Ker}d^0 \approx A$ となり, さらに I^1 において完全とは $\operatorname{Ker}d^1 = \operatorname{Im}d^0$, $\cdots$, I^j において完全とは $\operatorname{Ker}d^j = \operatorname{Im}d^{j-1}$, $\cdots$ ということです((2.1.27)のすぐ後を見てください). (2.1.29)に現れるこのような $I^\bullet$ を A の(一つの)**単射的分解**(injective resolution)といいます.

第1章で話したように, アーベリアン・カテゴリー $\mathcal{A}$ に対して $\operatorname{Hom}_\mathcal{A}(X,Y)$ という対象 X から Y への射の集まりはアーベル群です. そして $\operatorname{Hom}_\mathcal{A}(-,Y)$ という反変関手は実は左完全な関手なのです. すなわち

(2.1.30) $\qquad 0 \to A' \to A \to A'' \to 0$

という完全列に対して, アーベル群のカテゴリー $\mathcal{G}$ の中で

(2.1.31) $\qquad 0 \to \operatorname{Hom}_\mathcal{A}(A'',Y) \to \operatorname{Hom}_\mathcal{A}(A,Y) \to \operatorname{Hom}_\mathcal{A}(A',Y)$

が完全列となるわけです. このことは $\mathcal{A}$ をアーベル群のカテゴリー $\mathcal{G}$ に埋め込んで, 証明してみてください. そこでダイアグラム(2.1.28)を見てください. (2.1.28)において I が単射的対象であるとは $\operatorname{Hom}_\mathcal{A}(-,I)$ が完全関手になることと言い換えることができます. すなわち(2.1.31)において, 右側の射の全射性も保証されるということ, すなわち,

(2.1.32) $0 \longrightarrow \mathrm{Hom}_{\mathcal{A}}(A'', I) \longrightarrow \mathrm{Hom}_{\mathcal{A}}(A, I) \longrightarrow \mathrm{Hom}_{\mathcal{A}}(A', I) \longrightarrow 0$

も完全列になるということです．(2.1.28)は $\mathcal{A}$ の中のダイアグラムですが $\mathcal{A}$ の双対カテゴリー $\mathcal{A}^{\circ}$ の中で(2.1.28)を見ますと

(2.1.33)
$$\begin{array}{ccc} & & I \\ & \nearrow & \uparrow \\ 0 \longleftarrow A' \longleftarrow & A \end{array}$$

ですが，改めて(2.1.33)を書き直して

(2.1.34)
$$\begin{array}{ccc} P & & \\ f \downarrow \searrow^{g''} & & \\ A \xrightarrow{\psi} A'' \longrightarrow 0 \end{array}$$

と書きます．$\mathrm{Hom}_{\mathcal{A}}(X, -)$ は（一般的には）左完全な共変関手ですが，すなわち，

(2.1.35) $\qquad 0 \longrightarrow A' \longrightarrow A \longrightarrow A'' \longrightarrow 0$

に対して

(2.1.36) $\quad 0 \longrightarrow \mathrm{Hom}_{\mathcal{A}}(X, A') \longrightarrow \mathrm{Hom}_{\mathcal{A}}(X, A) \longrightarrow \mathrm{Hom}_{\mathcal{A}}(X, A'')$

は完全ですが，(2.1.34)の言っているところは，$\mathrm{Hom}_{\mathcal{A}}(P, -)$ は完全な関手になるということです．すなわち

(2.1.37) $\quad 0 \longrightarrow \mathrm{Hom}_{\mathcal{A}}(P, A') \longrightarrow \mathrm{Hom}_{\mathcal{A}}(P, A) \longrightarrow \mathrm{Hom}_{\mathcal{A}}(P, A'') \longrightarrow 0$

も完全列になるというわけです．このような対象 P を**射影的対象**(projective object)といいます．カテゴリー的な言い方をすればある対象が $\mathcal{A}$ で単射的ならば，その対象は $\mathcal{A}^{\circ}$ の中では($\mathcal{A}^{\circ}$ から見たら)射影的であるということです．

ここまで来るとアーベリアン・カテゴリー $\mathcal{A}$ の対象 A と，左完全かつ加法的関手 $F: \mathcal{A} \rightsquigarrow \mathcal{B}$ に対する導来関手が定義できます．すなわち A に対して一つの単射的分解 $I^{\bullet}$ を取ります．この単射的分解 $I^{\bullet}$ を F でアーベリアン・カテゴリー $\mathcal{B}$ に運びます．すなわち，$FI^{\bullet}$．$I^{\bullet}$ は $\mathcal{A}$ の中で完全でしたが F

は完全関手ではないので，$FI^\bullet$ はその完全性を失って(一般的には)完全ではありません．(2.1.20)の少し前で話しましたが F が加法的でしたので $I^\bullet$ が複体であるので $FI^\bullet$ も複体です．それなら $\mathcal{B}$ の中で $FI^\bullet$ のコホモロジーが取れます．そこで F の A における j 次右導来関手(j-th right derived functor of F at A)$R^j FA$ は

(2.1.38) $$R^j FA \overset{\text{def}}{=} H^j(FI^\bullet)$$
$$= H^j(\cdots \xrightarrow{Fd^{j-1}} FI^j \xrightarrow{Fd^j} FI^{j+1} \longrightarrow \cdots)$$
$$= \operatorname{Ker} Fd^j / \operatorname{Im} Fd^{j-1}$$

で定義されます．このとき(2.1.38)の右側の $H^j(FI^\bullet)$ は，A の分解 $I^\bullet$ の取り方によらず，例えば $J^\bullet$ という別の A の単射的分解を取っても F で $J^\bullet$ を $\mathcal{B}$ の中に送ってからコホモロジーを取ると $H^j(FJ^\bullet)$ は $H^j(FI^\bullet)$ と同型になります．何を言っているのかというと同じ対象 A を溶かして作った $I^\bullet$ と $J^\bullet$ は，おのおの I^j, J^j, $j \geq 0$ が F に対してトリビアルな対象ならば F で運んだ $\mathcal{B}$ の中での複体 $FI^\bullet$ と $FJ^\bullet$ はコホモロジー的には同じもの(同型)ということを言っているのです．このような複体，すなわちコホモロジーを取れば同型になる複体を**擬同型**な(quasi-isomorphic)複体といいます．この擬同型については，後で述べます導来カテゴリー(derived category)のところでくわしく話します．

まずは $H^j(FJ^\bullet)$ と $H^j(FI^\bullet)$ が同型であることを証明しないと，導来関手を $I^\bullet$ や $J^\bullet$ を無視した書き方 $R^j FA$ と書いて涼しい顔はしていられません．では(2.1.29)と(2.1.26)をまとめて

(2.1.39)

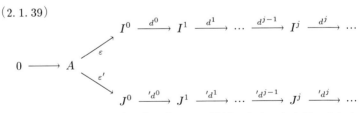

と書きましょう．(2.1.29)の少し後で ε が単射であることを言いました．$J^\bullet$ も単射的分解ですので ε' だって単射です．I^0 は単射的対象ですから，上の(2.1.39)から

2.1 使われているすべてのコホモロジーは，みな導来関手　63

(2.1.40)

というダイアグラムで(2.1.40)を可換にするような $f^0:J^0\to I^0$ という射が存在します．逆に今度は J^0 を単射的対象と思い

(2.1.41)

を考えると $g^0:I^0\to J^0$ が存在して $\varepsilon'=g^0\circ\varepsilon$ です．これで $I^0 \underset{f^0}{\overset{g^0}{\rightleftarrows}} J^0$ が得られました．下のダイアグラムにあるように，これで J^0 から I^1 への射 $d^0\circ f^0$ ができました．

(2.1.42)
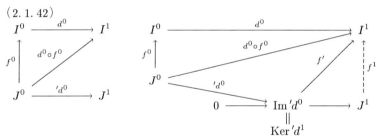

今度は上のダイアグラムの右側を見てください．I^1 が単射的対象ということを使って $J^1\xrightarrow{f^1} I^1$ がほしいのですから，$0\to\mathrm{Im}'d^0\to J^1$ という完全列に対して $f':\mathrm{Im}'d^0\to I^1$ がほしいのです((2.1.28)を見てください)．ですから（完全埋め込み定理を使って），$\mathrm{Im}'d^0$ の元 $'d^0(y^0)$，$y^0\in J^0$ に対して I^1 の元 $f'('d^0(y^0))$ を定義したいのです．上のダイアグラムを見ると

(2.1.43) $\qquad\qquad f'('d^0(y^0))\overset{\mathrm{def}}{=}(d^0\circ f^0)(y^0)=d^0(f^0(y^0))$

とすれば $f':\mathrm{Im}'d^0\to I^1$ という射が得られます．ここで I^1 が単射的ということを使って $f^1:J^1\to I^1$ という射が得られるわけです．I^1 と J^1 の立場を逆にすれば，$g^1:I^1\to J^1$ という射が得られます．ここまでやって

(2.1.44)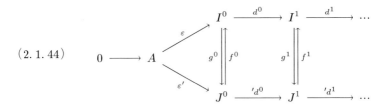

ができました．上のやり方で $I^\bullet \underset{f^\bullet}{\overset{g^\bullet}{\rightleftarrows}} J^\bullet$ が得られます．何をしているのかと申しますと F で(2.1.44)を全部 $\mathcal{B}$ の中に運びますと

(2.1.45) $$FI^\bullet \underset{Ff^\bullet}{\overset{Fg^\bullet}{\rightleftarrows}} FJ^\bullet \qquad H^j(FI^\bullet) \underset{H^j(Ff^\bullet)}{\overset{H^j(Fg^\bullet)}{\rightleftarrows}} H^j(FJ^\bullet)$$

ですが，上の右のダイアグラムのようにコホモロジーを取ると $H^j(Fg^\bullet)$ は（そして $H^j(Ff^\bullet)$ も）$\mathcal{B}$ の中の同型になるというふうに証明していきたいのです．すなわち $H^j(Ff^\bullet) \circ H^j(Fg^\bullet)$ が，そして $H^j(Fg^\bullet) \circ H^j(Ff^\bullet)$ がおのおの $H^j(FI^\bullet)$ と $H^j(FJ^\bullet)$ の恒等射になることを証明します．添え字がグロテスク(grotesque)にはなりますが

(2.1.46)
$$H^j(Ff^\bullet) \circ H^j(Fg^\bullet) = H^j(Ff^\bullet \circ Fg^\bullet) = H^j(F(f^\bullet \circ g^\bullet)) = 1_{H^j(FI^\bullet)},$$
$$H^j(Fg^\bullet) \circ H^j(Ff^\bullet) = H^j(Fg^\bullet \circ Ff^\bullet) = H^j(F(g^\bullet \circ f^\bullet)) = 1_{H^j(FJ^\bullet)}$$

を証明したいわけです．ところで(2.1.46)のおのおのの等号による書き換えは H^j と F が関手であることを使いました．上のように書き換えたのは実はわけがあるのです．$f^\bullet \circ g^\bullet$ は $I^\bullet$ から $I^\bullet$ への射で $g^\bullet \circ f^\bullet$ は $J^\bullet$ から $J^\bullet$ への射です．$I^\bullet$ から $I^\bullet$ への射といえば $I^\bullet$ の恒等射 $1_{I^\bullet}$ もそうです．同じように $1_{J^\bullet}: J^\bullet \to J^\bullet$ です．すなわち(2.1.46)を言うには次のことを示せばいいのです．

(2.1.47) $\begin{cases} F(f^\bullet \circ g^\bullet) \text{ と } F(1_{I^\bullet}) \text{ がホモトピック}, \\ F(g^\bullet \circ f^\bullet) \text{ と } F(1_{J^\bullet}) \text{ がホモトピック}. \end{cases}$

言い直しますと，コホモロジーを取ったら同じ射になる，すなわち，

2.1 使われているすべてのコホモロジーは，みな導来関手

$$(2.1.48) \quad \begin{aligned} H^j(F(f^\bullet \circ g^\bullet)) &= H^j(F1_{I^\bullet}) = (H^j \circ F)(1_{I^\bullet}) = 1_{H^j(FI^\bullet)}, \\ H^j(F(g^\bullet \circ f^\bullet)) &= H^j(F1_{J^\bullet}) = (H^j \circ F)(1_{J^\bullet}) = 1_{H^j(FJ^\bullet)} \end{aligned}$$

ということです（(2.1.16)の少し上あたりを見てください）．また(2.1.48)の最後の等号の書き換えは第1章の(1.1.18)と(1.1.19)の間にある "$F1_X = 1_{FX}$" のことです．こうして恒等射の添え字がグロテスクですが，こういうわけがあったのです．そんなわけで(2.1.47)を証明したら(2.1.46)が言えたことになって，$H^j(FI^\bullet)$ と $H^j(FJ^\bullet)$ が同型であることがわかります．

このように証明の方向とか輪郭をここまで話してきましたが，ジェネラル・ナンセンス(general nonsense)というか数学とはうまくできているものだなあと思われたかも知れません．しかし「証明の海の中にこそ数学の生命が宿り，定理や予想は大海に浮かぶただの泡」と数学の天子のような人が言った気がしますが….証明を目のあたりに見て，芭蕉のいう

夢よりも現（うつつ）の鷹ぞ頼母（たのも）しき　　　芭蕉「鵠尾冠」

というものでしょう．

F が加法的関手なら(2.1.13)において

$$(2.1.49) \quad F(f^j) - F(g^j) = F(f^j - g^j) = F('d^{j-1} \circ s^j + s^{j+1} \circ d^j)$$
$$= F('d^{j-1}) \circ F(s^j) + F(s^{j+1}) \circ F(d^j)$$

ということができます．(2.1.47)の証明を始めます．

さっそく上の(2.1.49)を使いますと，(2.1.49)は $f^\bullet \circ g^\bullet$ と $1_{I^\bullet}$ がホモトピックなら $F(f^\bullet \circ g^\bullet)$ と $F(1_{I^\bullet})$ もホモトピックですと言っています．ダイアグラムの始めのところを書いてみますと，

(2.1.50)

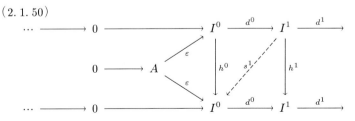

となります．ここで $h^j = 1_{I^j} - f^j \circ g^j$, $j = 0, 1, 2, \cdots$ としました．このとき s^1: $I^1 \to I^0$ という射がほしいのですが，h^0 や s^1 の射の方向からして I^0 が単射的対象であることを使うべきでしょう．そこで $I^0 \xrightarrow{\pi^0} I^0/\mathrm{Ker}\, d^0$ という自然な全射を考えます．$\mathcal{A}$ がアーベリアン・カテゴリーですから $I^0/\mathrm{Ker}\, d^0 \xrightarrow{\sim} \mathrm{Im}\, d^0$ は同型です（第1章の(1.2.28)の少し後のあたりを見てください）．この同型と $\mathrm{Im}\, d^0 \hookrightarrow I^1$ を合成したもの $\widetilde{d^0}$ は単射です．ダイアグラムを書いてみます．

(2.1.51)

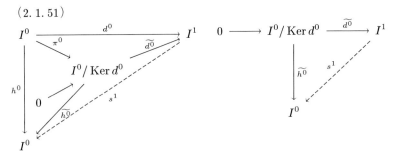

上の $\widetilde{h^0}$ は $\widetilde{h^0}(\overline{x^0}) = h^0(x^0)$, $\overline{x^0} = \pi^0(x^0)$ で定義されます．(2.1.51)の右側のダイアグラムは左側のダイアグラムの右にある細長い三角形の部分です．(2.1.51)の右のダイアグラムから，I^0 が単射的対象ですので $s^1 : I^1 \to I^0$ という射があります（(2.1.28)のことです）．そのとき

(2.1.52)
$$h^0 = 1_{I^0} - f^0 \circ g^0 = \widetilde{h^0} \circ \pi^0 = (s^1 \circ \widetilde{d^0}) \circ \pi^0 = s^1 \circ (\widetilde{d^0} \circ \pi^0) = s^1 \circ d^0$$

であって，(2.1.50)の I^0 より左は $I^{-1} = I^{-2} = \cdots = 0$ ですので，(2.1.13)の $j=0$ のときが成り立ちます．すなわち 1_{I^0} と $f^0 \circ g^0$ はホモトピックです．次は $s^2 : I^2 \to I^1$ ですが，トリック(trick)が要ります．また $0 \to I^1/\mathrm{Ker}\, d^1 \xrightarrow{\widetilde{d^1}} I^2$ という単射が得られますが，(2.1.51)のときのように $\widetilde{h^1} : I^1/\mathrm{Ker}\, d^1 \to I^1$ は射としては成り立ちません．すなわち，well-defined にはなりません．前の $\widetilde{h^0}$ のときは $\widetilde{h^0}(\overline{x^0}) = h^0(x^0)$ でよかったのです．というのは(2.1.50)の一行目の $0 \to A \xrightarrow{\varepsilon} I^0 \xrightarrow{d^0} \cdots$ は完全ですので，$\mathrm{Im}\, \varepsilon = \mathrm{Ker}\, d^0$ であって $I^0/\mathrm{Ker}\, d^0 \approx I^0/\mathrm{Im}\, \varepsilon$ です．ですから $\widetilde{h^0}(\overline{\varepsilon(a)}) = h^0(\varepsilon(a)) = (1_{I^0} - f^0 \circ g^0)(\varepsilon(a)) = (1_{I^0} \circ \varepsilon - (f^0 \circ g^0) \circ \varepsilon)(a) = (\varepsilon - \varepsilon)(a) = 0$ ((2.1.50)の 1_{I^0} と $f^0 \circ g^0$ が複体の射であるこ

2.1 使われているすべてのコホモロジーは，みな導来関手   67

とを使いました)．そのトリックとは $h^1 \widetilde{- d^0 \circ s^1} : I^1/\operatorname{Ker} d^1 (\approx I^1/\operatorname{Im} d^0) \to I^1$ を定義することです．すなわち $\widetilde{h^1}$ では $\operatorname{Im} d^0$ をゼロに持っていかないので射としては成り立ちません．すなわち，well-defined になりません．このことを考えつつ計算してみますと，$x^0 \in I^0$ に対して

$$(h^1 \widetilde{- d^0 \circ s^1})(\overline{d^0(x^0)}) = (h^1 - d^0 \circ s^1)(d^0(x^0))$$
$$= (h^1 \circ d^0)(x^0) - (d^0 \circ s^1 \circ d^0)(x^0)$$
$$= ((1_{I^1} - f^1 \circ g^1) \circ d^0)(x^0) - d^0 \circ (1_{I^0} - f^0 \circ g^0)(x^0)$$

となります．ここで(2.1.52)の $h^0 = 1_{I^0} - f^0 \circ g^0 = s^1 \circ d^0$ と $h^1 = 1_{I^1} - f^1 \circ g^1$ を使いました．計算を続けます．

$$= (1_{I^1} \circ d^0 - d^0 \circ 1_{I^0})(x^0)$$
$$+ (d^0 \circ (f^0 \circ g^0) - (f^1 \circ g^1) \circ d^0)(x^0)$$
$$= 0.$$

上のどちらの項も $1_{I^\bullet}$ と $f^\bullet \circ g^\bullet$ が複体の射ですので可換性によりゼロになり，$h^1 \widetilde{- d^0 \circ s^1}$ は射として定義できます．すなわち well-defined です．

(2.1.53)

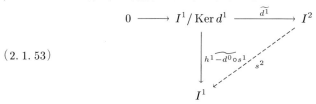

I^1 が単射的対象であることから $s^2 : I^2 \to I^1$ が得られました．もう一度(2.1.51)の左側のようなダイアグラムを書きますと

(2.1.54)

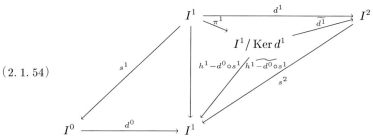

で真中の三角形の可換性から

$$h^1 - d^0 \circ s^1 = (h^1 \widetilde{- d^0 \circ s^1}) \circ \pi^1 = (s^2 \circ \widetilde{d^1}) \circ \pi^1 = s^2 \circ (\widetilde{d^1} \circ \pi^1) = s^2 \circ d^1$$

となり，$h^1 = d^0 \circ s^1 + s^2 \circ d^1$, すなわち
$$(2.1.55) \qquad\qquad 1_{I^1} - f^1 \circ g^1 = d^0 \circ s^1 + s^2 \circ d^1$$
です．1_{I^1} と $f^1 \circ g^1$ はホモトピックです．これをくりかえすことによって $1_{I^\bullet}$ と $f^\bullet \circ g^\bullet$ がホモトピックであることが言えて，(2.1.49)が成り立ったわけです．(2.1.47)が言えたことになるので(2.1.48)も成り立ち $H^j(Fg^\bullet)$ と $H^j(Ff^\bullet)$ が $\mathcal{B}$ で同型であることがわかりました．これで $H^j(FI^\bullet)$ と $H^j(FJ^\bullet)$ が同型となり，同型なものを代表して $R^j FA$ と書いて j 次の $\mathcal{A}$ における F の導来関手というのです．これで(2.1.38)から始まった話は区切りがつきました．

気がついたことを少し言いますと，(2.1.40), (2.1.41), (2.1.42)で $f^0, f^1, \cdots$ ($g^0, g^1, \cdots$)を $I^0, I^1, \cdots$ ($J^0, J^1, \cdots$)が単射的対象であることを使って作りました．(2.1.28)にあるように，そのような $f^0, f^1, \cdots$ ($g^0, g^1, \cdots$)は一つだけとは限らず，(2.1.40)を可換にするものとして，例えば f^0 の他に $'f^0, ''f^0$ などがあっていいのです．しかし，そのとき $f^0, 'f^0, ''f^0$ がみな互いにホモトピックになるということが，上の 1_{I^0} と $f^0 \circ g^0$ がホモトピックであることの証明と同じように示すことができます．コホモロジーを取ったら，このいい（ええ）かげんさが消えて $H^0(f^0) = H^0('f^0) = H^0(''f^0)$ ということになってしまいます．

もう一つ話しておくべきことは，$F: \mathcal{A} \rightsquigarrow \mathcal{B}$ が上のように共変左完全関手であるとき，$\mathcal{A}$ の中での $0 \to A' \to A \to A'' \to 0$ に対して $\mathcal{B}$ の中では $0 \to FA' \to FA \to FA''$ が完全です．$\mathcal{B}$ の双対 $\mathcal{B}^\circ$ の中ではそれは $FA'' \to FA \to FA' \to 0$ が完全ということです．すなわち F は $F: \mathcal{A} \rightsquigarrow \mathcal{B}^\circ$ という反変右完全関手を定めます．そして $\mathcal{A}$ の双対カテゴリー $\mathcal{A}^\circ$ の中では $0 \to A'' \to A \to A' \to 0$ ですから，今まで考えてきた共変な左完全関手 $F: \mathcal{A} \rightsquigarrow \mathcal{B}$ は $\mathcal{A}^\circ$ の中の $0 \to A'' \to A \to A' \to 0$ を $\mathcal{B}^\circ$ の中の $FA'' \to FA \to FA' \to 0$ に移しますから $F: \mathcal{A}^\circ \rightsquigarrow \mathcal{B}^\circ$ という右完全な共変関手を定めます．(2.1.33)から(2.1.37)の少し後のあたりを思い起こしてください．$\mathcal{A}$ 内の A の単射的分解は $\mathcal{A}^\circ$ 内での射影的分解です．その A の $\mathcal{A}^\circ$ 内での射影的分解を $P_\bullet$ とします．すなわち，$P_\bullet \xrightarrow{\eta} A$ です．これを F で $\mathcal{B}^\circ$ の中に運ぶと $FP_\bullet \xrightarrow{F\eta} FA$ です．すなわち，

2.1 使われているすべてのコホモロジーは，みな導来関手　69

$$(2.1.56) \quad \cdots \longrightarrow FP_{j+1} \xrightarrow{Fd_{j+1}} FP_j \xrightarrow{Fd_j} FP_{j-1} \xrightarrow{Fd_{j-1}} \cdots$$
$$\longrightarrow FP_0 \longrightarrow 0 \longrightarrow \cdots$$
$$\downarrow F\eta$$
$$FA$$

となります．このとき

$$(2.1.57) \qquad \operatorname{Ker} Fd_j / \operatorname{Im} Fd_{j+1}$$

を F の A における j 次左導来関手(j-th left derived functor of F at A)といい，$L_j FA$ と記します．

(2.1.58)

$$\begin{array}{ccc} \mathcal{A} & \xrightarrow{F} & \mathcal{B} \\ \updownarrow \circ & & \updownarrow \circ \\ \mathcal{A}^\circ & \xrightarrow{F} & \mathcal{B}^\circ \end{array} \qquad \begin{array}{ccc} \mathcal{A} & \xrightarrow{R^j F} & \mathcal{B} \\ \updownarrow \circ & & \updownarrow \circ \\ \mathcal{A}^\circ & \xrightarrow{L_j F} & \mathcal{B}^\circ \end{array}$$

(2.1.58)が可換なダイアグラムであることを自分に納得させてください．$R^j FA$ を A のコホモロジー，そして $L_j FA$ を A のホモロジーと呼ぶのが常です．

一般的にアーベリアン・カテゴリー $\mathcal{B}$ の中で

$$(2.1.59)$$
$$\cdots \longrightarrow C^{-j} \xrightarrow{d^{-j}} \cdots \longrightarrow C^{-2} \xrightarrow{d^{-2}} C^{-1} \xrightarrow{d^{-1}} C^0 \xrightarrow{d^0} C^1 \xrightarrow{d^1} C^2 \xrightarrow{d^2} \cdots$$
$$\longrightarrow C^j \xrightarrow{d^j} C^{j+1} \longrightarrow \cdots$$

という複体があったとき，$j \geq 0$ に対して $\operatorname{Ker} d^j / \operatorname{Im} d^{j-1}$ を $C^\bullet$ の j 次コホモロジー，左側半分の $\operatorname{Ker} d^{-j} / \operatorname{Im} d^{-j-1}$ を $C^\bullet$ の j 次ホモロジーといいます．すなわち j 次ホモロジーというのは $-j$ 次コホモロジーのことです．すなわち，$H_j = H^{-j}$ そして $H^j = H_{-j}$ です．

　　加法的な左完全関手 $F : \mathcal{A} \rightsquigarrow \mathcal{B}$ が与えられたとき，$\mathcal{A}$ の対象 A に対して，導来関手 $R^j F : \mathcal{A} \rightsquigarrow \mathcal{B}$ は A の単射的分解 $I^\bullet$ を取り(存在するとき)$R^j FA = H^j(FI^\bullet)$ と定義しました．スペクトル系列の話の前に $R^j F$ の性質(振舞い)を調べますが，逆にその振舞いで $R^j F$ を

決めることができます.すなわちこれこれを満たすものを導来関手と定義しますという,すなわち導来関手の特徴づけができてしまいます.人間にはこんなことはできません.四十年間のつき合いのある人がまさかあんなことをするとはなんて話を時々聞きますから.人は有限個の性質では特徴づけできないというか定まらない,だから一生人はわからないということですが,またそこが人のおもしろさでもあるわけです.ここまででも何か第二の[Cartan–Eilenberg]がありそうな大へん重い手応えを感じられたかも知れません.これからますます,この「何かまだありそうだ」という実感が出ます.これからもアーベリアン・カテゴリーの完全埋め込み定理を無断で使っていきますので悪しからず.

前と同じように $\mathcal{A}$ と $\mathcal{B}$ をアーベリアン・カテゴリーとし $F:\mathcal{A} \rightsquigarrow \mathcal{B}$ を加法的かつ左完全な関手とします.そして $R^j F:\mathcal{A} \rightsquigarrow \mathcal{B}$ を定義しましたのが (2.1.38) でした.F もコホモロジーを取る操作 H^j も関手なので,その合成である $R^j F = H^j \circ F$ も関手です.すなわち $A \xrightarrow{\varphi} A'$ という $\mathcal{A}$ の射に対して $\mathcal{B}$ 内での射 $R^j FA \xrightarrow{R^j F\varphi} R^j FA'$ が定まります.$R^0 FA$ を計算してみます.それは (2.1.29) で与えられるような A の単射的分解 $0 \to A \xrightarrow{\varepsilon} I^\bullet$ に対して

(2.1.60)
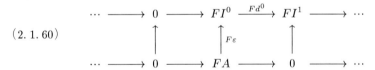

の 0 次コホモロジー $\operatorname{Ker} Fd^0/0 \approx \operatorname{Ker} Fd^0$ を計算することですが,F は左完全ですので $0 \to A \xrightarrow{\varepsilon} I^0 \xrightarrow{d^0} \operatorname{Im} d^0 \to 0$ に対して $\mathcal{B}$ の中でも $0 \to FA \xrightarrow{F\varepsilon} FI^0 \xrightarrow{Fd^0} F \operatorname{Im} d^0$ までは完全です ((2.1.23) を見てください).よって $\operatorname{Ker} Fd^0 \approx \operatorname{Im} F\varepsilon$ ということと $F\varepsilon$ も単射ですので $FA \widetilde{\to} \operatorname{Im} F\varepsilon$ です.すなわち $H^0(FI^\bullet) \cong \operatorname{Ker} Fd^0 \approx \operatorname{Im} F\varepsilon \approx FA$ です.つまり,$\mathcal{A}$ の中のどの対象 A に対しても同型 $R^0 FA \widetilde{\cong} FA$ が得られました:

(**R.D.F.1**)　　　　　　　　　$R^0 F \approx F.$

これが導来関手の持つまず第一の性質です.次に,前にも出しましたが $\mathcal{A}$ 内

2.1 使われているすべてのコホモロジーは，みな導来関手   71

での完全列

(2.1.61) $$0 \longrightarrow A' \xrightarrow{\varphi} A \xrightarrow{\psi} A'' \longrightarrow 0$$

が与えられたとき $R^j F$ は関手ですので，おのおのの $j \geq 0$ に対して $\mathcal{B}$ の中の対象と射

(2.1.62) $$R^j F A' \xrightarrow{R^j F \varphi} R^j F A \xrightarrow{R^j F \psi} R^j F A''$$

が得られますが，実は

(**R.D.F.2**) $j \geq 0$ に対して $\partial^j : R^j F A'' \to R^{j+1} F A'$ が存在して

(2.1.63)
$$0 \longrightarrow R^0 F A' \xrightarrow{R^0 F \varphi} R^0 F A \xrightarrow{R^0 F \psi} R^0 F A'' \xrightarrow{\partial^0}$$
$$R^1 F A' \xrightarrow{R^1 F \varphi} R^1 F A \xrightarrow{R^1 F \psi} R^1 F A'' \xrightarrow{\partial^1} R^2 F A' \xrightarrow{R^2 F \varphi} \cdots$$
$$\xrightarrow{\partial^{j-1}} R^j F A' \xrightarrow{R^j F \varphi} R^j F A \xrightarrow{R^j F \psi} R^j F A'' \xrightarrow{\partial^j} R^{j+1} F A' \xrightarrow{R^{j+1} F \varphi} \cdots$$

が $\mathcal{B}$ 内での完全列になるのです．

このことを次に示します．(2.1.61)に対して，まず A' と A'' の単射的分解の初項 $'I^0$ と $''I^0$ を選びます(ここで示したいのは，A の単射的分解 $I^\bullet$ を $0 \to 'I^\bullet \to I^\bullet \to ''I^\bullet \to 0$ が完全列になるように決めたいということです)．そこで $I^0 = 'I^0 \oplus ''I^0$ とすると

(2.1.64)
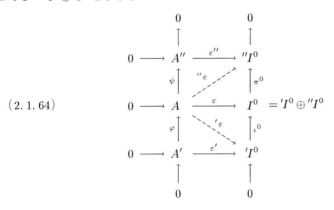

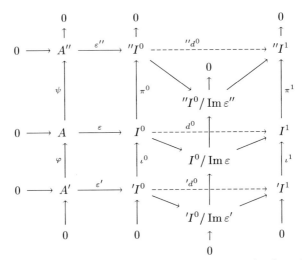

となります．$\iota^0: {}'I^0 \to {}'I^0 \oplus {}''I^0$ は $\iota^0(x') = (x', 0)$，そして $\pi^0: {}'I^0 \oplus {}''I^0 \to {}''I^0$ は $\pi^0(x', x'') = x''$ で定義しますと，ι^0 は単射で π^0 は全射になって，そして $\operatorname{Ker} \pi^0 = \{(x', x'') \in {}'I^0 \oplus {}''I^0;\ \pi^0(x', x'') = x'' = 0\} = \operatorname{Im} \iota^0 = \{\iota^0(x') = (x', 0);\ x' \in {}'I^0\}$ですので二列目の完全性は言えました．

次に $A \xrightarrow{\varepsilon} I^0$ をどう定義するかといいますと，${}'I^0$ は単射的対象ですので $0 \to A' \xrightarrow{\varphi} A$ と $\varepsilon': A' \to {}'I^0$ に対して ${}'\varepsilon: A \to {}'I^0$ が存在します（(2.1.28) のことです）．そしてまた $\varepsilon'' \circ \psi: A \to {}''I^0$ ですので，これを ${}''\varepsilon: A \to {}''I^0$ と呼びましょう．そこで $\varepsilon: A \to I^0 = {}'I^0 \oplus {}''I^0$ を $\varepsilon(a) = ({}'\varepsilon(a), {}''\varepsilon(a)) \in {}'I^0 \oplus {}''I^0$ とすると万事うまくいって $0 \to {}'I^\bullet \to I^\bullet \to {}''I^\bullet \to 0$ の第一歩ができました．その後，(2.1.64) の下のダイアグラムを見てください．

(2.1.65) $\qquad 0 \longrightarrow {}'I^0/\operatorname{Im}\varepsilon' \longrightarrow I^0/\operatorname{Im}\varepsilon \longrightarrow {}''I^0/\operatorname{Im}\varepsilon'' \longrightarrow 0$

という完全列（このことを確かめる気になったらそうしてもいいです）に対して，まず ${}'I^0/\operatorname{Im}\varepsilon'$ と ${}''I^0/\operatorname{Im}\varepsilon''$ の単射的分解の初項を取ってそれを ${}'I^1$ と ${}''I^1$ として，$I^0/\operatorname{Im}\varepsilon$ については $I^1 = {}'I^1 \oplus {}''I^1$ とすれば，前と同じでしょう（déjà vu を感じたでしょう）．こうして $0 \to A' \to A \to A'' \to 0$ に対して三つの単射的分解がうまく完全になるように $0 \to {}'I^1 \to I^1 = {}'I^1 \oplus {}''I^1 \to {}''I^1 \to 0$ ができました．

2.1 使われているすべてのコホモロジーは，みな導来関手　73

そこで $''d^0$, d^0, $'d^0$ はそれぞれ $''I^0 \to ''I^0/\mathrm{Im}\,\varepsilon'' \to ''I^1$, $I^0 \to I^0/\mathrm{Im}\,\varepsilon \to I^1$, $'I^0 \to 'I^0/\mathrm{Im}\,\varepsilon' \to 'I^1$ の合成として定義します．このようにして

(2.1.66) $\quad\quad\quad\quad 0 \longrightarrow 'I^\bullet \xrightarrow{\iota^\bullet} I^\bullet \xrightarrow{\pi^\bullet} ''I^\bullet \longrightarrow 0$

を得ますが，$'I^\bullet, I^\bullet, ''I^\bullet$ が完全な複体であることも納得しておいてください．(2.1.66) の $I^\bullet$ は $'I^\bullet \oplus ''I^\bullet$ ですので分解する(splitting)完全列です．そこで加法的な左完全関手 F で $\mathcal{B}$ に運べば

(2.1.67) $\quad\quad\quad\quad 0 \longrightarrow F'I^\bullet \xrightarrow{F\iota^\bullet} FI^\bullet \xrightarrow{F\pi^\bullet} F''I^\bullet \longrightarrow 0$

を得ます．すなわち，$FI^\bullet = F'I^\bullet \oplus F''I^\bullet$ です．(2.1.67) を縦に

(2.1.68)

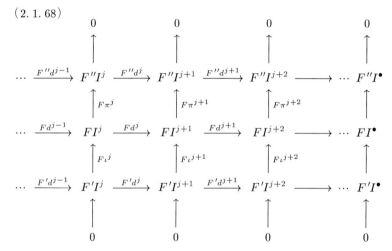

と書き換えましょう．そこで (2.1.68) の一列と二列のコホモロジーを下から取っていきますと

(2.1.69)
$$\begin{array}{l}
R^j FA'' = H^j(F''I^\bullet) \quad\quad H^{j+1}(F''I^\bullet) = R^{j+1} FA'' \\
\quad\quad\quad\uparrow \quad\quad\quad\quad\quad\quad\quad\quad\uparrow \\
R^j FA = H^j(FI^\bullet) \xrightarrow{\partial^j} H^{j+1}(FI^\bullet) = R^{j+1} FA \xrightarrow{\partial^{j+1}} \vdots \\
\quad\quad\quad\uparrow \quad\quad\quad\quad\quad\quad\quad\quad\uparrow \\
R^j FA' = H^j(F'I^\bullet) \quad\quad H^{j+1}(F'I^\bullet) = R^{j+1} FA' \quad H^{j+2}(F'I^\bullet) = R^{j+2} FA'
\end{array}$$

で，定義したい射は上の(2.1.69)の ∂^j です．コホモロジー類 $\overline{''y^j} \in R^j FA'' = H^j(F''I^\bullet)$ から出ていって $H^{j+1}(F'I^\bullet) = R^{j+1}FA'$ のコホモロジー類に着きたいわけです．$\overline{''y^j} \in \operatorname{Ker} F''d^j / \operatorname{Im} F''d^{j-1}$ ですから $''y^j \in \operatorname{Ker} F''d^j$，すなわち，$F''d^j(''y^j) = 0$ となります．$F\pi^j$ は全射ですから FI^j の中にある $y^j \in FI^j$ があって $F\pi^j(y^j) = ''y^j$ です．この $y^j \in FI^j$ を Fd^j で右にもっていきます((2.1.68)を見てください)．$Fd^j(y^j) \in FI^{j+1}$ です．これを $F\pi^{j+1}$ で上に移しますと $F\pi^{j+1}(Fd^j(y^j)) \in F''I^{j+1}$ となりますが，(2.1.68)は可換なダイアグラムですから $F\pi^{j+1}(Fd^j(y^j)) = F''d^j(F\pi^j(y^j))$ であり，これは $= F''d^j(''y^j) = 0$ でした．すなわち，$Fd^j(y^j) \in \operatorname{Ker} F\pi^{j+1}$ ということです．この二列目は完全ですから $\operatorname{Ker} F\pi^{j+1} = \operatorname{Im} F\iota^{j+1}$ です．ですから $Fd^j(y^j) \in \operatorname{Im} F\iota^{j+1}$ となります．すなわち $F'I^{j+1}$ の中にある元 $'y^{j+1} \in F'I^{j+1}$ があって，$F\iota^{j+1}('y^{j+1}) = Fd^j(y^j)$ ということです．

これで $F'I^{j+1}$ にはとどきましたが，$'y^{j+1} \in \operatorname{Ker} F'd^{j+1}$ を言わなければコホモロジー類 $\overline{'y^{j+1}} \in H^{j+1}(F'I^\bullet) = R^{j+1}FA'$ は定まりません．今度は(2.1.68)の右下の四角の可換性を使うのです．

$$F\iota^{j+2}(F'd^{j+1}('y^{j+1})) = Fd^{j+1}(F\iota^{j+1}('y^{j+1}))$$
$$= Fd^{j+1}(Fd^j(y^j)) = (Fd^{j+1} \circ Fd^j)(y^j) = 0$$

最後の等号は $FI^\bullet$ が複体，すなわち，$Fd^{j+1} \circ Fd^j$ がゼロ射であることを使いました．さらに，$F\iota^{j+2}$ は単射ですので，上の $F\iota^{j+2}(F'd^{j+1}('y^{j+1})) = 0$ から $F'd^{j+1}('y^{j+1}) = 0$ が言えます．すなわち，$'y^{j+1} \in \operatorname{Ker} F'd^{j+1}$ です．これにより $\overline{'y^{j+1}} \in H^{j+1}(F'I^\bullet)$ が定まりました．そこで

(2.1.70) $$\partial^j(\overline{''y^j}) = \overline{'y^{j+1}}$$

と定義することによって j 次から $j+1$ 次に結びつける $\partial^j : R^j FA'' \to R^{j+1}FA'$ が得られました．(2.1.70)の定義が成立すること(well-defined)，すなわち $''y^j$ というコホモロジー類の代表元(representative)によらず $R^{j+1}FA'$ の元，つまり，コホモロジー類が定まることは気が向いたら確かめてみてください．(2.1.69)と(2.1.70)の間でしたことはダイアグラム(2.1.68)のあちこちを走り回ったことですが，これを 'ダイアグラム追跡(diagram chasing)' といいます．

（R.D.F.2）の一つの主張は(2.1.63)が完全列だということです．(R.D.F.1)から $R^0F \approx F$ ですから(2.1.63)の始めの部分の $0 \to FA' \to FA \to FA''$ は，F が左完全ですからここまでは完全です．示すべきことは $\text{Im}\, R^j F\psi = \text{Ker}\, \partial^j$ と $\text{Im}\, \partial^j = \text{Ker}\, R^{j+1} F\varphi$, $j \geq 0$，そして $\text{Im}\, R^j F\varphi = \text{Ker}\, R^j F\psi$, $j \geq 1$ です．この三つの等号の「⊂」の部分は $R^j F$ が関手であることよりわかっているので，証明すべきところは逆向きの「⊃」ですが，これはダイアグラム追跡（diagram chasing）のよい'運動'になりますので確かめてみてください．

　導来関手の特徴づけになる最後の三番目は $\mathcal{A}$ 内で

(2.1.71)
$$\begin{array}{ccccccccc}
0 & \to & A' & \xrightarrow{\varphi} & A & \xrightarrow{\psi} & A'' & \to & 0 \\
& & \downarrow f & & \downarrow g & & \downarrow h & & \\
0 & \to & B' & \xrightarrow{\lambda} & B & \xrightarrow{\mu} & B'' & \to & 0
\end{array}$$

という可換ダイアグラムが与えられたとき，(R.D.F.2)より(2.1.71)の一行，二行の完全列に対して

(2.1.72)
$$\begin{array}{ccccccccccc}
\cdots & \to & R^j FA' & \xrightarrow{R^j F\varphi} & R^j FA & \xrightarrow{R^j F\psi} & R^j FA'' & \xrightarrow{\partial^j} & R^{j+1} FA' & \to & \cdots \\
& & \downarrow R^j Ff & & \downarrow R^j Fg & & \downarrow R^j Fh & & \downarrow R^{j+1} Ff & & \\
\cdots & \to & R^j FB' & \xrightarrow{R^j F\lambda} & R^j FB & \xrightarrow{R^j F\mu} & R^j FB'' & \xrightarrow{\delta^j} & R^{j+1} FB' & \to & \cdots
\end{array}$$

という完全列の一行と二行ができます．これらの二つの完全列を結ぶ射は $R^j F$ が関手であることより得られます．(2.1.72)の三つの四角のダイアグラムの内，始めの一つは $R^j F$ が関手ですから $R^j Fg \circ R^j F\varphi = R^j F(g \circ \varphi)$ であり，(2.1.71)の可換性から，これをつづけて $= R^j F(\lambda \circ f) = R^j F\lambda \circ R^j Ff$ となります．そして二つ目の四角のダイアグラムも同様にして $R^j Fh \circ R^j F\psi = R^j F\mu \circ R^j Fg$ となります．要点は第三の四角のダイアグラム

(**R.D.F.3**)
$$\begin{array}{ccc}
R^j FA'' & \xrightarrow{\partial^j} & R^{j+1} FA' \\
\downarrow R^j Fh & & \downarrow R^{j+1} Ff \\
R^j FB'' & \xrightarrow{\delta^j} & R^{j+1} FB'
\end{array}$$

の可換性です．あまり奇麗事ばかりがコホモロジー代数と思われてもよくないので(R.D.F.3)を直接証明します．まず(2.1.71)を縦に

（2.1.73）

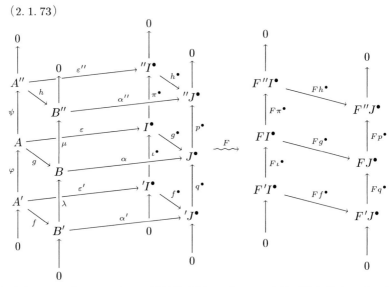

と書き，その右はそれぞれの単射的分解で，(2.1.73)が可換なダイアグラムになるようにできます．それを示すことは少しはテクニカルですが，そんなに人の毛嫌いすることではありません．

（2.1.74）

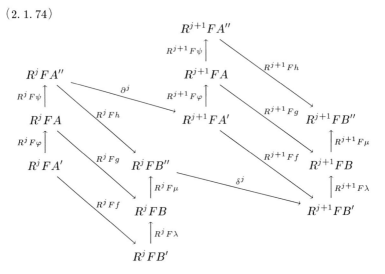

2.1 使われているすべてのコホモロジーは，みな導来関手　77

上のダイアグラム(2.1.74)は(2.1.73)と方向が合うように(2.1.72)を書き換えたものです．今度は(2.1.73)の右側のダイアグラムを横にのばしたものを書きますと

(2.1.75)
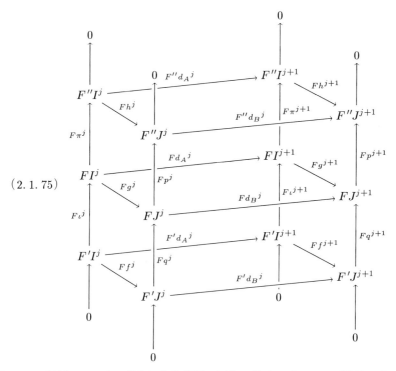

(R.D.F.3)は(2.1.74)の真中にある菱形の四角のダイアグラムの可換性です．証明したいことは $\overline{''y^j} \in R^j FA''$ ($''y^j \in \operatorname{Ker} F''d_A{}^j$)に対して，

(2.1.76) $$R^{j+1}Ff(\partial^j(\overline{''y^j})) = \delta^j(R^j Fh(\overline{''y^j}))$$

が成り立つということです．(2.1.76)の右辺は $\delta^j(\overline{Fh^j(''y^j)})$ で，(2.1.76)の左辺は(2.1.70)に定義されているように，$R^{j+1}Ff(\overline{'y^{j+1}})$ となりますが，上の(2.1.75)の元のみの道筋を辿ってみますと

(2.1.77)

$$\begin{array}{c}\text{(diagram)}\end{array}$$

です．(2.1.77)の左上の元 $''y^j \in F''I^j$ から出て(2.1.76)の左辺のコホモロジー類を決める元が $Ff^{j+1}('y^{j+1}) \in F'J^{j+1}$ であって，(2.1.76)の右辺のコホモロジー類を決める元が $'z^{j+1} \in F'J^{j+1}$ です．すなわち(2.1.76)を証明するには $'z^{j+1} - Ff^{j+1}('y^{j+1}) \in \mathrm{Im}\, F'd_B{}^j$ を言わなければなりません．$'z^{j+1} - Ff^{j+1}('y^{j+1})$ は(2.1.75)の右下の $F'J^{j+1}$ の中ですから，Fq^{j+1} で上に行くと $Fq^{j+1}('z^{j+1}) - Fq^{j+1}(Ff^{j+1}('y^{j+1})) = Fd_B{}^j(z^j) - Fg^{j+1}(F\iota^{j+1}('y^{j+1}))$ となります．ここで(2.1.75)の右下の縦の四角の可換性を使いました．$F\iota^{j+1}('y^{j+1}) = Fd_A{}^j(y^j)$ ですから，これをつづけて $= Fd_B{}^j(z^j) - Fg^{j+1}(Fd_A{}^j(y^j))$ となります．ここで(2.1.75)の真中の四角の可換性を使ってさらに続けて $= Fd_B{}^j(z^j) - Fd_B{}^j(Fg^j(y^j)) = Fd_B{}^j(z^j - Fg^j(y^j))$ となりますが，FJ^j の中にある $z^j - Fg^j(y^j)$ を Fp^j で上に行きますと $Fp^j(z^j - Fg^j(y^j)) = Fh^j(''y^j) - Fp^j(Fg^j(y^j)) = Fh^j(''y^j) - Fh^j(F\pi^j(y^j))$ となります．ここで(2.1.75)の縦の左上の四角の可換性を使いました．しかし y^j は $F\pi^j(y^j) = ''y^j$ となるように取ったのですから，上の等号をつづけますと $= Fh^j(''y^j) - Fh^j(''y^j) = 0$ がいえます．すなわち $z^j - Fg^j(y^j)$ は Fp^j によって消えましたので $z^j - Fg^j(y^j) \in \mathrm{Ker}\, Fp^j$ です．しかし(2.1.75)は縦には完全ですので $F'J^j$ の中に $'z^j$ があって $Fq^j('z^j) = z^j - Fg^j(y^j)$ となります．この $'z^j$ が欲しかったわけでして，

(2.1.76)を示すため，すなわち，$'z^{j+1}$ と $Ff^{j+1}('y^{j+1})$ が同じコホモロジー類に属するためには

(2.1.78) $$F'd_B^j('z^j) = 'z^{j+1} - Ff^{j+1}('y^{j+1})$$

を示せばいいのです．Fq^{j+1} は単射なので(2.1.78)の代わりに

(2.1.79) $$Fq^{j+1}(F'd_B^j('z^j) - 'z^{j+1} + Ff^{j+1}('y^{j+1})) = 0$$

を示せばいいわけです．では(2.1.79)の左辺を計算してみます：

$$\begin{aligned}(2.1.80)\quad &= Fq^{j+1}(F'd_B^j('z^j)) - Fq^{j+1}('z^{j+1}) + Fq^{j+1}(Ff^{j+1}('y^{j+1}))\\ &= Fd_B^j(Fq^j('z^j)) - Fd_B^j(z^j) + Fg^{j+1}(Fd_A^j(y^j))\\ &= Fd_B^j(z^j - Fg^j(y^j)) - Fd_B^j(z^j) + Fd_B^j(Fg^j(y^j)) = 0\end{aligned}$$

最初の項の書き換えは $'z^j$ を $Fq^j('z^j) = z^j - Fg^j(y^j) \in \mathrm{Ker}\, Fp^j$ となるように上で取ったことにより，また最後の項の書き換えは(2.1.75)の真中の横の四角の可換性によるものです．これで(R.D.F.3)がわかりました．

最後に $\mathcal{A}$ の対象 A が単射的対象 I であったとします．そのときの単射的分解はトリビアル（trivial）な

(2.1.81)
$$\begin{array}{ccccccccc}\cdots & \longrightarrow & 0 & \longrightarrow & I & \longrightarrow & 0 & \longrightarrow & \cdots \\ & & & & \downarrow \varepsilon & & & & \\ \cdots & \longrightarrow & 0 & \longrightarrow & I & \longrightarrow & 0 & \longrightarrow & \cdots\end{array}$$

すなわちもう溶けているものを分解したって何も新しいものは出ません．そのとき $R^j FI$ は(2.1.38)によって定義されていますから

(2.1.82) $$R^j FI = H^j(\cdots \longrightarrow 0 \longrightarrow FI \longrightarrow 0 \longrightarrow \cdots)$$
$$= \begin{cases}0, & j = 1, 2, \cdots, \\ FI, & j = 0.\end{cases}$$

すなわち単射的対象 I に対する導来関手は

(**R.D.F.4**) $$R^j FI = 0, \quad j = 1, 2, \cdots.$$

これで(2.1.38)から始めた導来関手 $R^j FA$ の定義，そして上の四番目の導来関手の性質(R.D.F.4)で話は一つの区切りができました．気がつかれたと思いますが(2.1.48)までの話は手を汚さずに進んだのですが，とくに(R.D.F.2)と(R.D.F.3)の証明は，証明すべきことは自然なことのように思われますが，ゼネラル・ナンセンスで

ひょいひょいと走って進めるものではありませんでした．これはなぜなんでしょう？

前にも話したことですが，(R.D.F.1)から(R.D.F.4)までで導来関手を特徴づけることができるのです．ここを正確に言いますと次のようになります．$\mathcal{A}$ と $\mathcal{B}$ をアーベリアン・カテゴリーとします．そして $\mathcal{A}$ のどの対象も単射的分解ができると仮定します(このとき $\mathcal{A}$ has enough injectives といいます)．そして $F: \mathcal{A} \leadsto \mathcal{B}$ を加法的で左完全な関手とします．そのとき $T^0, T^1, T^2, \cdots$ という加法的な関手の列が(1) $T^0 \xrightarrow{\sim} F$ という $\mathcal{B}^{\mathcal{A}}$ 内の同型(同型な自然変換)があり，(2) $\mathcal{A}$ 内の完全列 $0 \to A' \to A \to A'' \to 0$ に対して $\mathcal{B}$ 内で $\partial^0: T^0 A'' \to T^1 A'$, $\partial^1: T^1 A'' \to T^2 A'$, $\cdots$ という射があって $0 \to T^0 A' \to T^0 A \to T^0 A'' \xrightarrow{\partial^0} T^1 A' \to \cdots \xrightarrow{\partial^{j-1}} T^j A' \to T^j A \to T^j A'' \xrightarrow{\partial^j} T^{j+1} A' \to \cdots$ が完全列であり，また(3) $\mathcal{A}$ 内での可換ダイアグラム

$$\begin{array}{ccccccccc} 0 & \to & A' & \to & A & \to & A'' & \to & 0 \\ & & \downarrow & & \downarrow & & \downarrow & & \\ 0 & \to & B' & \to & B & \to & B'' & \to & 0 \end{array}$$

に対して $\mathcal{B}$ 内で

$$\begin{array}{ccc} T^0 A'' \xrightarrow{\partial^0} T^1 A' & T^1 A'' \xrightarrow{\partial^1} T^2 A' \\ \downarrow \qquad \downarrow & , & \downarrow \qquad \downarrow & , & \cdots \\ T^0 B'' \xrightarrow{\delta^0} T^1 B' & T^1 B'' \xrightarrow{\delta^1} T^2 B' \end{array}$$

も可換になること．最後に(4) $\mathcal{A}$ 内のすべての単射的対象 I に対して $T^1 I = 0$, $T^2 I = 0$, $\cdots$ が成り立つとき，$(T^j)_{j \geq 0}$ を F の導来関手と定義するわけです．そのとき $T^j \xrightarrow{\sim} R^j F$, $j = 0, 1, 2, \cdots$ ですが，例えばある人があるコホモロジー理論 $(S^j)_{j \geq 0}$ を作ったとします．そのときこの新しいコホモロジーは，はたして S^0 の導来関手になるであろうかという問いが出るわけです．そんなときに使えるものが上の(1), (2), (3), (4)です．ベイユの予想(Weil's conjectures)を証明するため l 進コホモロジーや p 進コホモロジー(クリスタリン・

コホモロジーとかいったコホモロジー理論)を作り上げた数学者が1960年代に五人ほど出ましたが，これらすべてのコホモロジー論は導来関手です．そんなときは上の(1)〜(4)が使いものになります．それではこれからコホモロジー代数の立て役者スペクトル系列の話をゆっくり進めていきます．

2.2 数学自然に現れるスペクトル系列とは

「スペクトル系列とは何ぞや」と聞かれたら，「コホモロジーの振舞いを，札(ラベル，合札)をつけて記述するもの」と答えるのは，使うという面では，おそらく当たっているでしょう．まず $\mathcal{A}$ をアーベリアン・カテゴリーとし，対象としてスペクトル系列を考えます．その対象は，

(**S.S.1**) $\qquad\qquad E_r{}^{p,q}$

という具合に三つの番号札がついています．p,q,r はみな整数です．r は $0,1,2,\cdots$ という数を取り，p と q はかなり多くの場合は r のように 0 以上の整数ですが，しばらくの間は，整数と思っていてください．ダイアグラムを書くことは，今までもそうですが見通しをよくするものです．そこで $E_r{}^{p,q}$ のダイアグラムでの位置付けですが，r が $0,1,2,\cdots$ なら 0 階，1 階，2 階，$\cdots$ として p と q は x 軸，y 軸の方向にとりますと

(2.2.1)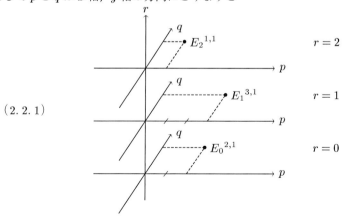

というようになります．$\{E_r^{p,q}\}_{p,q \in \mathbb{Z}}$，$r=0,1,2,\cdots$ は，ばらばらではなく $\mathcal{A}$ の射でつながっているのです．そのつながり方がはっきりと定まっていて r 階では $E_r^{p,q}$ からの射はやはり r 階にある対象にたどりつくのですが，その定義は

(S.S.2) $\qquad\qquad\qquad E_r^{p,q} \xrightarrow{d_r^{p,q}} E_r^{p+r,q-r+1}$

です．(S.S.2)の様子を r 階より高い階から見下ろしますと，例えば $r=2,3,5$ としますと

(2.2.2)

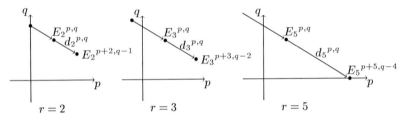

となります．(2.2.2)において二つのことに気がついてください．$E_r^{p,q}$ が pq 平面の $p+q=n$ という直線上にあったとしたら $d_r^{p,q}$ の行き先 $E_r^{p+r,q-r+1}$ は $p+r+q-r+1=p+q+1=n+1$ ですから $p+q=n+1$ 上の点(対象)です．すなわち一つの外側の直線上に移ったということです．もう一つのことは $d_r^{p,q}$ の傾きについてです．みなマイナスの傾きですが，それは，

(2.2.3) $\qquad\qquad\qquad \dfrac{-r+1}{r} = -\dfrac{r-1}{r}$

です．ちなみに $\lim_{r \to \infty} (-r+1)/r = -1$ です．以上の二つのことは後で使います．$r=1$ なら $d_1^{p,q} : E_1^{p,q} \to E_1^{p+1,q}$ なので傾きはゼロです．$r=0$ なら $d_0^{p,q} : E_0^{p,q} \to E_0^{p,q+1}$ ですので $d_0^{p,q}$ は真上を向いています．また(2.2.2)からわかりますように，r が大きいほど $d_r^{p,q}$ の'長さ'が増えます．例えば(2.2.2)の $r=5$ のとき $E_5^{1,4}$ から出る $d_5^{1,4}$ は p 軸上の $E_5^{6,0}$ につきますので，もしも $p \geq 0$ かつ $q \geq 0$ 以外のものが $E_5^{p,q}=0$ ならば，$p+q=5$ 上の $E_5^{p,q}$ で($E_5^{0,5}$，$E_5^{1,4}$ 以外の) $E_5^{2,3}$，$E_5^{3,2}$，$E_5^{4,1}$，$E_5^{5,0}$ から出る射 $d_5^{2,3}$，$d_5^{3,2}$，$d_5^{4,1}$，$d_5^{5,0}$ の核(kernel)は $E_5^{2,3}$，$E_5^{3,2}$，$E_5^{4,1}$，$E_5^{5,0}$ 自身です．

次は 0 階から 1 階へ，1 階から 2 階へと上っていくことを考えます．同じ

2.2 数学自然に現れるスペクトル系列とは

階同士のスペクトル系列は(S.S.2)で話したようにつながっているのですが，それを次々とつなげて

(2.2.4) $\quad \cdots \longrightarrow E_r^{p-r,q+r-1} \xrightarrow{d_r^{p-r,q+r-1}} E_r^{p,q} \xrightarrow{d_r^{p,q}} E_r^{p+r,q-r+1}$
$\xrightarrow{d_r^{p+r,q-r+1}} E_r^{p+2r,q-2r+2} \longrightarrow \cdots$

という列ができます．このときこの列は複体になるということが条件です：

(S.S.3) $\qquad\qquad d_r^{p,q} \circ d_r^{p-r,q+r-1} = 0.$

複体ならコホモロジーが取れますので，$E_r^{p,q}$ でのコホモロジーは

(2.2.5) $\qquad\qquad \operatorname{Ker} d_r^{p,q} / \operatorname{Im} d_r^{p-r,q+r-1}$

ですが，そのとき上の(2.2.5)からもう1階上の $r+1$ 階に行く同型

(S.S.4) $\qquad \eta_r^{p,q} : \operatorname{Ker} d_r^{p,r} / \operatorname{Im} d_r^{p-r,q+r-1} \xrightarrow{\approx} E_{r+1}^{p,q}$

が存在するという条件も加えます．(S.S.1)〜(S.S.4)を満たす $E_r^{p,q}$ を**スペクトル系列**(spectral sequence)といいます．

そこで(2.2.2)を見てください．例として $p=2, q=4$ とします．すなわち $E_2^{2,4}$ は2階の pq 座標が (2,4) ということです．そして $p \geq 0$ かつ $q \geq 0$ の所(第一象限)だけがゼロでないとします(すなわち，$E_2^{p,q}=0$，$p<0$ かまたは $q<0$)．そのとき $E_2^{0,5} \xrightarrow{d_2^{0,5}} E_2^{2,4} \xrightarrow{d_2^{2,4}} E_2^{4,3}$ は三項とも第一象限に入っていますので，$E_2^{2,4}$ でのコホモロジー $\operatorname{Ker} d_2^{2,4} / \operatorname{Im} d_2^{0,5} \xrightarrow{\eta_2^{2,4}}{\approx} E_3^{2,4}$ はまだ複雑です．それでも同型 $\eta_2^{2,4}$ によって3階に上りました．2階では $\operatorname{Ker} d_2^{2,4}$ は $E_2^{2,4}$ の一部分ですし，それを $\operatorname{Im} d_2^{0,5}$ で割っていますのでコホモロジーは部分商(subquotient object)です．3階になりますと立場が少し良くなります．3階の様子は $E_3^{-1,6} \xrightarrow{d_3^{-1,6}} E_3^{2,4} \xrightarrow{d_3^{2,4}} E_3^{5,2}$ ですので，$E_3^{-1,6}$ は第一象限の外ですのでゼロ対象です．すなわち $\operatorname{Im} d_3^{-1,6}=0$ です．ですから $E_3^{2,4}$ でのコホモロジーは $\operatorname{Ker} d_3^{2,4}$ です．すなわち $E_4^{2,4} \xrightarrow{\eta_3^{2,4}}{\approx} \operatorname{Ker} d_3^{2,4} \subset E_3^{2,4}$ はもう部分商ではなく部分対象(subobject)です．4階の様子を書きますと $0=E_4^{-2,7} \xrightarrow{d_4^{-2,7}} E_4^{2,4} \xrightarrow{d_4^{2,4}} E_4^{6,1}$ ですので，あいかわらず $\operatorname{Im} d_4^{-2,7} = 0$，すなわち，$E_5^{2,4} \xrightarrow{\eta_4^{2,4}}{\approx} \operatorname{Ker} d_4^{2,4} \subset E_4^{2,4}$ と $E_5^{2,4}$ は $E_4^{2,4}$ の部分対象です．5階では $0=E_5^{-3,8} \xrightarrow{d_5^{-3,8}} E_5^{2,4} \xrightarrow{d_5^{2,4}} E_5^{7,0}$，すなわち，$E_6^{2,4} = \operatorname{Ker} d_5^{2,4} \subset E_5^{2,4}$ となります．さて6階は話は変わります．$0=E_6^{-4,9} \xrightarrow{d_6^{-4,9}} E_6^{2,4} \xrightarrow{d_6^{2,4}} E_6^{8,-1}=0$ と $E_6^{-4,9}$ も $E_6^{8,-1}$ も第一象限を出てしまいましたので $\operatorname{Ker} d_6^{2,4} =$

$E_6{}^{2,4}$ となり，部分でもなくコホモロジーを取っても $E_7{}^{2,4} \overset{\eta_6{}^{2,4}}{\approx} \mathrm{Ker}\, d_6{}^{2,4} = E_6{}^{2,4}$ です．ということは $E_r{}^{2,4}$ は $r=6,7,\cdots$ はみな同じ（同型）です．このように上の階に行くほど $d_r{}^{p,q}$ は右下に大きくジャンプ（左上から大きくジャンプ）して来ますので，例えば第一象限のスペクトル系列なら（多くの応用の場合が実はそうなっているのです），部分商からただの部分（またはただの商），そしてそのうち $d_r{}^{p,q}$ の行った先（$d_r{}^{p-r,q+r-1}$ でやって来る元）が第一象限からはみ出してしまい，ある階 r_0 より上の階はみな $E_{r_0}{}^{p,q} \approx E_{r_0+1}{}^{p,q} \approx \cdots \approx E_\infty{}^{p,q}$ となって，そんなとき収束（convergent）するというのです．もし気が向きましたら原点に近いところとか，p 軸に近いところで上のような計算をしてみてください．

それでは，上にも出てきました $E_\infty{}^{p,q}$ は何かということを次に話します．p と q に対して $n=p+q$ によって札のついた $\mathcal{A}$ の対象 E^n, $n=0,1,2,\cdots$ を考えます．おのおのの E^n はフィルターづけ（filtered object）されていて

(2.2.6) $\qquad \cdots \supset F^{p-1}(E^n) \supset F^p(E^n) \supset F^{p+1}(E^n) \supset \cdots$

となっているとします．そのとき $G^p(E^n) = F^p(E^n)/F^{p+1}(E^n)$ と定義します．そのときもしも

(S.S.5) $\qquad \tau^{p,q} : G^p(E^n) \approx E_\infty{}^{p,q}$

という同型が存在したら，E^n をスペクトル系列 $\{E_r{}^{p,q}\}$ の極限（abutment）といいます．そのときは $E^n = \bigoplus_{p+q=n} E_\infty{}^{p,q}$, $F^p E^n = \bigoplus_{\substack{p' \geq p \\ p'+q=n}} E_\infty{}^{p',q}$ とすればよいわけです．このとき，

(2.2.7) $\qquad E_r{}^{p,q} \Longrightarrow E^n, \qquad n=p+q$

と書きます．そして $E_r{}^{p,q}$ は E^n に**収束する**（converge）といいます．

二重複体（double complex）の話をする前にもう一つコメントを加えます．$E_0{}^{p,q}$, $E_1{}^{p,q}$, $\cdots$ と上に上がっていく図 (2.2.1) と (2.2.2) を見てください．$E_0{}^{p,q}$ から上の $E_1{}^{p,q}$ に上がるには $E_0{}^{p,q}$ の元 e は $\mathrm{Ker}\, d_0{}^{p,q}$ の元でないといけません．それを $\mathrm{Im}\, d_0{}^{p,q-1}$ で割った $[e]$ が 1 階の $E_1{}^{p,q}$ の元です．そこでさらに 2 階に上がるには $[e]$ は $\mathrm{Ker}\, d_1{}^{p,q}$ の元でなければなりません．すなわち，$d_1{}^{p,q}([e])=0$．それを $\mathrm{Im}\, d_1{}^{p-1,q}$ で割った $[[e]]$ は $E_2{}^{p,q}$ の元です．$E_0{}^{p,q}$ の元

で 2 階まで辿りつけるのを集めて作った集合(subobject of $E_0^{p,q}$)を $Z^2(E_0^{p,q})$ と書きますと($Z^0(E_0^{p,q}) = E_0^{p,q}$ と定義することにすると)

$$E_0^{p,q} = Z^0(E_0^{p,q}) \supset Z^1(E_0^{p,q}) \supset \cdots \supset Z^r(E_0^{p,q}) \supset Z^{r+1}(E_0^{p,q}) \supset \cdots$$
$$\supset Z^\infty(E_0^{p,q})$$

となります.また $B^0(E_0^{p,q}) = \{0\}$ として $B^1(E_0^{p,q})$ を $\mathrm{Im}\, d_0^{p,q-1}$ とします. $B^2(E_0^{p,q})$ は $[e]$ が $\mathrm{Im}\, d_1^{p-1,q}$ の中に入るような $e \in E_0^{p,q}$ の集まりです.完全埋め込み定理により,射はアーベル群の準同型ですからゼロ元はゼロ元に運ばれますから,$\mathrm{Im}\, d_1^{p-1,q}$ は 2 階ではゼロ元となり $[[e]]$ が $\mathrm{Im}\, d_2^{p-2,q+1}$ の入るような e の集まり $B^3(E_0^{p,q})$ は $B^2(E_0^{p,q})$ を含みます.すなわち

$$B^\infty(E_0^{p,q}) \supset \cdots \supset B^{r+1}(E_0^{p,q}) \supset B^r(E_0^{p,q}) \supset \cdots$$
$$\supset B^1(E_0^{p,q}) \supset B^0(E_0^{p,q}) = \{0\}$$

が得られます.もちろん $Z^r(E_0^{p,q}) \supset B^r(E_0^{p,q})$ ですので

(2.2.8)
$$E_0^{p,q} = Z^0(E_0^{p,q}) \supset \cdots \supset Z^r(E_0^{p,q}) \supset \cdots \supset Z^\infty(E_0^{p,q}) \supset \cdots$$
$$\supset B^\infty(E_0^{p,q}) \supset \cdots \supset B^r(E_0^{p,q}) \supset \cdots \supset B^0(E_0^{p,q}) = \{0\}$$

となります.(2.2.8)における部分商の部分商(subquotient of subquotient)はスペクトル系列の階を上げていることになりますので

(2.2.9) $$E_r^{p,q} = Z^r(E_0^{p,q})/B^r(E_0^{p,q})$$

であり,また

(2.2.10) $$E_\infty^{p,q} = Z^\infty(E_0^{p,q})/B^\infty(E_0^{p,q})$$

が得られます.(2.2.9)と(2.2.10)を,1 階ずつ上がることを考えつつ確かめてください.ヒントみたいなことをいいますと

(2.2.11)
$$\begin{array}{ccccccc}
0 & \longrightarrow & B^2(E_0^{p,q}) & \longrightarrow & Z^2(E_0^{p,q}) & \longrightarrow & Z^2(E_0^{p,q})/B^2(E_0^{p,q}) & \longrightarrow & 0 \\
& & \shortparallel \downarrow \varphi & & \shortparallel \downarrow \psi & & \downarrow \overline{\psi} & & \\
0 & \longrightarrow & B^1(E_1^{p,q}) & \longrightarrow & Z^1(E_1^{p,q}) & \longrightarrow & E_2^{p,q} & \longrightarrow & 0
\end{array}$$

という可換ダイアグラムで縦の φ と ψ は自然な全射,すなわち,$e \mapsto [e]$ でありますが,単射でもあり実は同型です.それで $\overline{\psi}$ が同型であることが示せて,あとは帰納的に証明してください.この考え方で $Z^r(E_s^{p,q})/B^r(E_s^{p,q}) \approx E_{r+s}^{p,q}$

とか $Z^\infty(E_0{}^{p,q})/B^\infty(E_0{}^{p,q}) \approx E_\infty{}^{p,q} \approx Z^\infty(E_r{}^{p,q})/B^\infty(E_r{}^{p,q})$, $r \geq 0$ とかがわかります．コメントはこれで終えることにして二重複体の話に移ります．

今までのように $\mathcal{A}$ をアーベリアン・カテゴリーとします．そしてまた今までのように対象から元を取って話を進めるときは $\mathcal{A}$ をアーベル群のカテゴリー $\mathcal{G}$ に埋め込んでのことと理解してください．スペクトル系列のときのように p-q 平面の (p,q) のところに対象 $C^{p,q}$ を置きます．そして $d_{(1,0)}{}^{p,q}: C^{p,q} \to C^{p+1,q}$, $d_{(0,1)}{}^{p,q}: C^{p,q} \to C^{p,q+1}$ をその間の射とし，$d_{(1,0)}{}^{p+1,q} \circ d_{(1,0)}{}^{p,q} = 0$, $d_{(0,1)}{}^{p,q+1} \circ d_{(0,1)}{}^{p,q} = 0$ が成り立つとします．下のダイアグラム (2.2.13) において p 軸，q 軸の方向に複体をなすということです．そのとき (2.2.13) に現れるすべての四角は可換，すなわち，

(2.2.12) $\qquad d_{(0,1)}{}^{p+1,q} \circ d_{(1,0)}{}^{p,q} = d_{(1,0)}{}^{p,q+1} \circ d_{(0,1)}{}^{p,q}$,

(2.2.13)

$$\begin{array}{ccccccc}
& & \vdots & & \vdots & & \\
& & \uparrow & & \uparrow & & \\
\cdots & \longrightarrow & C^{p,q+1} & \xrightarrow{d_{(1,0)}{}^{p,q+1}} & C^{p+1,q+1} & \longrightarrow & \cdots \\
& & \uparrow{\scriptstyle d_{(0,1)}{}^{p,q}} & & \uparrow{\scriptstyle d_{(0,1)}{}^{p+1,q}} & & \\
\cdots & \longrightarrow & C^{p,q} & \xrightarrow{d_{(1,0)}{}^{p,q}} & C^{p+1,q} & \longrightarrow & \cdots \\
& & \uparrow & & \uparrow & & \\
& & \vdots & & \vdots & &
\end{array}$$

このような $(C^{p,q}, d_{(1,0)}{}^{p,q}, d_{(0,1)}{}^{p,q})_{p,q \in \mathbb{Z}}$ を **二重複体**（double complex）といいます．このような二重複体から一重の，すなわち通常の複体を作ることができます．それは対角線 $p+q=n$ 上のある対象 $C^{p,q}$ の直和を

(2.2.14) $\qquad\qquad C^n = \bigoplus_{p+q=n} C^{p,q}$

として定義して，$d^n: C^n \to C^{n+1}$ を $\iota^{p,q}: C^{p,q} \hookrightarrow C^n$ を使って

(2.2.15) $\qquad d^n|_{C^{p,q}} = \iota^{p+1,q} \circ d_{(1,0)}{}^{p,q} + (-1)^n \iota^{p,q+1} \circ d_{(0,1)}{}^{p,q}$

と定めますと確かに $d^{n+1} \circ d^n = 0$ となります．このようにして複体 $(C^\bullet, d^\bullet) = (C^n, d^n)_{n \in \mathbb{Z}}$ が二重複体 $(C^{p,q}, d_{(1,0)}{}^{p,q}, d_{(0,1)}{}^{p,q})_{p,q \in \mathbb{Z}}$ から得られました．そこで C^n に一つのフィルター（filter）を次のように定義します．

（2.2.16） $$F^pC^n = \bigoplus_{p'\geq p} C^{p',n-p'} = \bigoplus_{\substack{p'+q=n \\ p'\geq p}} C^{p',q}$$

とすれば F^pC^n は C^n の部分対象で，すべての n と p に対して

（2.2.17） $F^pC^n \supset F^{p+1}C^n$,

i.e., $0 \longrightarrow F^{p+1}C^n \longrightarrow F^pC^n \longrightarrow F^pC^n/F^{p+1}C^n = G^pC^n \longrightarrow 0$

です．(2.2.15)の d^n の定義から $d^n : C^n \to C^{n+1}$ は $d^n(F^pC^n) \subset F^pC^{n+1}$ を満たします．$G^p(C^n) = F^pC^n/F^{p+1}C^n$ は $\bigoplus_{p'\geq p} C^{p',n-p'} / \bigoplus_{p'\geq p+1} C^{p',n-p'}$ ですからちょうど $C^{p,n-p}$ になります．ここで少しまとめますと $d^n : C^n \to C^{n+1}$ は $d^n|_{F^pC^n} : F^pC^n \to F^pC^{n+1}$ を定め，そのために $F^pC^n/F^{p+1}C^n \to F^pC^{n+1}/F^{p+1}C^{n+1}$ を誘導します．書き直せば d^n は $G^p(C^n) \to G^p(C^{n+1})$ を誘導するということですが，上のようにそれは $C^{p,n-p} \to C^{p,n+1-p}$ を誘導するわけです．しかしこの射は $d_{(0,1)}{}^{p,n-p} : C^{p,n-p} \to C^{p,n+1-p}$ のことです．すなわち，

（2.2.18）
$$\begin{array}{ccccccc}
C^{n+1} & \supset & C^{p,n+1-p} & = & C^{p,q+1} & \approx & G^pC^{n+1} \\
\uparrow d^n & & \uparrow d_{(0,1)}{}^{p,n-p} & & \uparrow d_{(0,1)}{}^{p,q} & & \uparrow \\
C^n & \supset & C^{p,n-p} & = & C^{p,q} & \approx & G^pC^n
\end{array}$$

という図が得られました．それならば複体 $G^pC^\bullet$ の q 軸方向にコホモロジーが取れます．

（2.2.19）
$$H^n(G^pC^\bullet) = H_\uparrow^{n-p}(C^{p,\bullet}) = H_\uparrow^q(C^{p,\bullet}) = \operatorname{Ker} d_{(0,1)}{}^{p,q} / \operatorname{Im} d_{(0,1)}{}^{p,q-1}$$

です．そこで

（2.2.20） $E_1{}^{p,q} = H^n(G^pC^\bullet) = H_\uparrow^{n-p}(C^{p,\bullet}) = H_\uparrow^q(C^{p,\bullet})$

とおきますと 1 階にあるスペクトル系列は，傾きがゼロの射 $d_1{}^{\bullet,\bullet}$ で

（2.2.21）
$$\begin{array}{ccccc}
H_\uparrow^1(C^{0,\bullet}) & \xrightarrow{d_1{}^{0,1}} & H_\uparrow^1(C^{1,\bullet}) & \xrightarrow{d_1{}^{1,1}} & \cdots \\
\parallel & & \parallel & & \\
E_1{}^{0,1} & & E_1{}^{1,1} & & \\
H_\uparrow^0(C^{0,\bullet}) & \xrightarrow{d_1{}^{0,0}} & H_\uparrow^0(C^{1,\bullet}) & \xrightarrow{d_1{}^{1,0}} & \cdots \\
\parallel & & \parallel & & \\
E_1{}^{0,0} & & E_1{}^{1,0} & &
\end{array}$$

となります．(2.2.20) でわかるように $E_1{}^{p,q}$ は q 軸方向にコホモロジーを取って得られたものですから，もう 1 階下げることができます．すなわち

(2.2.22) $$E_0{}^{p,q} = C^{p,q}.$$

すると 0 階の様子は

(2.2.23)
$$\begin{array}{ccc}
\vdots & & \vdots \\
\uparrow & & \uparrow \\
E_0{}^{0,1} = C^{0,1} & & E_0{}^{1,1} = C^{1,1} \\
\uparrow d_{(0,1)}{}^{0,0} & & \uparrow d_{(0,1)}{}^{1,0} \\
E_0{}^{0,0} = C^{0,0} & & E_0{}^{1,0} = C^{1,0}
\end{array}$$

となります．上の (2.2.21) や (2.2.23) を (2.2.2) といっしょに見てください．(2.2.21) に現れている傾きゼロの射 $d_1{}^{p,q} : E_1{}^{p,q} \to E_1{}^{p+1,q}$ は

(2.2.24)
$$\begin{array}{ccccc}
\cdots \longrightarrow & C^{p,q+1} & \xrightarrow{d_{(1,0)}{}^{p,q+1}} & C^{p+1,q+1} & \longrightarrow \cdots \\
& \uparrow d_{(0,1)}{}^{p,q} & & \uparrow d_{(0,1)}{}^{p+1,q} & \\
\cdots \longrightarrow & C^{p,q} & \xrightarrow{d_{(1,0)}{}^{p,q}} & C^{p+1,q} & \longrightarrow \cdots \quad \underbrace{}_{H^q_\uparrow} \\
& \uparrow & & \uparrow & \\
& \vdots & & \vdots & \\
\cdots \longrightarrow & H^{q+1}_\uparrow(C^{p,\bullet}) & \longrightarrow & H^{q+1}_\uparrow(C^{p+1,\bullet}) & \longrightarrow \cdots \\
\\
\cdots \xrightarrow{H^q_\uparrow(d_{(1,0)}{}^{p-1,q})} & H^q_\uparrow(C^{p,\bullet}) & \xrightarrow{H^q_\uparrow(d_{(1,0)}{}^{p,q})} & H^q_\uparrow(C^{p+1,\bullet}) & \longrightarrow \cdots \\
& \| & & \| & \\
& E_1{}^{p,q} & \xrightarrow{d_1{}^{p,q}} & E_1{}^{p+1,q} &
\end{array}$$

という関手 $H^q_\uparrow(-)$ を $C^{p,q} \xrightarrow{d_{(1,0)}{}^{p,q}} C^{p+1,q}$ に施して得られるものですから，また複体 $(E_1{}^{\bullet,q}, d_1{}^{\bullet,q})$ となり，そしてそのコホモロジーが取れて

(2.2.25) $$E_2{}^{p,q} = H^p_\to(H^q_\uparrow(C^{\bullet,\bullet})) \stackrel{\text{i.e.}}{=} H^p_\to(E_1{}^{\bullet,q})$$

2.2 数学自然に現れるスペクトル系列とは

$$\stackrel{\text{i.e.}}{=} \operatorname{Ker} H_\uparrow^q(d_{(1,0)}{}^{p,q})/\operatorname{Im} H_\uparrow^q(d_{(1,0)}{}^{p-1,q})$$

となります．このとき(2.2.20), (2.2.22), (2.2.25)を二重複体$(C^{p,q})_{p,q\in\mathbb{Z}}$のスペクトル系列(cohomological spectral sequence of double complex)といいます．そして(2.2.14)で定義された複体$(C^\bullet, d^\bullet)$のコホモロジー$H^n(C^\bullet)$, $n=p+q$が実は上の$E_1^{p,q}$の極限(abutment)になります．

この二重複体に伴うスペクトル系列に強く関係して出てくるのが二つの関手の合成に伴うスペクトル系列です．それをグロタンディエック・スペクトル系列というのですが，大変応用のきくスペクトル系列です．

$\mathcal{A}, \mathcal{B}, \mathcal{C}$をアーベリアン・カテゴリーとします．そして$\mathcal{A}$のどの対象もまた$\mathcal{B}$のどの対象も単射的分解を持つと仮定します．$F: \mathcal{A} \rightsquigarrow \mathcal{B}$と$G: \mathcal{B} \rightsquigarrow \mathcal{C}$を加法的左完全関手とします．そのとき$F$は$\mathcal{A}$のどんな単射的対象$I$に対しても$\mathcal{B}$の中では$FI$は$R^pG(FI)=0$, $p\geq 1$(例えばFIが単射的)となると仮定します(もしもFが$\mathcal{A}$の単射的対象を$\mathcal{B}$の中の単射的対象に持っていくと仮定すればGのFIにおける高次の導来関手$R^jG(FI)$は$j\geq 1$に対して消えます)．ここまでが仮定することです．このときFとGの合成$G\circ F: \mathcal{A} \rightsquigarrow \mathcal{C}$は加法的な左完全関手になります．ダイアグラムを書いておきます．

(2.2.26)
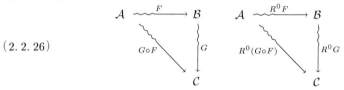

(2.2.26)の右のダイアグラムも可換です．と申しますのは$F, G, G\circ F$がみな左完全ですので(2.1.61)の少し前のところで話しました(R.D.F.1)より0次における導来関手は

(2.2.27) $$R^0G \circ R^0F \approx G\circ F \approx R^0(G\circ F)$$

となるからです．このサラリと言った(2.2.27)に隠された大事を説明することがこの章の後半の話題，導来カテゴリーの一つのゴールです．(2.2.27)を高次の導来関手にしたら(2.2.27)の同型が「どのくらいずれてしまうのか」という問いに答えるのが**グロタンディエック・スペクトル系列**(Grothendieck spectral sequence)であり，また「ずれないようにするにはどうするのか」と

いう問いに答えるのが導来カテゴリーであります.結論から言いますと$\mathcal{A}$のどの対象Aに対しても

(2.2.28) $\qquad\qquad 'E_2^{p,q} = R^p G(R^q F A)$

から始まるスペクトル系列が存在して$R^n(G\circ F)A$はその極限です.ここで$n=p+q$です.これを証明する前に一言話しておきたいことは,証明には二重複体のスペクトル系列を使うということと,二重複体のスペクトル系列もこのグロタンディエック・スペクトル系列から出るということです.これから証明に入りますが,まずはまっしぐらに話を進め証明のジャンプは後で埋めるという方法を取ります.

それではAを任意の$\mathcal{A}$の対象とします.そして$(I^\bullet, d_I{}^\bullet)$を$A$の単射的分解とします.仮定から$R^q G(FI^p)=0$が$q\geq 1$,$p\geq 0$に対して成り立ちます.そのとき$FI^\bullet$は$\mathcal{B}$の複体です.そこで複体$FI^\bullet$の単射的分解$Q^{\bullet,\bullet}$を作ります.詳しく言えば,$(Q^{p,q})_{p,q\in\mathbb{Z}}$は$\mathcal{B}$の中の二重複体でおのおのの$Q^{p,q}$は$\mathcal{B}$の単射的対象であり,$Q^{p,\bullet}$は$FI^p$の単射的分解だということです.このことをダイアグラムに書くと,複体$FI^0\to FI^1\to FI^2\to\cdots$を上に向かって分解したもので

(2.2.29)

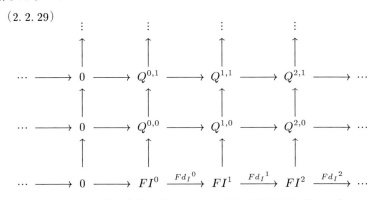

が可換になるような第一象限に限られた二重複体が存在します[*1).そこでGで(2.2.29)を$\mathcal{C}$に移しますと$GQ^{\bullet,\bullet}$となって,やはり第一象限の二重複体になりますが,上にも書いた$R^q G(FI^p)=0$という仮定はFI^pの単射的分解$Q^{p,\bullet}$を使って計算してみますと,縦方向であるq軸方向のコホモロジー

$H^q_\uparrow(GQ^{p,\bullet})=0$ ということです．これが $\mathcal{C}$ の中の二重複体 $GQ^{\bullet,\bullet}$ で何を意味するのかを見るためにも $GQ^{\bullet,\bullet}$ のダイアグラムを書きますと

(2.2.30)
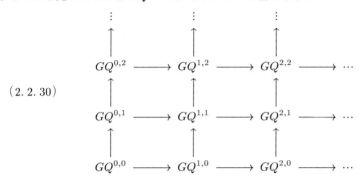

と第一象限に納まる二重複体ですが，$q\geq 1$ に対して $H^q_\uparrow(GQ^{p,\bullet})=0$，$p\geq 0$ とは (2.2.30) の縦列が最下のレベル ($q=0$) を除けば完全であることを言っているわけです．そのとき (2.2.20) に現れる二重複体 $(C^{p,q})_{p,q\in\mathbb{Z}}$ のスペクトル系列は ((2.2.13) で $C^{p,q}=GQ^{p,q}$ と見なして)

(2.2.31)
$$E_1^{p,q} = H^q_\uparrow(GQ^{p,\bullet}) = \begin{cases} 0, & q \geq 1, \\ H^0_\uparrow(GQ^{p,\bullet}) = R^0 G(FI^p) \approx G(FI^p), & q = 0. \end{cases}$$

すなわち (2.2.31) の言っているところは $E_1^{p,0}$ 以外の $E_1^{p,q}$ はすべてがゼロということですので，(2.2.2) でしたように 1 階の様子を書きますと，最下のレベルだけが生き残って

(2.2.32)
$$\cdots \longrightarrow 0 \longrightarrow \quad 0 \quad \xrightarrow{d_1^{0,1}} \quad 0$$
$$\cdots \longrightarrow 0 \longrightarrow E_1^{0,0} = G(FI^0) \xrightarrow{d_1^{0,0}} E_1^{1,0} = G(FI^1)$$
$$\xrightarrow{d_1^{1,1}} \quad 0 \quad \longrightarrow \cdots$$
$$\xrightarrow{d_1^{1,0}} E_1^{2,0} = G(FI^2) \xrightarrow{d_1^{2,0}} \cdots$$

と傾きゼロの $d_1^{p,0}$ が得られます．$E_2^{p,0}$ を計算するためにこのようにして得られた複体 $(E_1^{\bullet,0}, d_1^{\bullet,0}) = (G(FI^\bullet), G(Fd_I^\bullet))$ のコホモロジーを取りますと，(2.2.25) とくらべつつ，横軸方向，すなわち，p 軸方向のコホモロジーは

（2.2.33）
$$E_2{}^{p,0} = H^p_\to(E_1{}^{\bullet,0})$$
$$= H^p_\to(H^0_\uparrow(GQ^{\bullet,\bullet})) = H^p_\to((R^0G(FI^\bullet)) \approx H^p_\to((G\circ F)I^\bullet)$$
$$= \mathrm{Ker}\, d_1{}^{p,0}/\mathrm{Im}\, d_1{}^{p-1,0} = \mathrm{Ker}(G\circ F)d_I{}^p/\mathrm{Im}(G\circ F)d_I{}^{p-1}.$$

この(2.2.33)をもう一度書き換えれば $E_2{}^{p,0} \approx H^p_\to((G\circ F)I^\bullet) = R^p(G\circ F)A$ です．$E_2{}^{p,0}$ が得られましたから 2 階の様子を書いてみますとまた最下のレベルだけ残って

（2.2.34）

```
       0         0         0         0
         ↘         ↘         ↘         ↘
          d_2^{-2,1}  d_2^{-1,1}  d_2^{0,1}
  0     E_2^{0,0}  E_2^{1,0}  E_2^{2,0}  E_2^{3,0}
         ↘         ↘         ↘         ↘
          d_2^{0,0}  d_2^{1,0}  d_2^{2,0}
            0         0         0         0
```

となり，(2.2.2)とか(2.2.3)で言いましたように $d_2{}^{p,q}$ の傾きは $-\dfrac{1}{2}$ ですから $\mathrm{Ker}\, d_2{}^{p,0} = E_2{}^{p,0}$ で $\mathrm{Im}\, d_2{}^{p-2,1} = 0$ となって $E_3{}^{p,0} \approx E_2{}^{p,0}$ です．すなわち $r \geq 3$ に対して $E_2{}^{p,0} \approx E_r{}^{p,0} \approx E_\infty{}^{p,0}$ です．$E_\infty{}^{p,0}$ と極限 E^p は(S.S.5)から $\tau^{p,0}\colon G^p(E^p) \approx E_\infty{}^{p,0}$ ですが，$E^p = \bigoplus_{p'+q'=p} E_\infty{}^{p',q'} = E_\infty{}^{p,0}$ ですので極限は $E_\infty{}^{p,0}$，すなわち，$E_2{}^{p,0} = R^p(G\circ F)A$ と同型です [*2)．今度は(2.2.30)の二重複体 $C^{p,q} \overset{\text{def}}{=} GQ^{p,q}$ の $C^n = \bigoplus_{p+q=n} C^{p,q} = \bigoplus_{p+q=n} GQ^{p,q}$ に

（2.2.35）
$${}'F^p C^n = \bigoplus_{\substack{q+p'=n \\ p' \geq p}} C^{q,p'} = \bigoplus_{\substack{q+p'=n \\ p' \geq p}} GQ^{q,p'}$$

と第二のフィルターを定義すると(2.2.16)で定義したフィルター $F^p C^n$ と同じように，第二のスペクトル系列が誘導されて

（2.2.36）
$$\begin{cases} (0,0) \quad {}'E_0{}^{p,q} = C^{q,p} = GQ^{q,p}, \\ (0,1) \quad {}'E_1{}^{p,q} = H^q_\to(GQ^{\bullet,p}), \\ (0,2) \quad {}'E_2{}^{p,q} = H^p_\uparrow(H^q_\to(GQ^{\bullet,\bullet})) \end{cases}$$

で，また $C^n = \bigoplus_{p+q=n} C^{p,q}$ と $\bigoplus_{p+q=n} C^{q,p}$ は同型ですので ${}'E_2{}^{p,q}$ も $E_2{}^{p,q}$ も同じ極限 $R^n(G\circ F)A$ を持つわけです．(2.2.36)の(0,1)は ${}'E_1{}^{p,q} = H^q_\to(GQ^{\bullet,p}) \approx G(H^q_\to(Q^{\bullet,p}))$ [*3) ですので，(2.2.36)の(0,2)は，${}'E_2{}^{p,q} = H^p_\uparrow(H^q_\to(GQ^{\bullet,\bullet}))$

$\approx H^p_\rightarrow(G(H^q_\rightarrow(Q^{\bullet,\bullet})))$ ですが $H^q_\rightarrow(Q^{\bullet,\bullet})$ は $H^q_\rightarrow(FI^\bullet)$ の単射的分解ですから $'E_2^{p,q} = R^pG(H^q_\rightarrow(FI^\bullet))$ です．また $H^q_\rightarrow(FI^\bullet)$ は $I^\bullet$ が A の単射的分解ですので $H^q_\rightarrow(FI^\bullet) = R^qFA$ です．すなわち $'E_2^{p,q} = R^pG(R^qFA)$ です．

これでグロタンディエックのスペクトル系列の証明が終わりましたが，まっしぐらに証明しましたのでまず，例えば(2.2.29)のように，そんなにうまく可換ダイアグラムが得られるような $FI^\bullet$ の単射的分解である二重複体 $Q^{\bullet,\bullet}$ が取れるのかということが問題になります．この二重複体の分解を**カルタン-アイレンベルク分解**(Cartan–Eilenberg resolution)といいます．

ここまでで二重複体のスペクトル系列で始まり，それを使ってグロタンディエックのスペクトル系列を得たわけですが，次はグロタンディエックのスペクトル系列を使って超コホモロジー(hypercohomology)または超導来関手(hyperderived functor)のスペクトル系列のことを話そうというところにいます．その後導来カテゴリーにおける導来関手を定義しますが，これら二重複体のスペクトル系列，グロタンディエックのスペクトル系列，超コホモロジーのスペクトル系列，そして導来カテゴリーにおける導来関手という四つの考え方は三位一体(the Trinity)ではなく四位一体みたいなものです．テーブルの四つの足のように一つの足を持ち上げると三つの足は上げやすいですが一つの足は床についており，これら四つのどこか(どれでもいい)一つから理論を作らなければなりません．

それでは上の証明で飛ばしたところ，すなわち「ちょっと待ってくださいよ」と言いたくなるところを説明します．では *1) の部分から始めます．まず
(2.2.37)

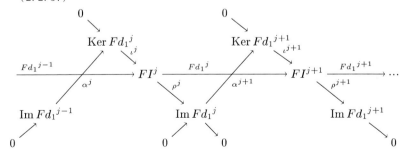

としばらくおいて次の二つの完全列を考えます．
（2.2.38）
$$0 \longrightarrow \operatorname{Ker} Fd_I{}^j \xrightarrow{\iota^j} FI^j \xrightarrow{\rho^j} \operatorname{Im} Fd_I{}^j \longrightarrow 0,$$
$$0 \longrightarrow \operatorname{Im} Fd_I{}^{j-1} \xrightarrow{\alpha^j} \operatorname{Ker} Fd_I{}^j \xrightarrow{\pi^j} \underset{\parallel}{\operatorname{Ker} Fd_I{}^j / \operatorname{Im} Fd_I{}^{j-1}} \longrightarrow 0.$$
$$H^j(FI^\bullet)$$

ここで $\mathcal{B}$ も単射的分解が存在するようなカテゴリーなら，$\operatorname{Im} Fd_I{}^{j-1}$ と $H^j(FI^\bullet) = \operatorname{Ker} Fd_I{}^j / \operatorname{Im} Fd_I{}^{j-1}$ のどんな単射的分解でもいいですから $'\mathcal{I}^\bullet$ と $''\mathcal{I}^\bullet$ を取ります．そのとき $'\mathcal{I}^\bullet$ と $''\mathcal{I}^\bullet$ の直積(direct product)も $\mathcal{B}$ の単射的対象の複体となり，それは $\operatorname{Ker} Fd_I{}^j$ の単射的分解を与えます．同じように(2.2.38)の一番目の完全列において，得られるのが FI^j の単射的分解 $Q^{j,\bullet}$ です．このとき(2.2.38)と(2.2.37)において $Fd_I{}^j = \iota^{j+1} \circ \alpha^{j+1} \circ \rho^j$ です．すなわち上のことは何を言っているかと申しますと，$FI^\bullet$ という $\mathcal{B}$ の対象からなる複体に対して $Q^{\bullet,\bullet}$ という単射的対象からなる二重複体があって，下の

（2.2.39）

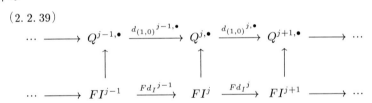

において $(Q^{j,\bullet}, d_{(0,1)}{}^{j,\bullet}, \varepsilon^j)$（ここで $\varepsilon^j : FI^j \to Q^{j,\bullet}$）が FI^j の単射的分解であり，また，$\operatorname{Ker} d_{(1,0)}{}^{j,\bullet}$，$\operatorname{Im} d_{(1,0)}{}^{j-1,\bullet}$，$\operatorname{Ker} d_{(1,0)}{}^{j,\bullet} / \operatorname{Im} d_{(1,0)}{}^{j-1,\bullet}$ がそれぞれ $\operatorname{Ker} Fd_I{}^j$，$\operatorname{Im} Fd_I{}^{j-1}$，$H^j(FI^\bullet) = \operatorname{Ker} Fd_I{}^j / \operatorname{Im} Fd_I{}^{j-1}$ の単射的分解になっているということです．

次に *2) に説明を加えます．$\mathcal{B}$ での二重複体(2.2.29)を G で $\mathcal{C}$ の二重複体(2.2.30)に移したのですが，この $\mathcal{C}$ での二重複体のスペクトル系列の極限 $E^{p+q} = E^n$ は，対角線上にある対象のコホモロジー $H^n\left(\bigoplus_{p+q=\bullet} GQ^{p,q}\right)$ です．(2.2.31)で計算したように消えないのは $q=0$ のときだけですので $E^p = H^p\left(\bigoplus_{p'+0=\bullet} GQ^{p',0}\right) = R^p(G \circ F)A$ というわけです．

2.2 数学自然に現れるスペクトル系列とは　95

　思わず「まった！」と言いたくなるのは最後の *3) です．すなわちどうして $H^q_a(GQ^{\bullet,p}) \approx G(H^q_a(Q^{\bullet,p}))$ と可換なのかということです．それは(2.2.38)において真中の対象の単射的分解は，左右の単射的分解の直積として構成したのでした．ですから(2.2.38)の完全列はすなわち分解(split)する完全列になり，すなわち，$G(H^q_a(Q^{\bullet,p})) \xleftarrow{\approx} H^q_a(GQ^{\bullet,p})$ です．

　これが，まっしぐらにグロタンディエックのスペクトル系列を証明した後の *1), *2), *3) のリマーク(remarks)です．グロタンディエック系列

(2.2.28)　　　　　　　$E_2^{p,q} = R^p G(R^q FA) \Longrightarrow R^n(G \circ F)A$

から二重複体のスペクトル系列が得られることを示しましょう．一つ一つの対象が $\mathcal{A}$ の対象である複体からなるカテゴリーを $\mathrm{Co}(\mathcal{A})$ と書くことは前に話しました．$\mathrm{Co}(\mathcal{A})$ の部分カテゴリー $\mathrm{Co}^+(\mathcal{A})$ は $\mathrm{Co}(\mathcal{A})$ の対象 $A^\bullet$ のうちで $A^j = 0$, $j < 0$ を満たす対象から成るカテゴリーとします．H^j も H^0 も $\mathrm{Co}^+(\mathcal{A})$ から $\mathcal{A}$ への関手ですが実は H^j は H^0 の j 次導来関手なのです．すなわち $A^\bullet : 0 \to A^0 \xrightarrow{d} A^1 \xrightarrow{d^1} \cdots$ に対して $H^j(A^\bullet) = \mathrm{Ker}\, d^j / \mathrm{Im}\, d^{j-1}$ は H^0, すなわち，$H^0(A^\bullet) = \mathrm{Ker}\, d^0$, の j 次導来関手

(2.2.40)　　　　　　　$H^j(A^\bullet) = R^j H^0 A^\bullet$

ということです．証明すべきことは導来関手の性質(R.D.F.1)から(R.D.F.4)です．まず $\mathrm{Co}^+(\mathcal{A})$ での単射的対象とは何かを定義しないと話が進みません．$I^\bullet \in \mathrm{Co}^+(\mathcal{A})$ が単射的対象であるとは，下の(2.2.41)で $\mathrm{Ker}\, d^0$ が単射的対象であって，かつ

(2.2.41)　　　　　$\cdots \longrightarrow 0 \xrightarrow{d^{-1}} I^0 \xrightarrow{d^0} I^1 \xrightarrow{d^1} I^2 \xrightarrow{d^2} \cdots$

が完全，すなわち，$\mathrm{Ker}\, d^j = \mathrm{Im}\, d^{j-1}$, $j = 0, 1, \cdots$, ここに d^{-1} はゼロ射です．そしてもう一つの条件は，おのおのの対象 I^j が $\mathcal{A}$ での単射的対象であることです．これでも

(2.2.42)　　　　　　　$H^j : \mathcal{B} = \mathrm{Co}^+(\mathcal{A}) \rightsquigarrow \mathcal{A}$

が H^0 の導来関手であることの証明，すなわち，(R.D.F.1)～(R.D.F.4)は難しいのでバックスバウムの定理を使って証明するのが定石です．上の(2.2.42)の H^j が(R.D.F.1), (R.D.F.2), (R.D.F.3)を満たすことは前の証明と同じようにして確かめられます．このときどんな $\mathrm{Co}^+(\mathcal{A})$ の対象 $A^\bullet$ と，どんな

$j \geq 1$ に対しても $\mathrm{Co}^+(\mathcal{A})$ の対象 $'A^\bullet$ が $A^\bullet$ を部分対象になるように取れて, $H^j('A^\bullet)=0$ となるのなら H^j は H^0 の導来関手です. これがバックスバウム (Buchsbaum)の定理です. それでは $'A^\bullet$ をどのようにして作るかということですが, 次のような技巧を使います.

(2.2.43)
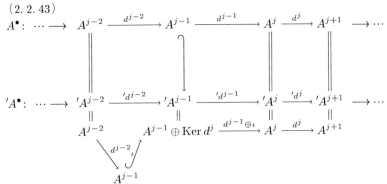

と定めると確かに $'A^\bullet \in \mathrm{Co}(\mathcal{A})$ でかつ $A^\bullet$ は $'A^\bullet$ の部分対象になります. 上の (2.2.43)にありますように $'d^{j-2}=\iota\circ d^{j-2}$ で $'d^{j-1}=d^{j-1}\oplus\iota$ です. 他の $'d^\bullet$ は $d^\bullet$ と同じです. 上の構成から $\mathrm{Ker}\,'d^j=\mathrm{Ker}\,d^j$ ですが $\mathrm{Ker}\,d^j\subset\mathrm{Im}\,'d^{j-1}=\mathrm{Im}(d^{j-1}\oplus\iota)$ ですので $H^j('A^\bullet)=\mathrm{Ker}\,'d^j/\mathrm{Im}\,'d^{j-1}=0$ になります. これにより $H^j(A^\bullet)=R^j H^0 A^\bullet$ がわかりました. 次は

(2.2.44)
$$\mathrm{Co}^+(\mathrm{Co}^+(\mathcal{A})) \xrightarrow{H^0_\uparrow} \mathrm{Co}^+\mathcal{A}$$
$$H^0_\to \circ H^0_\uparrow \searrow \quad \downarrow H^0_\to$$
$$\mathcal{A}$$

のように適用して二重複体のスペクトル系列をグロタンディエックのスペクトル系列として捕らえたいのです. $\mathrm{Co}^+(\mathrm{Co}^+(\mathcal{A}))$ は複体の複体としての二重複体ですから $C^{\bullet,\bullet}:\cdots\to 0\to C^{\bullet,0}\to C^{\bullet,1}\to\cdots\to C^{\bullet,q}\to C^{\bullet,q+1}\to\cdots \in \mathrm{Co}^+(\mathrm{Co}^+(\mathcal{A}))$ に対する q 軸方向((2.2.13) では縦軸方向にあたります)に対するコホモロジーが $H^0_\uparrow$ です. $H^0_\uparrow$ は左完全な関手(これを証明して下さい)であるし, $\mathrm{Co}^+(\mathrm{Co}^+(\mathcal{A}))$ の単射的対象 $I^{\bullet,\bullet}$ に対して $H^0_\uparrow(I^{\bullet,\bullet})=\mathrm{Ker}(I^{\bullet,0}\to I^{\bullet,1})$ は $\mathrm{Co}^+(\mathcal{A})$ での単射的対象になるので, 導来関手の定義から $R^j H^0_\to(H^0_\uparrow(I^{\bullet,\bullet}))=$

0, $j \geq 1$ がいえます．これでグロタンディエックのスペクトル系列に対する仮定が満たされましたから

(2.2.45) $\qquad 'E_2^{p,q} = H_{\rightarrow}^p(H_{\uparrow}^q(C^{\bullet,\bullet})) = R^p H_{\rightarrow}^0(R^q H_{\uparrow}^0(C^{\bullet,\bullet}))$

となります．次に極限のほうを調べましょう．(2.2.14)と(2.2.15)を見てください．すると

$$C^0 = C^{0,0}, \qquad C^1 = C^{1,0} \oplus C^{0,1}$$

であって $d^0 : C^0 \to C^1$ は $d^0 = d_{(1,0)}{}^{0,0} \oplus d_{(0,1)}{}^{0,0}$ です．すなわち

$$(H_{\rightarrow}^0 \circ H_{\uparrow}^0)(C^{\bullet,\bullet}) = \operatorname{Ker} d^0 = H^0(C^{\bullet}).$$

ここに $C^{\bullet}$ は(2.2.14)で定義した対角線上の対象 $C^n = \bigoplus_{p+q=n} C^{p,q}$ で定義された複体です．ですから(2.2.45)の極限 $R^n(H_{\rightarrow}^0 \circ H_{\uparrow}^0)C^{\bullet,\bullet}$ は $R^n H^0(C^{\bullet})$, すなわち, $H^n(C^{\bullet})$ となるわけです．

　スペクトル系列の話を始めて，気合が少し入りすぎ息をする間もなかったかも知れませんが，ここまで話しておきたかったわけです．ここまで来ると「まえがき」に書いた比良山風は，すっかり沖に出ています．二つの関手を合成することによって誘導されるスペクトル系列であるグロタンディエックのスペクトル系列は実に応用の利くものです．次の話題の超導来関手(ハイパー・コホモロジー)もこのグロタンディエックのスペクトル系列の(四位一体の一つという意味で)中心的な応用です．また(2.2.40)で言いました複体 $A^{\bullet}$ に対してその j 次コホモロジー $H^j(A^{\bullet})$ は $H^0(A^{\bullet})$ で決まるという式 $H^j(A^{\bullet}) = R^j H^0 A^{\bullet}$ は後で話します導来カテゴリーの考え方の一つの基石(corner stone)です．

　(2.2.40)を $\mathcal{A}$ の対象 A の単射的分解 $I^{\bullet}$ に適用したときに(2.2.40)は何を言っているのかを見てみますと： $0 \to A \xrightarrow{\varepsilon} I^0 \xrightarrow{d^0} I^1 \xrightarrow{d^1} I^2 \to \cdots$ が完全ですから，まず I^0 で完全であるとは $\operatorname{Im} \varepsilon = \operatorname{Ker} d^0$ であって ε は単射であるので $A \xrightarrow{\sim} \operatorname{Ker} d^0$ となることは(2.1.29)の少し後で話しました．そして $j \geq 1$ のところでは $\operatorname{Ker} d^j = \operatorname{Im} d^{j-1}$ ですので $H^j(I^{\bullet}) = 0$ です．(2.2.40)から $H^j(I^{\bullet}) = R^j H^0(I^{\bullet})$ ですが，

$H^0(I^\bullet) = \operatorname{Ker} d^0 \xleftarrow{\approx} A$ です. すなわち $H^j(I^\bullet) = R^j \operatorname{Id} A = 0$ ということです, ここに Id は $\mathcal{A}$ から $\mathcal{A}$ への恒等関手です. Id はもちろん完全な関手で完全性を崩さないのでその導来関手 $R^j \operatorname{Id} A$ は $j \geq 1$ で消えないほうがおかしいわけです. とにかく(2.2.40)はコホモロジー代数の大切な一つの鍵でしょう.

次はグロタンディエックのスペクトル系列と超導来関手の関わりあいを話します. 導来関手は一つのアーベリアン・カテゴリー $\mathcal{A}$ の一つの対象 A に対して定義されましたが「超」がつくと対象 A のかわりに $\mathcal{A}$ の複体 $A^\bullet$ に対して定義されるものです. 応用面では $A^\bullet$ を層の複体と考えたり, そのまた応用として外微分形式の層の複体で, ド・ラーム・コホモロジーも出てきます. 定数係数(層)のコホモロジー群との関係も超導来関手のスペクトル系列が示してくれます. それでは次に, 超導来関手のことを話します.

前のように F をアーベリアン・カテゴリー $\mathcal{A}$ からアーベリアン・カテゴリー $\mathcal{B}$ への左完全な加法的共変関手とします. $\mathcal{A}$ の対象と射よりなる複体 $A^\bullet \in \operatorname{Co}^+(\mathcal{A})$ に対して, $\operatorname{Co}^+(\mathcal{B})$ の対象である複体 $0 \to FA^0 \xrightarrow{Fd^0} FA^1 \xrightarrow{Fd^1} \cdots$ を得ます. この $\operatorname{Co}^+(\mathcal{A})$ から $\operatorname{Co}^+(\mathcal{B})$ への関手を $\operatorname{Co} F$ と書きます. それを簡単に $\operatorname{Co} FA^\bullet = FA^\bullet$ と書くこともあります. このとき

(2.2.46)

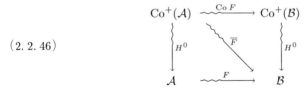

というカテゴリーと関手の可換なダイアグラムが得られます. すなわち $(F \circ H^0)(A^\bullet) = F(\operatorname{Ker} d^0)$ で, F は左完全ですので, これを続けることができて $= \operatorname{Ker} Fd^0$ となります. これは $\operatorname{Ker}(FA^0 \xrightarrow{Fd^0} FA^1)$ のことですから, $H^0(\operatorname{Co} FA^\bullet) = (H^0 \circ \operatorname{Co} F)(A^\bullet)$ です. H^0 も F も左完全な関手ですので $F \circ H^0$ も左完全な $\operatorname{Co}^+(\mathcal{A})$ から $\mathcal{B}$ への関手となります. $\overline{F} = F \circ H^0$ と定めると $\overline{F}$ は $\operatorname{Co}^+(\mathcal{A})$ から $\mathcal{B}$ への関手です. 上の(2.2.46)では対角線の方向の関手です.

(2.2.46)の右と左回りにグロタンディエックのスペクトル系列を適用すれば

(2.2.47) $E_2^{p,q} = R^p H^0((R^q \operatorname{Co} F)(A^\bullet)) = H^p((R^q \operatorname{Co} F)(A^\bullet))$,
$'E_2^{p,q} = R^p F((R^q H^0)(A^\bullet)) = R^p F(H^q(A^\bullet))$

と二つのスペクトル系列が得られます．極限はどちらも $R^n \overline{F}(A^\bullet)$, $n=p+q$ です．ここで確かめないといけないことが一つあります．それは $\operatorname{Co}^+(\mathcal{A})$ での単射的対象 $I^\bullet$ (定義は(2.2.41)の前後を見てください) に対して，これを右回りの $\operatorname{Co} F$ で $\operatorname{Co}^+(\mathcal{B})$ の中に運んだ対象 $\operatorname{Co} F I^\bullet = F I^\bullet$ が次の関手 H^0 の高次導来関手 $R^p H^0(FI^\bullet)$ が $p \geq 1$ で消えるという条件です ((2.2.26)の少し前を見てください)．しかし $R^p H^0 = H^p$ でしたので，確かめることは $H^p(FI^\bullet)=0$, $p \geq 1$ ということです．すなわち $I^\bullet$ が $\operatorname{Co}^+(\mathcal{A})$ での単射的対象なら左完全関手 F で $\operatorname{Co}^+(\mathcal{B})$ の中に持っていっても，この複体 $FI^\bullet$ はまた $p \geq 1$ で完全列になるということです．これはもっともらしいことですが，証明は次のようにできます．定義から $\operatorname{Ker}(I^0 \xrightarrow{d^0} I^1)$ は $\mathcal{A}$ の単射的対象です．そこで $I^\bullet$ を $\operatorname{Ker} d^0$ の単射的分解とみなすことです．すると下のように $\operatorname{Ker} d^0$ の二つの単射的分解が得られます．

(2.2.48)

(2.2.48)の下の分解は，$\operatorname{Ker} d^0$ 自身が単射的対象ですので自明(trivial)な $\operatorname{Ker} d^0$ の単射的分解です．この自明なほうの分解を F で $\operatorname{Co}^+(\mathcal{B})$ に持っていくと

(2.2.49) $F \operatorname{Ker} d^0 \longrightarrow 0 \longrightarrow 0 \longrightarrow \cdots$

ですので，$p \geq 1$ 以上のコホモロジー，すなわち，p 次導来関手はゼロです．しかし(2.1.38)の後に証明したように $\operatorname{Ker} d^0$ の分解の取り方によらないというのが導来関手ですので，(2.2.48)の上のほうの分解を F で $\operatorname{Co}^+(\mathcal{B})$ に持っていった

(2.2.50) $FI^0 \xrightarrow{Fd^0} FI^1 \xrightarrow{Fd^1} FI^2 \xrightarrow{Fd^2} \cdots$

の $p \geq 1$ に対するコホモロジー，すなわち，p 次導来関手も同じくゼロになら

なければなりません．すなわち(2.2.48)の $FI^\bullet$ は $p\geq 1$ で完全です．上でもっともらしいと言いましたが，それは(2.2.50)のコホモロジー((2.2.49)のコホモロジーでもいいですが)は単射的対象 $\operatorname{Ker} d^0$ における F の導来関手ですので消えるはずです，すなわち，(2.1.82)です，けっきょく，$R^p F(\operatorname{Ker} d^0)=0$, $p\geq 1$ がいえます．これで(2.2.46)の右回りが確かめられました．左回りは $\operatorname{Co}^+(\mathcal{A})$ の単射的対象 $I^\bullet$ に対して $\mathcal{A}$ の対象となる $H^0(I^\bullet)$ は $\operatorname{Ker} d^0$ です．定義から $\operatorname{Ker} d^0$ は $\mathcal{A}$ の単射的対象ですからその F の高次導来関手は，やはり消えます．これで(2.2.47)のスペクトル系列が確認できました．(2.2.47)での二つのスペクトル系列の極限である $A^\bullet$ における $\overline{F}=H^0\circ \operatorname{Co} F=F\circ H^0$ の導来関手 $R^n \overline{F}(A^\bullet)$ を $A^\bullet$ における F の**超導来関手**(hyperderived functors of F at $A^\bullet$)といいます．

(2.2.47)の一つ目のスペクトル系列をもう少し見定めてみましょう．$R^q \operatorname{Co} F : \operatorname{Co}^+(\mathcal{A}) \rightsquigarrow \operatorname{Co}^+(\mathcal{B})$ とは何のことかと問いたくなります．勘をはたらかせて，ひょっとすれば

$$(2.2.51) \qquad R^q F A^0 \xrightarrow{R^q F d^0} R^q F A^1 \xrightarrow{R^q F d^1} R^q F A^2 \xrightarrow{R^q F d^2} \cdots$$

ではなかろうかと思うわけです．すなわち(2.2.51)で定まる関手は確かに $A^\bullet \in \operatorname{Co}^+(\mathcal{A})$ に対して $\operatorname{Co}^+(\mathcal{B})$ の対象である(2.2.51)によって定義されるものです．$R^q \operatorname{Co} F$ は $\operatorname{Co} F$ の q 次導来関手であるといっているのですから，これと関手として同じということを示すには(2.2.51)で定まった $\operatorname{Co}^+(\mathcal{A})$ から $\operatorname{Co}^+(\mathcal{B})$ の関手は $\operatorname{Co} F$ の導来関手であることを言えばいいわけです．ようするに(R.D.F.1)から(R.D.F.4)を示すことですが，(R.D.F.1)～(R.D.F.3)を示すことは大切なことかもしれませんが，ここでは(R.D.F.4)のみを説明します．$I^\bullet$ を $\operatorname{Co}^+(\mathcal{A})$ の単射的対象とします．これを(2.2.51)によって $\operatorname{Co}^+(\mathcal{B})$ の対象に移しますが，それが $q\geq 1$ でゼロ対象であることを示すことです．それは(2.2.41)前後の $\operatorname{Co}^+(\mathcal{A})$ の単射的対象の定義と一つ一つの単射的対象 I^j に対して $R^q F I^j = 0$ ですから，(2.2.51)は $\operatorname{Co}^+(\mathcal{B})$ でのゼロ対象になります．このことを使って(2.2.47)の一つ目のスペクトル系列を書き換えますと

$$(2.2.52) \qquad E_2^{p,q} = H^p(R^q \operatorname{Co} F A^\bullet) = H^p(R^q F A^0 \xrightarrow{R^q F d^0} R^q F A^1 \xrightarrow{R^q F d^1} \cdots)$$

です．すなわち $E_2{}^{p,q}$ は $\mathrm{Co}^+(\mathcal{B})$ の複体 (2.2.51)，すなわち，$R^qFA^\bullet$ の p 次コホモロジーです．では $E_2{}^{p,q}$ は $E_1{}^{p,q}$ からコホモロジーを取って得られるのですから，改めて

(2.2.53)
$$\begin{array}{ccccccccc}
E_1{}^{0,q} & \xrightarrow{d_1{}^{0,q}} & \cdots & \xrightarrow{d_1{}^{p-1,q}} & E_1{}^{p,q} & \xrightarrow{d_1{}^{p,q}} & \cdots \\
\| & & & & \| & & \\
R^qFA^0 & \xrightarrow{R^qFd^0} & \cdots & \xrightarrow{R^qFd^{p-1}} & R^qFA^p & \xrightarrow{R^qFd^p} & \cdots
\end{array}$$

とすれば，傾き 0 の $E_1{}^{\bullet,q} \in \mathrm{Co}^+(\mathcal{B})$ が得られます．すなわち，

(2.2.54) $$E_1{}^{p,q} = R^qFA^p.$$

これと (2.2.47) の二つ目の

(2.2.55) $$'E_2{}^{p,q} = R^pF(H^q(A^\bullet))$$

が代数幾何そして代数解析の $\mathcal{D}$ 加群で大切です．

　　コホモロジー代数もここまでくると波に乗ったとでも言いましょうか自由さがふあっと上がりました．ここまで話してきた三つのスペクトル系列の極限という概念（$E_r{}^{p,q}$ と E^{p+q} のずれ）を捨てて等号にしようとする導来カテゴリー（derived category）が次の話題ですが，その前に一言二言….

　それではまず，「スペクトル系列あそび」を少しの間します．そしてまた草の根までいかなくても草の葉を分けたら，スペクトル系列は数学自然の中によくあるということも話したいと思っています．アーベリアン・カテゴリー $\mathcal{A}$ の対象 A を取ります．そして A の単射的分解を $I^\bullet$ とします．すなわち (2.1.29) のことをいっているのです．そこで $I^\bullet$ を $\mathrm{Co}^+(\mathcal{A})$ の対象と考えて，これにダイアグラム (2.2.46) を適用してスペクトル系列 (2.2.47)，すなわち，(2.2.54) と (2.2.55) の極限である，$F: \mathcal{A} \rightsquigarrow \mathcal{B}$ の $I^\bullet$ における超導来関手 $R^n\overline{F}(I^\bullet)$，$\overline{F} = H^0 \circ \mathrm{Co}\,F = F \circ H^0$ を計算してみましょう．(2.2.54) は，I^p は単射的でありまた $E_1{}^{p,q} = R^qFI^p$ ですから，どの $p = 0,1,2,\cdots$ に対しても $E_1{}^{p,q} = 0$，$q \geq 1$ です．すなわち消えないのは $E_1{}^{p,0}$ だけです．$E_1{}^{p,0}$ の位置する 1 階の様子は

(2.2.56)
$$\begin{array}{ccccccccc}
\cdots & \longrightarrow & E_1{}^{p-1,0} & \xrightarrow{d_1{}^{p-1,0}} & E_1{}^{p,0} & \xrightarrow{d_1{}^{p,0}} & E_1{}^{p+1,0} & \longrightarrow & \cdots \\
& & \| & & \| & & \| & & \\
\cdots & \longrightarrow & R^0 FI^{p-1} & \longrightarrow & R^0 FI^p & \longrightarrow & R^0 FI^{p+1} & \longrightarrow & \cdots \\
& & \wr\wr & & \wr\wr & & \wr\wr & & \\
\cdots & \longrightarrow & FI^{p-1} & \xrightarrow{Fd^{p-1}} & FI^p & \xrightarrow{Fd^p} & FI^{p+1} & \xrightarrow{Fd^{p+1}} & \cdots
\end{array}$$

(2.2.56)の同型は(R.D.F.1)のことです.そのとき
$$E_2{}^{p,0} = \operatorname{Ker} d_1{}^{p,0} / \operatorname{Im} d_1{}^{p-1,0} \approx \operatorname{Ker} Fd^p / \operatorname{Im} Fd^{p-1}$$
ですが,F の A における導来関手の定義から $\operatorname{Ker} Fd^p / \operatorname{Im} Fd^{p-1} = R^p FA$ です.$E_2{}^{p,0} \approx R^p FA$ が得られました.次の $E_3{}^{p,0}$ ですが,$E_2{}^{p,0}$ からは
$$0 = E_2{}^{p-2,1} \longrightarrow E_2{}^{p,0} \longrightarrow E_2{}^{p+2,-1} = 0$$
ですので $E_2{}^{p,0} \approx E_3{}^{p,0} \approx \cdots \approx E_\infty{}^{p,0} = 0$ です.このとき $E^p = \bigoplus_{p'+0=p} E_\infty{}^{p',0} = E_\infty{}^{p,0}$ ですから $E_2{}^{p,0} \approx E_\infty{}^{p,0}$ は極限に同型です.極限の $E^p = R^p \overline{F}(I^\bullet)$ を見ますと $\overline{F} = H^0 \circ \mathrm{Co} F$ を使えば $R^p \overline{F}(I^\bullet) = H^p(FI^\bullet) \approx R^p FA = E_2{}^{p,0}$ です.これは何をやったのかといえば水の「浮力の原理」を,水自身を水に入れて実験したようなものです.

次は超導来関手に伴うスペクトル系列(2.2.54),(2.2.55)からグロタンディエックのスペクトル系列を出してみましょう.ダイアグラム(2.2.26)を書いたのは,ずいぶん前のページでしたので改めて書きますと

(2.2.26)

でした.$I^\bullet$ を A の対象 A の単射的分解とします.そして $\mathrm{Co} FI^\bullet = FI^\bullet$ を $\mathrm{Co}^+(B)$ の対象とみなして $A^\bullet = FI^\bullet$ とおきましょう.考えるべきダイアグラムは

(2.2.57)
$$\begin{array}{ccc}
\mathrm{Co}^+(B) & \xrightarrow{\mathrm{Co}\, G} & \mathrm{Co}^+(C) \\
{\scriptstyle H^0} \downarrow & \searrow^{\overline{G}} & \downarrow {\scriptstyle H^0} \\
B & \xrightarrow{G} & C
\end{array}$$

で，これから出てくる G の $A^\bullet$ における超導来関手のスペクトル系列(すなわち，(2.2.54)と(2.2.55)に対応する)は

(2.2.58) $\qquad E_1^{p,q} = R^q G A^p, \qquad {'E_2}^{p,q} = R^p G(H^q(A^\bullet))$

でその極限は $R^n \overline{G} A^\bullet$, $n = p+q$ です．そこで(2.2.58)を計算してみますと $E_1^{p,q} = R^q G(FI^p)$ ですから，仮定「$\mathcal{A}$ の単射的対象 I に対して $R^q G(FI) = 0$，$q \geq 1$」より，消えないのは $E_1^{p,0} = R^0 G(FI^p)$ だけです．次にその $E_2^{p,0}$ を計算しますと，

(2.2.59)

$$\begin{array}{ccccccccc} \cdots & \longrightarrow & E_1^{p-1,0} & \longrightarrow & E_1^{p,0} & \longrightarrow & E_1^{p+1,0} & \longrightarrow & \cdots \\ & & \| & & \| & & \| & & \\ \cdots & \longrightarrow & (G\circ F)I^{p-1} & \longrightarrow & (G\circ F)I^p & \longrightarrow & (G\circ F)I^{p+1} & \longrightarrow & \cdots \end{array}$$

ですから $E_2^{p,0} = H^p((G\circ F)I^\bullet)$ です．$\mathcal{A}$ における $G \circ F$ の導来関手の定義より $E_2^{p,0} = R^p(G\circ F)A$ となります．(2.2.56)の前後で話したことと同じように $E_2^{p,0} \approx E_\infty^{p,0} \approx E^p = R^p \overline{G} A^\bullet$ が言えます．すなわち $E_2^{n,0} = R^n(G\circ F)A$ は(2.2.58)の極限です．そこで(2.2.58)の二番目のスペクトル系列を計算してみますと，${'E_2}^{p,q} = R^p G(H^q(FI^\bullet)) = R^p G(R^q FA)$ となります．すなわち

(2.2.60) $\qquad {'E_2}^{p,q} = R^p G(R^q FA) \Longrightarrow R^n(G\circ F)A$

が得られましたのでこれで'三位一体'の証明が全部すみました．

2.3 スペクトル系列三羽烏に何ができる

　　それでは，代数幾何，代数解析に使われているコホモロジー代数は多くの場合は層のコホモロジー論ですので，これからは今まで話してきたアーベリアン・カテゴリー $\mathcal{A}$ として層からなるカテゴリー $\mathcal{S}$ とか前層のカテゴリー $\mathcal{P}$ を取ります．では左完全関手 F はこのとき何かといいますと，層が定義されている位相空間 X より定まるカテゴリー $\mathcal{T}$(開部分集合の集まり)を得ますが，その $U \in \mathcal{T}$ 上の切断 $\Gamma(U,-)$ が F になります．そのとき $\Gamma(U,-): \mathcal{S} \leadsto \mathcal{B}$ において，カテゴリー $\mathcal{B}$ としてアーベル群のカテゴリー $\mathcal{G}$ などを取ります．そ

のとき，$\mathcal{S}$ をアーベル群の層のカテゴリーといいます(このあたりのことは第 1 章で話したことを思い出してください).

層のカテゴリー $\mathcal{S}$ の中で位相空間 X 上の層の列

(2.3.1) $\qquad 0 \longrightarrow F' \xrightarrow{\varphi} F \xrightarrow{\psi} F'' \longrightarrow 0$

が完全列であったとします．第 1 章で話しましたように層 F は特別な前層であって位相空間 X の開集合 U に対してアーベル群 $F(U)$ を定めます．これは前層 F の定義の一部です．すなわち $F \in \mathcal{S}ets^{\mathcal{T}°}$，第 1 章の(1.4.9)～(1.4.10)を見てください．このとき $F(U)$ の元，すなわち，U 上の F の切断，が局所的な切断で決定するとき F を層というのでした．上の(2.3.1)の層の完全列は，X の一点一点の近傍で完全列になっているということです．すなわち $x \in X$ に対して

(2.3.2) $\qquad 0 \longrightarrow F'_x \xrightarrow{\varphi_x} F_x \xrightarrow{\psi_x} F''_x \longrightarrow 0$

がアーベル群のカテゴリー $\mathcal{G}$ で完全列になるということです．このとき X の位相より定まるカテゴリー $\mathcal{T}$ の一般的な対象 U (すなわち，開集合)に対して $\mathcal{G}$ の中で

(2.3.3) $\qquad 0 \longrightarrow F'(U) \xrightarrow{\varphi(U)} F(U) \xrightarrow{\psi(U)} F''(U)$

までしか完全性が保たれません．すなわち，すべての x に対して ψ_x が全射であっても $\psi(U)$ は全射になるとは限らないというのです．(2.3.3)の完全性の証明は層の定義(S.1)だけから証明することができますので，証明してみてください．(2.3.1)から(2.3.3)に移すのは層のカテゴリー $\mathcal{S}$ からアーベル群のカテゴリー $\mathcal{G}$ への関手ですが，まさかそれを '$-(U)$' と書くわけにはいきませんので

(2.3.4) $\qquad \Gamma(U, -) : \mathcal{S} \rightsquigarrow \mathcal{G}$

と書きます．(2.3.3)はこの関手 $\Gamma(U, -)$ が左完全だと言っているのです．(2.3.3)は

(2.3.5) $\qquad 0 \longrightarrow \Gamma(U, F') \longrightarrow \Gamma(U, F) \longrightarrow \Gamma(U, F'')$

です．順序から言えば層のカテゴリー $\mathcal{S}$ がアーベリアン・カテゴリーであることを言うべきでしょう．すなわち第 1 章の(A.1)から(A.6)を確かめること

2.3 スペクトル系列三羽烏に何ができる

ですが,ここではあっさりと次のように言ってしまって,次のトピックへと進みます.$\mathcal{S}$ での対象 F と G,すなわち,二つの層,とその射 $\varphi:F\to G$ を考えます.そしてすべての $U\in\mathcal{T}$ に対して $\varphi_U:F(U)\to G(U)$ を考えました.第 1 章の(1.4.11)のあたりです.この射 φ_U は $\mathcal{G}$ の射,すなわち,アーベル群の準同型写像,ですから $\mathrm{Ker}\,\varphi_U$,$\mathrm{Im}\,\varphi_U$,$\mathrm{Coker}\,\varphi_U$,$\mathrm{Coim}\,\varphi_U$ というアーベル群が定まります.第 1 章の繰り返しですが,U に対してこれらの $\mathcal{G}$ の対象を対応させることによって四つの前層が定義されます.これらを層化したものを $\mathrm{Ker}\,\varphi$,$\mathrm{Im}\,\varphi$,$\mathrm{Coker}\,\varphi$,$\mathrm{Coim}\,\varphi$ と書きます.そのとき

$$(2.3.6)\quad\begin{cases}(\mathrm{Ker}\,\varphi)_x=\varinjlim_{x\in U}(\mathrm{Ker}\,\varphi_U)=\mathrm{Ker}(\varinjlim_{x\in U}\varphi_U)=\mathrm{Ker}\,\varphi_x,\\ (\mathrm{Im}\,\varphi)_x=\mathrm{Im}\,\varphi_x,\\ (\mathrm{Coker}\,\varphi)_x=\mathrm{Coker}\,\varphi_x,\\ (\mathrm{Coim}\,\varphi)_x=\mathrm{Coim}\,\varphi_x\end{cases}$$

が成立します.$\mathcal{G}$ はアーベリアン・カテゴリーですから,$\mathcal{G}$ での射 φ_x に対しては $\mathrm{Coim}\,\varphi_x\xrightarrow{\approx}\mathrm{Im}\,\varphi_x$ です.そこで(2.3.6)により $(\mathrm{Coim}\,\varphi)_x\xrightarrow{\approx}(\mathrm{Im}\,\varphi)_x$ となります.上にも話しましたように層というのは局所的に定まってしまうような前層ですので $\mathrm{Coim}\,\varphi\xrightarrow{\approx}\mathrm{Im}\,\varphi$ がカテゴリー $\mathcal{S}$ で成り立つということになります.これで $\mathcal{S}$ がアーベリアン・カテゴリーになるという説明(証明とは言えません)は済みました.

次は層 $F\in\mathcal{S}$ を $\mathcal{S}$ の単射的対象(それを injective sheaf = 単射的層と呼びます)で分解して,それを左完全関手 $\Gamma(U,-)$ で $\mathcal{G}$ に持っていって $\mathcal{G}$ でコホモロジーを取って,層 F のコホモロジー群を F における $\Gamma(U,-)$ の導来関手として定義をしたいわけです.アーベリアン・カテゴリー $\mathcal{S}$ の単射的対象 I の特徴づけであるその定義は $\mathrm{Hom}_{\mathcal{S}}(-,I)$ が完全関手になること,すなわち(2.1.28),または(2.1.32)で与えられます.この対象 I を**単射的層**といいます.$\Gamma(U,-):\mathcal{S}\rightsquigarrow\mathcal{G}$ の層 F における導来関手は

$$(2.3.7)\qquad R^j\Gamma(U,-)(F)=H^j(\Gamma(U,I^\bullet))$$

です.ここに,$F\to I^\bullet$ は F の単射的分解です.(2.3.7)はアーベル群の対象で,これを層 F に係数を持つ U 上の j 次の**コホモロジー群**といって $H^j(U,F)$ と書きます.ここではっきりさせたいことがあります.上に出てきました

$\operatorname{Hom}_{\mathcal{S}}(F,G)$, $F,G \in \mathcal{S}$ は F から G へのアーベリアン・カテゴリー $\mathcal{S}$ での射の集まりのアーベル群です．$U \in \mathcal{T}$ に対して $F(U)$ も $G(U)$ もアーベル群ですから $\operatorname{Hom}_{\mathcal{G}}(F(U),G(U))$ は $\mathcal{G}$ の射である群の準同型の集まりからなるアーベル群です．これを $\operatorname{Hom}_{\mathbb{Z}(U)}(F(U),G(U))$ と書くとより正確かも知れません．このとき $U \rightsquigarrow \operatorname{Hom}_{\mathcal{G}}(F(U),G(U))$ を前層とみなして，その層化したものは $\mathcal{H}om(F,G)$ と書き，これは $\mathcal{S}$ の対象です（第1章では層化を $\operatorname{Hom}_{\mathcal{G}}(F,G)$ と書きました）．

単射的層の代わりに脆弱層（flabby sheaf）を使ってもよいということを話したいのですが，その前にまた一般論にちょっと戻ります．アーベリアン・カテゴリー $\mathcal{A}$ と $\mathcal{B}$ の間の左完全関手 $F : \mathcal{A} \rightsquigarrow \mathcal{B}$ の導来関手 $R^j FA$, $A \in \mathcal{A}$ ですが，この高次の $R^j FA$ がいつ消えるのかということを考えてみましょう．もしこの左完全関手 F が完全関手なら，$\mathcal{A}$ での完全列である A の分解 $A \to I^\bullet$ を F で $\mathcal{B}$ の中に持っていっても完全列になりますので $R^j FA = 0$, $j \geq 1$. また $\mathcal{A}$ の対象 A が単射的であっても $R^j FA = 0$, $j \geq 1$ です．これは何を言っているのかといいますと F が完全関手だと一般的な対象 A がまるで（F に対して）単射的対象のように見え，そしてまた A が単射的対象であるときは左完全関手がまるで（A に対して）完全関手としてふるまうように見えるということです．この二番目のことを以前にもいいました水を水につけてアルキメデスの原理，すなわち，「浮力の原理」を知るやり方で言い直しますと，もし A 自身が単射的対象なら $A \to A \to 0 \to \cdots$ が一つの単射的分解になり，これから $R^j FA = 0$, $j \geq 1$ が出ることは，もう話したことです．そこで単射的対象 A の節約した上の単射的分解でなく，だらだらと $A \to I^\bullet$ と分解してみましょう．そこで F で $\mathcal{B}$ の中へ運んだのが $FI^\bullet$ で，そのコホモロジーが導来関手 $R^j FA$ です．これは $R^j FA$ が単射的分解の選び方によらないということです．しかし $A \to A \to 0 \to \cdots$ という分解から $R^j FA = 0$, $j \geq 1$ ですから，$FI^\bullet$ も完全列でなければなりません．ここのところが，もし A が単射的なら F が完全関手のように見えるといったことです．

代数幾何に使えて，かつアーベリアン・カテゴリー $\mathcal{S}$ の単射的対象の代わりになるのが脆弱層（フラビーシーフ）です（英語の flabby は「ぶよぶよな」

といった感じです).位相空間 X 上の層のカテゴリー $\mathcal{S}$ の対象 $\mathcal{I}$ が**脆弱層**であるとは,X のすべての開集合 $U \subset X$ に対してどの切断 $s \in \Gamma(U, \mathcal{I})$ も U を含むどんな開集合 V 上の切断 $s' \in \Gamma(V, \mathcal{I})$ に(唯一とは限らない)延長できると定義するのです.すなわち,$\mathcal{I}$ の対象 $U \subset V$ に対して制限写像 $\rho_{V,U}$

$$(2.3.8) \qquad \Gamma(V, \mathcal{I}) \xrightarrow{\rho_{V,U}} \Gamma(U, \mathcal{I}) \longrightarrow 0$$

が全射になるとき $\mathcal{I}$ を脆弱層といいます.X 自身も $\mathcal{I}$ の対象ですから U がいくら'小さくても' $\Gamma(X, \mathcal{I}) \to \Gamma(U, \mathcal{I})$ は全射です.そんなわけで複素解析函数の層 $\mathcal{O}$ はカチカチな層ですから,上の層 $\mathcal{I}$ は真反対な層といってもいいでしょう.佐藤の超函数(hyperfunctions of Sato)の層 $\mathcal{B}$ も脆弱層です.

そこで自然に出てくる問いは,層のカテゴリー $\mathcal{S}$ の対象 F に対してカテゴリー的に,すなわち,$\mathcal{S}$ の単射的対象として,定義された単射的層による分解 $F \xrightarrow{\sim} I^\bullet$ と,トポロジー的に定義された脆弱層による分解 $F \xrightarrow{\sim} \mathcal{I}^\bullet$ によってきまるアーベル群の複体 $\Gamma(U, I^\bullet)$ と $\Gamma(U, \mathcal{I}^\bullet)$ は同じコホモロジーを持つだろうか,という問いです.前者のコホモロジー $H^j(\Gamma(U, I^\bullet))$ は(2.3.7)で言いましたように左完全関手 $\Gamma(U, -)$ の F における導来関手 $R^j \Gamma(U, -)(F)$ でした(それを $H^j(U, F)$ と書くのでした).そこで $\mathcal{I}^\bullet$ を $\mathrm{Co}^+(\mathcal{S})$ の対象とみなして超導来関手に伴うスペクトル系列(2.2.54)と(2.2.55)を考えます:

$$(2.3.9) \qquad \begin{array}{ccc} \mathrm{Co}^+(\mathcal{S}) & \xrightarrow{\mathrm{Co}\,\Gamma(U,-)} & \mathrm{Co}^+(\mathcal{G}) \\ \rotatebox{-90}{$\rightsquigarrow$}\mathcal{H}^0 & \searrow \overline{G} & \rotatebox{-90}{$\rightsquigarrow$}H^0 \\ \mathcal{S} & \xrightarrow{\Gamma(U,-)} & \mathcal{G} \end{array}$$

$$(2.3.10) \qquad E_1^{p,q} = R^q \Gamma(U, -)(\mathcal{I}^p) = H^q(U, \mathcal{I}^p),$$
$$(2.3.11) \qquad {}'E_2^{p,q} = R^p \Gamma(U, -)(\mathcal{H}^q(\mathcal{I}^\bullet)) = H^p(U, \mathcal{H}^q(\mathcal{I}^\bullet)).$$

ここで関手 $\mathcal{H}^0 : \mathrm{Co}^+(\mathcal{S}) \rightsquigarrow \mathcal{S}$ は $H^0(U) = \mathrm{Ker}(\mathcal{I}^0(U) \xrightarrow{d^0(U)} \mathcal{I}^1(U))$ を層化したもので,これも左完全になります.そして(2.3.11)の中の $\mathcal{H}^q(\mathcal{I}^\bullet)$ は $\mathcal{H}^0$ の導来関手とみなしてもいいし,または $H^q(U) = \mathrm{Ker}(\mathcal{I}^q(U) \to \mathcal{I}^{q+1}(U))/\mathrm{Im}(\mathcal{I}^{q-1}(U) \to \mathcal{I}^q(U))$ を層化したものと思ってもいいわけです.$\mathcal{I}^\bullet$ は分解ですから非輪状(acyclic),すなわち,完全な複体ですので $\mathcal{H}^q(\mathcal{I}^\bullet) = 0$,$q = 1, 2, \cdots$.す

なわち(2.3.11)で消えないのは $'E_2^{p,0}$ だけです．それを書き直せば $'E_2^{p,0} = H^p(U, \mathcal{H}^0(\mathcal{I}^\bullet)) \approx H^p(U, F)$ です．そして $H^p(U, F)$ は定義により $H^p(\Gamma(U, I^\bullet))$ です．次に(2.3.10)の $E_1^{p,q}$ を見ますと，$\mathcal{I}^p$ は脆弱層ですので $H^q(U, \mathcal{I}^p) = 0$, $q = 1, 2, \cdots$ となりますが，これはすぐ後で証明します．(2.3.10)を書き直しますと $E_1^{p,0} = H^0(U, \mathcal{I}^p) = \Gamma(U, \mathcal{I}^p)$ となります．(2.2.56)でも出てきたことですが，$E_2^{p,0}$ は

(2.3.12)　　$\cdots \longrightarrow \Gamma(U, \mathcal{I}^{p-1}) \longrightarrow \Gamma(U, \mathcal{I}^p) \longrightarrow \Gamma(U, \mathcal{I}^{p+1}) \longrightarrow \cdots$

の $\Gamma(U, \mathcal{I}^p)$ でのコホモロジーです．すなわち $E_2^{p,0} = H^p(\Gamma(U, \mathcal{I}^\bullet))$ です．このとき(2.2.56)の少し後のところでも話しましたように，$'E_2^{p,0}$ も $E_2^{p,0}$ も共通の極限に同型となりますから $'E_2^{p,0} \approx H^p(U, F) = H^p(\Gamma(U, I^\bullet)) \approx E_2^{p,0} = H^p(\Gamma(U, \mathcal{I}^\bullet))$ です．$\Gamma(U, I^\bullet)$ と $\Gamma(U, \mathcal{I}^\bullet)$ は同じ(同型な)コホモロジーを持つことが言えました．

上の証明の中味をよく見ますとこんなこともわかります：層 F の分解を考えたら $\mathcal{H}^q(I^\bullet) = \mathcal{H}^q(\mathcal{I}^\bullet) = 0$, $q \geq 1$ でしたが，一般に $\mathrm{Co}^+(\mathcal{S})$ の二つの対象 $F^\bullet$ と $G^\bullet$ が $\mathcal{H}^q(F^\bullet) \approx \mathcal{H}^q(G^\bullet)$ であったとします(このことを $F^\bullet$ と $G^\bullet$ は擬同型(quasi-isomorphism)といいます)．それなら $F^\bullet$ と $G^\bullet$ に対する(2.3.11)のスペクトル系列 $'E_2^{p,q}(F^\bullet) = H^p(U, \mathcal{H}^q(F^\bullet))$ と $'E_2^{p,q}(G^\bullet) = H^p(U, \mathcal{H}^q(G^\bullet))$ は同型になりますので(関手 $H^p(U, -)$ は同型を同型に送るから)，それぞれの極限である超コホモロジー $\mathbb{H}^n(U, F^\bullet)$ と $\mathbb{H}^n(U, G^\bullet)$ も同型になります．このより一般的な立場から見れば $F \to I^\bullet$ と $F \to \mathcal{I}^\bullet$ に対する上で証明したことは見やすくなりました．要のところは $F^\bullet$ と $G^\bullet$ が $\mathrm{Co}^+(\mathcal{S})$ で擬同型なら(すなわちコホモロジー的に，同じようなものなら)，左完全関手で運んで行った先の $\mathrm{Co}^+(\mathcal{G})$ でも $\Gamma(U, F^\bullet)$ と $\Gamma(U, G^\bullet)$ は擬同型になると言いたいところですが，そこにずれがあるのです．それは $\Gamma(U, F^\bullet)$ のコホモロジー $H^n(\Gamma, (U, F^\bullet))$ が $'E_2^{p,q}(F^\bullet) = H^p(U, \mathcal{H}^q(F^\bullet))$ の極限 $\mathbb{H}^n(U, F^\bullet)$ とは限らないからです．前の例の $F \to I^\bullet$ でもわかりますように $\mathbb{H}^n(U, F^\bullet) \approx H^n(\Gamma(U, F^\bullet))$ になるためには $E_1^{p,q}(F^\bullet) = H^q(U, F^p) = 0$, $q = 1, 2, \cdots$ となることです．

脆弱層 $\mathcal{I}$ に対して $H^q(U, \mathcal{I}) = 0$, $q \geq 1$ となることを，スケッチします．まずは $\mathcal{I}$ を単射的層に埋め込むという事実を使って $0 \to \mathcal{I} \to I$ を得ます．そ

2.3 スペクトル系列三羽烏に何ができる　109

こで $0 \to \mathcal{I} \xrightarrow{\iota} I \xrightarrow{\pi} I/\mathcal{I} \to 0$ が完全列ですが，次に単射的層は脆弱層であるという事実があります．それなら上の完全列で $\mathcal{I}$ も I も脆弱層になりますので，そのとき $\widetilde{U} \subset V$ に対して

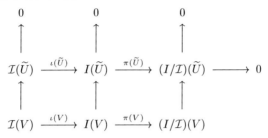

というダイアグラムを得ます．ここで $\widetilde{U}$ は $\pi(\widetilde{U})$ の全射性が保てるほどの小さい開集合(正確には $\varinjlim_{\widetilde{U}}(I/\mathcal{I})(\widetilde{U})$ の代表元)です．これから $I/\mathcal{I}$ も脆弱層であることがわかります．そこで(2.1.61)から(2.1.63)が出ることを使うと，この場合は

(2.3.13) $\quad 0 \longrightarrow \Gamma(U, \mathcal{I}) \longrightarrow \Gamma(U, I) \longrightarrow \Gamma(U, I/\mathcal{I})$
$\longrightarrow H^1(U, \mathcal{I}) \longrightarrow H^1(U, I) \longrightarrow H^1(U, I/\mathcal{I})$
$\longrightarrow H^2(U, \mathcal{I}) \longrightarrow H^2(U, I) \longrightarrow H^2(U, I/\mathcal{I}) \longrightarrow H^3(U, \mathcal{I}) \longrightarrow \cdots$

が完全列になります．岩波講座，現代数学の基礎，代数幾何 2, 命題 6.2 の (i)から $H^1(U, \mathcal{I}) = 0$ です．I はカテゴリー $\mathcal{S}$ の単射的対象ゆえ $H^1(U, I) = H^2(U, I) = \cdots = 0$ ですから $H^2(U, \mathcal{I}) \xleftarrow{\approx} H^1(U, I/\mathcal{I})$, $H^3(U, \mathcal{I}) \xleftarrow{\approx} H^2(U, I/\mathcal{I})$, $\cdots$ です．後は，$I/\mathcal{I}$ も脆弱層でしたから，帰納法で $H^j(U, \mathcal{I}) = 0$, $j \geq 1$ がわかります．

　　この本を書き始めて，上の $H^j(U, \mathcal{I}) = 0$, $j \geq 1$ の証明で「まえがき」以来の'比良山風'が止まってしまいました．失礼いたしました．この後またすぐこの風は吹き始めます．$H^j(U, \mathcal{I}) = 0$, $j \geq 1$ の前に話したことを抽象化しますと次のようになります．$\mathcal{A}$ と $\mathcal{B}$ をアーベリアン・カテゴリーとします．そこで $F^\bullet$ と $G^\bullet$ を $\mathrm{Co}^+(\mathcal{A})$ の対象とします．そして $\Gamma: \mathcal{A} \leadsto \mathcal{B}$ を左完全関手とします．もし $H^j(F^\bullet) \xrightarrow{\approx} H^j(G^\bullet)$ が同型(すなわち，$F^\bullet$ と $G^\bullet$ は擬同型)であり，またお

おのの F^p, G^p, $p\geq 0$ が Γ という関手に対してトリビアル, すなわち, $R^q\Gamma F^p = 0$, $R^q\Gamma G^p = 0$, $q \geq 1$ ならば (上の例では, このことは $E_1^{p,q}(F^\bullet) = H^q(U, F^p) = 0$ と $H^q(U, G^p) = 0$, $q \geq 1$ に当たります), Γ で $\mathrm{Co}^+(\mathcal{B})$ の中に運ばれた対象 $\Gamma F^\bullet$ と $\Gamma G^\bullet$ も擬同型になる, すなわち, $H^n(\Gamma F^\bullet) \xrightarrow{\approx} H^n(\Gamma G^\bullet)$ ということを言っているのです.

$$\begin{cases} (\text{S.S.D.C}) : 二重複体のスペクトル系列 \\ (\text{G.S.S}) : グロタンディエックのスペクトル系列 \\ (\text{S.S.H.C}) : 超コホモロジーのスペクトル系列 \end{cases}$$

$$(\text{G.S.S}) \quad \Longleftrightarrow \quad (\text{S.S.H.C})$$

を説明した後で, 導来カテゴリーにつながりそうなことを二, 三話してきました. 導来カテゴリーを使わないのなら, ここまでのことで代数解析および代数幾何におけるコホモロジー的なことはほとんど説明がつきます. すなわち (ほとんど) すべてのことは, これまで準備してきたコホモロジー代数の応用です.

まずはチェック・コホモロジーを今までの話の流れに沿って進めます. その後少し道草を食ってスペクトル系列の一般論で辺射 (edge homomorphism) のことを詳しく話します. そして層の相対コホモロジーや相対超コホモロジー, そしてそれらをチェック・コホモロジーとまぜたりして, いろいろなスペクトル系列がどんどんでてきます. 主な組み合わせのスペクトル系列は書きますが, 自分でいろいろ組み合わせて, スペクトル系列を書いてみてください.

X を位相空間とし, T をその位相, そして $\mathcal{T}$ を T から定まる位相のカテゴリーとします. 第 1 章の (1.1.17) のあたりと (1.4.1) 以降を思い出してください. アーベル群の前層のカテゴリーを $\mathcal{P}$ と書いて, $\mathcal{P} = \mathcal{G}^{\mathcal{T}^\circ}$ でした. そこで F を前層とします. すなわち, $F : \mathcal{T} \rightsquigarrow \mathcal{G}$ が反変関手ということです.

$U_i \in \mathcal{T}$, $i \in I$ とします,そして $X = \bigcup_{i \in I} U_i$ と X をカバーしたとします.ということはカテゴリー $\mathcal{T}$ で $U_i \hookrightarrow X$ ですから $F(X) \to F(U_i)$ が定まって $\mathcal{G}$ 内でのこの準同型を ρ_{X,U_i} と書いて制限写像と呼ぶのでした ((1.4.1) から (1.4.2) のあたりを見てください).また $U_i \cap U_j \xhookrightarrow{\iota_i^{ij}} U_i$ と $U_i \cap U_j \xhookrightarrow{\iota_j^{ij}} U_j$ から定まる制限写像を ρ_{ij}^i そして ρ_{ij}^j と書くことにします.例えば $\rho_{ij}^i : F(U_i) \to F(U_i \cap U_j)$ です.同じようにして $\rho_{ijk}^{ij} : F(U_i \cap U_j) \to F(U_i \cap U_j \cap U_k)$ というように書きます.さらに $U_{ij} = U_i \cap U_j$ とか $U_{ijk} = U_i \cap U_j \cap U_k$, … という略記を使うことにします.そこで

$$(2.3.14) \quad \prod_{i \in I} F(U_i) \begin{array}{c} \xrightarrow{\rho_{ij}^j} \\ \xrightarrow{\rho_{ij}^i} \end{array} \prod_{i,j \in I} F(U_{ij}) \begin{array}{c} \xrightarrow{\rho_{ijk}^{jk}} \\ \xrightarrow{\rho_{ijk}^{ik}} \\ \xrightarrow{\rho_{ijk}^{ij}} \end{array} \prod_{i,j,k \in I} F(U_{ijk}) \begin{array}{c} \xrightarrow{\rho_{ijkl}^{jkl}} \\ \xrightarrow{\rho_{ijkl}^{ikl}} \\ \xrightarrow{\rho_{ijkl}^{ijl}} \\ \xrightarrow{\rho_{ijkl}^{ijk}} \end{array} \cdots$$

という制限写像をまとめて $d^0 = \rho_{ij}^j - \rho_{ij}^i$, $d^1 = \rho_{ijk}^{jk} - \rho_{ijk}^{ik} + \rho_{ijk}^{ij}$, … と定義すると,例えば $(f_i) \in \prod F(U_i)$ に対して $d^0((f_i)) = \rho_{ij}^j(f_j) - \rho_{ij}^i(f_i)$ であり $(f_{ij}) \in \prod F(U_{ij})$ に対しては $d^1((f_{ij})) = \rho_{ijk}^{jk}(f_{jk}) - \rho_{ijk}^{ik}(f_{ik}) + \rho_{ijk}^{ij}(f_{ij})$ ということです.一般的には

$$d^n = \rho_{i_0 i_1 \cdots i_{n+1}}^{i_1 i_2 \cdots i_{n+1}} - \rho_{i_0 i_1 \cdots i_{n+1}}^{i_0 i_2 \cdots i_{n+1}} + \cdots + (-1)^j \rho_{i_0 i_1 \cdots i_{n+1}}^{i_0 \cdots i_{j-1} i_{j+1} \cdots i_{n+1}} + \cdots \\ + (-1)^{n+1} \rho_{i_0 i_1 \cdots i_{n+1}}^{i_0 i_1 \cdots i_n}$$

と定義すればいいわけです.そこで $C^j(U_i, i \in I, F) = \prod_{i_0, \cdots, i_j \in I} F(U_{i_0 \cdots i_j})$ とおいてやると,上の (2.3.14) は

$$(2.3.15) \quad C^0(U_i, i \in I, F) \xrightarrow{d^0} C^1(U_i, i \in I, F) \xrightarrow{d^1} C^2(U_i, i \in I, F) \xrightarrow{d^2} \cdots$$

となります.この (2.3.15) では $d^{j+1} \circ d^j = 0$ を確かめることができるので,この複体を**チェックの複体**(Čech complex) といいます.そのコホモロジー群

$$(2.3.16) \quad H^j(C^\bullet(U_i, i \in I, F)) = \operatorname{Ker} d^j / \operatorname{Im} d^{j-1}$$

をカバー $(U_i, i \in I)$ の**チェック・コホモロジー群**(Čech cohomology group) といいます.$\mathcal{U} = (U_i, i \in I)$ として $H^j(\mathcal{U}, X, F)$ または $H^j(\mathcal{U}, F)$ と書くことにします.(2.2.40) で話したことですが,複体 $C^\bullet(\mathcal{U}, F) = C^\bullet(U_i, i \in I, F)$ の j 次コホモロジーは 0 次コホモロジーの j 次導来関手です.すなわち

(2.3.17) $$H^j(\mathcal{U},F) = H^j(C^\bullet(\mathcal{U},F)) = R^j H^0(C^\bullet(\mathcal{U},F))$$

です．それでは $H^0(C^\bullet(\mathcal{U},F))$ を調べてみます．$\mathrm{Ker}\,d^0$ を計算することですから $(f_i) \in C^0(\mathcal{U},F) = \prod F(U_i)$ が $d^0((f_i)) = \rho_{ij}^j(f_j) - \rho_{ij}^i(f_i) = 0_{ij}$, $i,j \in I$ ということです．すなわち $i,j \in I$ に対して $\rho_{ij}^j(f_j) = \rho_{ij}^i(f_i)$ です．もしこの前層 F が層であれば（第1章の(1.4.9)の少し後の(S.1)を思い出してください），この $\mathrm{Ker}\,d^0$ は $F(X)$ と一致します．ここまでのことをダイアグラムに書きますと

(2.3.18)

$$\begin{array}{ccc} \mathcal{S} & \xrightarrow{\iota} & \mathcal{P} \\ & \searrow\Gamma(X,-) & \downarrow H^0(\mathcal{U},-)=H^0(C^\bullet(\mathcal{U},-))=\mathrm{Ker}\,d^0 \\ & & \mathcal{G} \end{array}$$

が可換だということです．すなわち，もし F が層であるなら F を前層とみたものが ιF で，その $H^0(\mathcal{U},\iota F)$ が $F(X) = \Gamma(X,F)$ だということです．この $\iota:\mathcal{S} \rightsquigarrow \mathcal{P}$ という関手ですが，$\mathcal{S}$ の中で $0 \to F' \to F \to F'' \to 0$ が完全であっても $\mathcal{P}$ の中では $0 \to \iota F' \to \iota F \to \iota F''$ までが完全としか言えません．それは $\mathcal{P} = \mathcal{G}^{\mathcal{T}^\circ}$ の中の完全性は，すべての $U \in \mathcal{T}^\circ$ に対してですから $0 \to \iota F'(U) \to \iota F(U) \to \iota F''(U)$ までしか保証がありません．しかしこれは，$\Gamma(U,-)$ が左完全関手ということですでに(2.3.5)で話しました．ダイアグラム(2.3.18)において，関手 ι で $\mathcal{S}$ の単射的層 I を脆弱前層とみると，その $H^q(\mathcal{U},I) = R^q H^0(\mathcal{U},I)$ は消えますので（実はここは証明が必要です），グロタンディエックのスペクトル系列より

(2.3.19) $$E_2^{p,q} = H^p(\mathcal{U},R^q\iota F) \Longrightarrow H^n(X,F) = R^n\Gamma(X,-)F$$

が得られます．

次に

(2.3.20) $$0 \longrightarrow F' \longrightarrow F \longrightarrow F'' \longrightarrow 0$$

が前層のカテゴリー $\mathcal{P}$ で完全だとします．すなわちすべての $U \in \mathcal{T}$ に対しても $0 \to F'(U) \to F(U) \to F''(U) \to 0$ が $\mathcal{G}$ で完全だということです．ですから

(2.3.21)
$$\begin{array}{ccccccccc} 0 & \longrightarrow & \prod F'(U_{i_0\cdots i_j}) & \longrightarrow & \prod F(U_{i_0\cdots i_j}) & \longrightarrow & \prod F''(U_{i_0\cdots i_j}) & \longrightarrow & 0 \\ & & \parallel & & \parallel & & \parallel & & \\ & & C^j(\mathcal{U}, F') & & C^j(\mathcal{U}, F) & & C^j(\mathcal{U}, F'') & & \end{array}$$

も完全になり，複体の完全列

(2.3.22) $\quad 0 \longrightarrow C^\bullet(\mathcal{U}, F') \longrightarrow C^\bullet(\mathcal{U}, F) \longrightarrow C^\bullet(\mathcal{U}, F'') \longrightarrow 0$

から長い完全列

(2.3.23)
$$0 \longrightarrow H^0(\mathcal{U}, F') \longrightarrow H^0(\mathcal{U}, F) \longrightarrow H^0(\mathcal{U}, F'') \longrightarrow H^1(\mathcal{U}, F') \longrightarrow \cdots$$

が得られます．まとめますと，$j \geq 0$ に対して $H^j(\mathcal{U}, -): \mathcal{P} \rightsquigarrow \mathcal{G}$ は，脆弱層で消え，(2.3.23)という完全列が(2.3.20)から得られ，$H^0(\mathcal{U}, -)$ の導来関手になっているのです．$X = \bigcup_{i \in I} U_i$ の他に $X = \bigcup_{i' \in I'} U'_{i'}$ というカバーがあったとします．そのときもし $\rho: I' \to I$ という集合間の写像があって，すべての $i' \in I'$ に対して $U'_{i'} \subset U_{\rho(i')}$ となるとします．そのとき $\mathcal{U}' = (U'_{i'}, i' \in I')$ は $\mathcal{U} = (U_i, i \in I)$ の細分(refinement)といいます．要するに

$$U'_{i'_0} \cap U'_{i'_1} \cap \cdots \cap U'_{i'_j} = U'_{i'_0 i'_1 \cdots i'_j} \hookrightarrow U_{\rho(i'_0)\rho(i'_1)\cdots\rho(i'_j)} = U_{\rho(i'_0)} \cap U_{\rho(i'_1)} \cap \cdots \cap U_{\rho(i'_j)}$$

ですから

$$F(U_{\rho(i'_0)\rho(i'_1)\cdots\rho(i'_j)}) \longrightarrow F(U'_{i'_0 i'_1 \cdots i'_j})$$

が得られ $\prod F(U_{i_0\cdots i_j}) \to \prod F(U'_{i'_0 i'_1 \cdots i'_j})$ が定義できるというわけです．それならば $\mathcal{U}, \mathcal{U}', \mathcal{U}'', \cdots$ と，どんどん細分を取っていけば

(2.3.24) $\qquad\qquad\qquad \mathcal{U} \longleftarrow \mathcal{U}' \longleftarrow \mathcal{U}'' \longleftarrow \cdots$

という列から(ここで(2.3.24)は $U_{i_0\cdots i_j} \leftarrow U'_{i'_0\cdots i'_j} \leftarrow U''_{i''_0\cdots i''_j} \leftarrow \cdots$ という意味で)次の列を得ます．

(2.3.25) $\qquad C^\bullet(\mathcal{U}, F) \longrightarrow C^\bullet(\mathcal{U}', F) \longrightarrow C^\bullet(\mathcal{U}'', F) \longrightarrow \cdots.$

そこで(2.3.25)のおのおのの複体を(縦に)コホモロジーを取ると

(2.3.26) $\qquad H^j(\mathcal{U}, F) \longrightarrow H^j(\mathcal{U}', F) \longrightarrow H^j(\mathcal{U}'', F) \longrightarrow \cdots$

となります．(2.3.26)のチェック・コホモロジー群の列の $\mathcal{G}$ での帰納的極限(第1章の(1.3.12)のあたり)

(2.3.27)
$$\check{H}^j(X,F) = \varinjlim(H^j(\mathcal{U},F) \longrightarrow H^j(\mathcal{U}',F) \longrightarrow H^j(\mathcal{U}'',F) \longrightarrow \cdots)$$
を前層 F における X のチェック・コホモロジー群といいます.

ダイアグラム(2.3.18)は前にも話しましたように層 F に対して $H^0(\mathcal{U},F)=\Gamma(X,F)$ だといっているのです,ここで $\iota F=F$ と見なしました.ですから(2.3.27)で $j=0$ のときは

(2.3.28) $\qquad\qquad \check{H}^0(X,F) = \Gamma(X,F)$

となります.正確には(2.3.28)の左辺は $\check{H}^0(X,\iota F)$ です.(2.3.28)は,次のダイアグラム

(2.3.29)
$$\begin{array}{c} \mathcal{S} \xrightarrow{\iota} \mathcal{P} \\ {\scriptstyle \Gamma(X,-)} \searrow \quad \downarrow {\scriptstyle \check{H}^0(X,-)} \\ \mathcal{G} \end{array}$$

が可換だといっているので,(2.3.19)のようなスペクトル系列が一応出ます:

(2.3.30) $\qquad\qquad E_2^{p,q} = R^p\check{H}^0(X,R^q\iota F) \Longrightarrow H^n(X,F).$

しかし $R^p\check{H}^0(X,-)$ が X の p 次のチェック・コホモロジー $\check{H}^p(X,-)$ とは,すぐには言えません.それは(2.3.19)にあるカバー $\mathcal{U}=(U_i, i\in I)$ の $H^p(\mathcal{U},-)$ は,複体 $C^\bullet(\mathcal{U},-)$ の p 次コホモロジーとして定義したので,0次,すなわち,$H^0(\mathcal{U},-)$ の p 次導来関手 $R^pH^0(\mathcal{U},-)$ は $H^p(\mathcal{U},-)$ と一致します.一方,X のチェック・コホモロジー $\check{H}^p(X,-)$ の定義は(2.3.27)ですから,そうはいきません.ところが $H^p(\mathcal{U},-)$ が単射的層(脆弱層)で消えることを使えば(例えば R. Hartshorne による *Algebraic Geometry*,Springer-Verlag を見てください),(2.3.27)から $\check{H}^p(X,-)$ も単射的層で消えるし,帰納的極限 $\varinjlim$ は完全関手であるということを使えばカバーのチェック・コホモロジーが満たす導来関手の性質が $\check{H}^p(X,-)$ に伝わります.これは証明ではなく説明的ではありますが,そんなわけで(2.3.30)は

(2.3.31) $\qquad\qquad E_2^{p,q} = \check{H}^p(X,R^q\iota F) \Longrightarrow H^n(X,F)$

です.実は(2.3.31)でもまた出てきた $R^q\iota F$ は計算できます.$R^0\iota F$ は導来関手の定義の(R.D.F.1)から ιF ですから $U\in\mathcal{T}$ に対して $R^0\iota F(U)=\iota F(U)\cong$

$F(U) = \Gamma(U,F)$. それならば $H^p(U,F)$ は $R^p\Gamma(U,-)(F)$ ですから，けっきょく $H^p(U,F) \cong R^p\iota F(U)$ となります．

それではスペクトル系列(2.3.19)を丁寧に見てみましょう．それがわかればスペクトル系列(2.3.31)もよくわかります．(2.3.19)の左辺の $E_2^{p,q}$ は，

(2.3.32) $\qquad E_2^{p,q} = H^p(C^\bullet(\mathcal{U}, R^q\iota F))$

となります．コホモロジーを取る前は $C^p(\mathcal{U}, R^q\iota F) = \prod R^q\iota F(U_{i_0 i_1 \cdots i_p})$ です．$R^q\iota F(U_{i_0 i_1 \cdots i_p})$ は先に計算しましたように $H^q(U_{i_0 i_1 \cdots i_p}, F)$ です．ということは，カバー $\mathcal{U} = (U_i, i \in I)$ の元による $U_{i_0} \cap U_{i_1} \cap \cdots \cap U_{i_p}$ 上の層 F におけるコホモロジー群 $H^q(U_{i_0 i_1 \cdots i_p}, F)$ が消えるならばという条件下では $E_2^{p,q} = 0$, $q \geq 1$ であるということです．いつものように(と言っていいでしょうか，今までスペクトル系列で $E_2^{p,q} = 0$, $q \neq 0$ となったときが二，三回でてきましたから)，$0 = E_2^{p-2,1} \to E_2^{p,0} \to E_2^{p+2,-1} = 0$ となり $E_2^{p,0} \approx E_3^{p,0} \approx E_\infty^{p,0} \approx E^p \approx H^p(X,F)$ となります．すなわち $E_2^{p,0} = H^p(\mathcal{U}, R^0\iota F) \approx H^p(\mathcal{U}, \iota F) = H^p(\mathcal{U}, F) \approx H^p(X,F)$. 上のことをまとめると，もし $H^q(U_{i_0 \cdots i_p}, F) = 0$, $q \neq 0$ ならばカバー $\mathcal{U}$ のチェック・コホモロジー群は F における $\Gamma(X,-)$ の導来関手としてのコホモロジー群と一致しているということです．言わないほうが良いのかも知れませんが関手 $\varinjlim$ を取る前から同型なら，後でも同型です：$\check{H}^p(X, R^0\iota F) \approx \check{H}^p(X,F) \approx H^p(X,F)$.

これでカバーによるチェック・コホモロジー群とスペクトル系列の話は一応終わりますが，スペクトル系列の振舞い(とくに2階の $E_2^{p,q}$)をうまく使うことができました．ここでもう一度2階の左下のコーナーのあたりにある

(2.3.33)

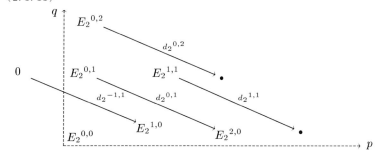

の項をくわしく調べてみましょう．まず $E_2^{0,0}$ から．$0 \xrightarrow{d_2^{-2,1}} E_2^{0,0} \xrightarrow{d_2^{0,0}} 0$ ですから，おもしろくありません．すなわち，$E_2^{0,0} \approx E_3^{0,0} \approx E_\infty^{0,0} \approx E^0$ です．(2.2.1)から(2.2.7)までを思い出してください．次は $E_2^{1,0}$ を調べますと $0 \xrightarrow{d_2^{-1,1}} E_2^{1,0} \xrightarrow{d_2^{1,0}} 0$ ですから，また $E_2^{1,0} \approx E_3^{1,0} \approx E_\infty^{1,0}$ ですが極限の E^1 は $E_\infty^{1,0} \oplus E_\infty^{0,1}$ です．すなわち $E_2^{1,0} \xrightarrow{\iota_1} E^1$, $\iota_1(x_2^{1,0}) = (x_2^{1,0}, 0_2^{0,1})$ という単射があります．では $E_2^{0,1}$ を調べます．今度は $0 \xrightarrow{d_2^{-2,2}} E_2^{0,1} \xrightarrow{d_2^{0,1}}$ $E_2^{2,0}$ ですので ((2.3.33) を見てください)，$E_3^{0,1} \approx \mathrm{Ker}\, d_2^{0,1}$ となり $E_3^{0,1} \hookrightarrow$ $E_2^{0,1}$ を得ます．$E_3^{0,1} \approx E_4^{0,1} \approx E_\infty^{0,1}$ と $E_3^{0,1}$ の後は，また変化ありませんので $E^1 = E_\infty^{1,0} \oplus E_\infty^{0,1} \approx E_3^{1,0} \oplus E_3^{0,1}$ と見て $E^1 = E_3^{1,0} \oplus E_3^{0,1} \xrightarrow{\pi_2} E_3^{0,1}$, $\pi_2(x_3^{1,0}, x_3^{0,1}) = x_3^{0,1}$ という全射を得て，上の $\iota: E_3^{0,1} \to E_2^{0,1}$ を合成して $E^1 \xrightarrow{\iota \circ \pi_2} E_2^{0,1}$ が得られます．先ほど言いましたように $E_2^{0,1} \xrightarrow{d_2^{0,1}} E_2^{2,0}$ がありますが，今度は $E_2^{2,0}$ でのコホモロジーは $E_3^{2,0}$ ですが，それは $E_2^{2,0}/\mathrm{Im}\, d_2^{0,1}$ と商ですので，$E_2^{2,0} \xrightarrow{\pi} E_3^{2,0}$ という自然な全射があります．また $E_3^{2,0}$ の後は変化がなくなりますので $E_3^{2,0} \approx E_4^{2,0} \approx E_\infty^{2,0}$ です．その極限 E^2 は $E_\infty^{0,2} \oplus E_\infty^{1,1} \oplus E_\infty^{2,0}$ ですから $E_3^{2,0} \xrightarrow{\iota_3} E^2$ を得ます．π と ι_3 の合成が $E_2^{2,0} \xrightarrow{\iota_3 \circ \pi} E^2$ です．ここまでをまとめますと，

(2.3.34)
$$
\begin{array}{ccccccccc}
0 & \to & E_2^{1,0} & \xrightarrow{\iota_1} & E^1 & \xrightarrow{\iota \circ \pi_1} & E_2^{0,1} & \xrightarrow{d_2^{0,1}} & E_2^{2,0} & \xrightarrow{\iota_3 \circ \pi} & E^2 \\
& & & & \| & & \iota \uparrow & & \pi \downarrow & & \| \\
& & & & E_\infty^{0,1} \oplus E_\infty^{1,0} & & & & & & E_\infty^{0,2} \oplus E_\infty^{1,1} \oplus E_\infty^{2,0} \\
& & & & \| \wr & & & & & \nearrow \iota_3 & \\
& & & & E_3^{0,1} \oplus E_3^{1,0} & \xrightarrow{\pi_1} & E_3^{0,1} & & E_3^{2,0} \cong E_\infty^{2,0} & &
\end{array}
$$

となります．(2.3.34)の上段の行は完全列であることは(2.3.34)の構成のしかたから確かめられますので確かめておいてください．

　この後 $E_2^{1,1}$ や $E_2^{0,2}$，$E_2^{3,0}$，$E_2^{2,1}$ から始めて計算を続けても(2.3.34)のような，おもしろいものにはなりません．しかし(2.3.33)の p 軸や q 軸上の $E_2^{p,0}$ や $E_2^{0,q}$ に対しては(2.3.34)ほどではありませんが次のことが言えます．まず p 軸上の $E_2^{p,0}$ から調べます．$E_2^{p-2,1} \xrightarrow{d_2^{p-2,1}} E_2^{p,0} \to 0$ ですからコホモロジーを取って得られる $E_2^{p,0} \xrightarrow{\pi} E_3^{p,0}$ という自然な全射がありま

す．$E_3^{p,0} \xrightarrow{\pi} E_4^{p,0} \xrightarrow{\pi} \cdots$ とつづけて全射が得られますが $E_p^{p,0} \xrightarrow{\pi} E_{p+1}^{p,0}$ が最後の全射で，この後の $d_{p+1}^{-1,p}$ は第一象限から出てしまい，同型になりますので((2.2.2), (2.2.3)のあたりを思い出してください)，$E_2^{p,0} \xrightarrow{\pi} E_3^{p,0} \xrightarrow{\pi} \cdots \xrightarrow{\pi} E_p^{p,0} \xrightarrow{\pi} E_{p+1}^{p,0} \xrightarrow{\approx} E_{p+2}^{p,0} \xrightarrow{\approx} E_\infty^{p,0} \hookrightarrow E^p$ が得られます．すなわち合成した

(2.3.35) $$E_2^{p,0} \xrightarrow{\iota \circ \pi^{p-1}} E^p$$

が定義できます．この射を辺射(edge homomorphism)といいます．次に q 軸上の $E_2^{0,q}$ を調べます．今度は $0 \to E_2^{0,q} \xrightarrow{d_2^{0,q}} E_2^{2,q-1}$ ですので $E_3^{0,q} \hookrightarrow E_2^{0,q}$ という単射 ι があります．こちらのほうは $E_{q+2}^{0,q} \hookrightarrow E_{q+1}^{0,q}$ が最後の単射になり次からは変化なしで，同型 $E_\infty^{0,q} \xrightarrow{\approx} E_{q+3}^{0,q} \xrightarrow{\approx} E_{q+2}^{0,q}$ になります．そこで

(2.3.36) $$E^q \xrightarrow{\iota^q \circ \pi} E_2^{0,q}$$

という射が定義できて，これも辺射と呼ばれます．ここで(2.3.36)の π は $E^q \xrightarrow{\pi} E_\infty^{0,q}$ という射影による全射です．

 コホモロジー代数の応用としてまずはチェック・コホモロジーを話しました．次の応用は相対コホモロジーについてですが，これは佐藤超函数(hyperfunction of Sato)にも現れますし，特異多様体を非特異な多様体に埋め込んでその特異多様体のコホモロジーを調べることにも出てくるものです．その他の応用としてルレーのスペクトル系列も話します．もう気がつかれて(2.3.34)を(2.3.19)とか(2.3.31)にあてはめてみましたでしょうか．(2.3.33)の角の項であります $E_2^{0,0}$ は $0 \to E_2^{0,0} \to 0$ だからおもしろくないといいましたが，どうしておもしろくないのかといいますと $\check{H}^0(X,F) = E_2^{0,0} \approx E_\infty^{0,0} \approx E^0 = H^0(X,F)$ という意味です((2.3.31))．また(2.3.34)の $0 \to E_2^{1,0} \xrightarrow{\iota} E^1$ の単射は $0 \to \check{H}^1(X,F) \to H^1(X,F)$ の単射のことです((2.3.31))．

 U を位相空間 X の開部分集合，すなわち，$U \in \mathcal{T}$ とし，F を X 上のアーベル群の層，すなわち，$F \in \mathcal{S}$ とします．すなわち，$F : \mathcal{S} \rightsquigarrow \mathcal{G}$ です．このと

き制限写像 $\rho_{X,U}:F(X)=\Gamma(X,F)\to F(U)=\Gamma(U,F)$ があります。$\mathrm{Ker}\,\rho_{X,U}$ の元 t を調べてみましょう。すなわち $t\in\mathrm{Ker}\,\rho_{X,U}$ とはまず $t\in\Gamma(X,F)$ で $\rho_{X,U}(t)=0\in\Gamma(U,F)$ ということです。$\rho_{X,U}(t)$ を $t|_U$ と書くこともあります。そこで $\Gamma(X,U,F)=\mathrm{Ker}\,\rho_{X,U}$ と定義しますと,

(2.3.37) $\quad 0\longrightarrow \Gamma(X,U,F)\longrightarrow \Gamma(X,F)\xrightarrow{\rho_{X,U}}\Gamma(U,F)$

は $\mathcal{G}$ 内での完全列になります。(2.3.37)はすべての F で完全ですから

(2.3.38) $\quad 0\longrightarrow \Gamma(X,U,-)\longrightarrow \Gamma(X,-)\longrightarrow \Gamma(U,-)$

が $\mathcal{S}$ から $\mathcal{G}$ への関手のカテゴリーでの列として完全です。層として脆弱層 $\mathcal{I}^j$ を取ると(その定義(2.3.8)を思い出してください)

(2.3.39) $\quad 0\longrightarrow \Gamma(X,U,\mathcal{I}^j)\longrightarrow \Gamma(X,\mathcal{I}^j)\xrightarrow{\rho_{X,U}}\Gamma(U,\mathcal{I}^j)\longrightarrow 0,$

$j=0,1,2,\cdots$, $\rho_{X,U}$ の全射も得られます。$F\to\mathcal{I}^\bullet$ が層 F の(単射的層による)脆弱層による分解ならば(2.3.39)から((2.1.67)のあたりを見てください)

(2.3.40)
$\quad 0\longrightarrow H^0(X,U,F)\longrightarrow H^0(X,F)\longrightarrow H^0(U,F)\longrightarrow H^1(X,U,F)$
$\quad\longrightarrow H^1(X,F)\longrightarrow H^1(U,F)\longrightarrow H^2(X,U,F)\longrightarrow\cdots$

と長く続く完全列が得られます。すなわち $H^j(X,U,F)=H^j(\Gamma(X,U,\mathcal{I}^\bullet))$ であってまた関手 $\Gamma(X,U,-):\mathcal{S}\rightsquigarrow\mathcal{G}$ は左完全関手です。$\mathcal{S}$ での完全列 $0\to F'\to F\to F''\to 0$ を $\mathcal{G}$ での完全列 $0\to\Gamma(X,U,F')\to\Gamma(X,U,F)\to\Gamma(X,U,F'')$ に移します。すなわち,$H^j(X,U,F)$ は F における $\Gamma(X,U,-)$ の j 次導来関手 $R^j\Gamma(X,U,-)F$ になります。上の $0\to F'\to F\to F''\to 0$ に対して $0\to\Gamma(X,U,F')\to\Gamma(X,U,F)\to\Gamma(X,U,F'')$ の延長となる

(2.3.41)
$\quad 0\longrightarrow H^0(X,U,F')\longrightarrow H^0(X,U,F)\longrightarrow H^0(X,U,F'')\longrightarrow H^1(X,U,F')$
$\quad\longrightarrow H^1(X,U,F)\longrightarrow H^1(X,U,F'')\longrightarrow H^2(X,U,F')\longrightarrow\cdots$

も得られます((2.1.61)から(2.1.63)が得られることです)。そこで $H^j(X,U,F)$ を層 F に係数を持つ**相対コホモロジー群**(relative cohomology group with coefficient in sheaf F)といいます。

一方,層係数の**相対超コホモロジー群**(relative hypercohomology group)とそのスペクトル系列は,ダイアグラム(2.2.46)とスペクトル系列(2.2.54)と

(2.2.55)を層のカテゴリー $\mathcal{S}$ に応用すればいいわけです．(2.2.46)で $\mathcal{A}$ として $\mathcal{S}$ とすれば，$\mathrm{Co}^+(\mathcal{S}) \xrightarrow{\mathcal{H}^0} \mathcal{S}$ は，(2.3.9)に現れる前層 $H^0(U) = \mathrm{Ker}(F^0(U) \to F^1(U))$, $F^\bullet \in \mathrm{Co}^+(\mathcal{S})$ の層化です．そこで $F^\bullet \in \mathrm{Co}^+(\mathcal{S})$ に対して(2.3.9)をそのまま適用しますと(2.3.9)の下にある(2.3.10)と(2.3.11)のような

(2.3.42) $\qquad E_1{}^{p,q} = R^q \Gamma(X, -)(F^p) = H^q(X, F^p),$

(2.3.43) $\qquad 'E_2{}^{p,q} = R^p \Gamma(X, -)(\mathcal{H}^q(F^\bullet)) = H^p(X, \mathcal{H}^q(F^\bullet))$

が(2.2.54)と(2.2.55)から出てきます．極限は層の複体 $F^\bullet$ の超コホモロジー群 $H^n(X, F^\bullet)$, $n = p+q$ です．(2.3.42)と(2.3.43)を相対超コホモロジーにするには(2.2.52)のように

(2.3.44) $\quad E_2{}^{p,q} = H^p(\cdots \longrightarrow H^q(X, U, F^p) \longrightarrow H^q(X, U, F^{p+1}) \longrightarrow \cdots)$

から始めるか，もう1階おりて

(2.3.45) $\qquad\qquad E_1{}^{p,q} = H^q(X, U, F^p)$

からにするかは，(2.2.53)で説明した通りです．そして

(2.3.46) $\qquad\qquad 'E_2{}^{p,q} = H^p(X, U, \mathcal{H}^q(F^\bullet))$

で極限は $H^n(X, U, F^\bullet)$, $n = p+q$ です．ここで $H^0(X, U, F^\bullet) = \mathrm{Ker}(H^0(X, U, F^0) \to H^0(X, U, F^1))$，そしてこれは $H^0(X, U, \mathcal{H}^0(F^\bullet)) = \{f \in \Gamma(X, F^0); f|_U = 0, d^0(f) = 0 \in \Gamma(X, F^1)\} = H^0(X, U, \mathrm{Ker}\, d^0)$．$\mathrm{Ker}\, d^0$ はすでに層です．(2.2.46)から(2.2.47)あたりのことを言っています．上の(2.3.45)から(2.3.44)，そして(2.2.54)から(2.2.52)(そして(2.3.42)に対しても同じことです．$E_2{}^{p,q} = H^p(\cdots \longrightarrow H^q(X, F^p) \longrightarrow H^q(X, F^{p+1}) \longrightarrow \cdots)$ ですので)へは $d_1{}^{p,q}$ の傾きがゼロですので，$E_2{}^{p,q} = H^p(E_1{}^{\bullet, q})$ となっているのです．

スペクトル系列(2.3.42), (2.3.43), (2.3.45), (2.3.46)の特殊な場合を計算してみましょう．上の $F^\bullet \in \mathrm{Co}^+(\mathcal{S})$ が $K \in \mathcal{S}$ の分解であったとします．すなわち $K \xrightarrow{\sim} \mathrm{Ker}(F^0 \to F^1)$ であって，また $\mathcal{H}^q(F^\bullet) = 0$, $q \geq 1$ であるということです．相対の場合を見てみますと(2.3.46)から $'E_2{}^{p,q} = H^p(X, U, \mathcal{H}^q(F^\bullet)) = 0$, $q \geq 1$ がいえます．消えないのは $'E_2{}^{p,0} = H^p(X, U, \mathcal{H}^0(F^\bullet)) = H^p(X, U, K)$ だけです．そこで $'E_3{}^{p,0}$ ですが，$0 = 'E_2{}^{p-2, 1} \to 'E_2{}^{p,0} \to 'E_2{}^{p+2, -1} = 0$ から $'E_2{}^{p,0} \approx 'E_3{}^{p,0} \approx 'E_\infty{}^{p,0} \approx E^p$ が出て，$'E_2{}^{n,0} = H^n(X, U, K) \approx H^n(X, U, F^\bullet) = E^n$ となります．(2.3.43)からはまた $H^n(X, K) \approx H^n(X, F^\bullet)$ が得られます．

この K が有理数 $\mathbb{Q}$ とか p 進数 $\mathbb{Q}_p$ の層であるとき超コホモロジー群 $H^n(X,F^\bullet)$ は $\mathbb{Q}$ 進とか $\mathbb{Q}_p$ 進 ($\mathbb{Q}$-adic とか $\mathbb{Q}_p$-adic) コホモロジーであるとかいいます．次の例は前にも触れましたが，もし $F^\bullet \xrightarrow{u^\bullet} G^\bullet$ が擬同型であるとき，すなわち，$\mathcal{H}^n(u^\bullet) : \mathcal{H}^n(F^\bullet) \xrightarrow{\approx} \mathcal{H}^n(G^\bullet)$ が同型なとき極限 $H^n(X,U,F^\bullet) \xrightarrow{\approx} H^n(X,U,G^\bullet)$ も同型になります．ちなみに，もしも層 $\mathcal{I}$ が脆弱層なら $0 \to H^0(X,U,\mathcal{I}) \to H^0(X,\mathcal{I}) \to H^0(U,\mathcal{I}) \to 0$ が完全になるので $H^1(X,U,\mathcal{I}) \approx 0$ となります．また逆に $H^1(X,U,\mathcal{I}) = 0$ なら，この完全列から $\mathcal{I}$ が脆弱層であることがわかります．次に ((2.3.42) や) (2.3.45) において，すべての $p \geq 0$ に対して $H^q(X,U,F^p) = 0$, $q \geq 1$ となったとします．そのときは

$$\cdots \longrightarrow E_1^{p-1,0} = H^0(X,U,F^{p-1}) \xrightarrow{H^0(X,U,d^{p-1})} E_1^{p,0} = H^0(X,U,F^p)$$
$$\xrightarrow{H^0(X,U,d^p)} E_1^{p+1,0} = H^0(X,U,F^{p+1}) \longrightarrow \cdots$$

ですので $E_2^{p,0} = H^p(\cdots \to \Gamma(X,U,F^p) \to \cdots) \approx H^p(X,U,F^\bullet) = E^p$．このように超コホモロジーが計算できることもあります．

応用を続けます．今度は位相空間 X と Y の間に $f : X \to Y$ という連続写像があったとします．$\mathcal{S}_X$ と $\mathcal{S}_Y$ でそれぞれ X 上のそして Y 上のアーベル群の層のカテゴリーとします．そのとき $f_* : \mathcal{S}_X \rightsquigarrow \mathcal{S}_Y$ という関手を次のように定義します．F を X 上の層としたとき，Y の開集合 V に対して

$$(2.3.47) \qquad f_* F(V) = F(f^{-1}(V))$$

とするのです．これで定まる前層が層であることは確かめておいてください（すなわち，F が層ですから，$f^{-1}(V \cap V') = f^{-1}(V) \cap f^{-1}(V')$ を使えば第 1 章の (1.4.9) の少し後にある (S.1) を確かめることができます）．次に $f_* : \mathcal{S}_X \rightsquigarrow \mathcal{S}_Y$ が左完全関手であることは，(2.3.47) の定義から $\Gamma(f^{-1}(V),-)$ が左完全であることからでてきますが，f_* が $\mathcal{S}_X$ 内での全射を f_* で $\mathcal{S}_Y$ にもっていくと保たないところを少し気をつけてください．(2.3.47) の右辺をもう一度書き換えますと $F(f^{-1}(V)) = \Gamma(f^{-1}(V),F)$ であって，また $\Gamma(f^{-1}(V),-)$ は言いましたように左完全ですので，けっきょくそれは $H^0(f^{-1}(V),F)$ です．それなら $H^q(f^{-1}(V),F)$ は何かといいますと (2.3.7) で話しましたように F における $\Gamma(f^{-1}(V),-)$ の q 次導来関手です．細かいことを言いますが $H^0(f^{-1}(-),F)$ は (2.3.47) の $F(f^{-1}(-))$ ですので層ですが，$H^q(f^{-1}(-),F)$ は商，すなわ

ち，Coker のほうですので一般には前層としか言えません．F に目をつけたり V に目をつけたりして眩暈(めまい)がしたかも知れませんが

(2.3.48) $$V \longmapsto H^q(f^{-1}(V), F)$$

を層化した $R^q f_* F$ を定義したかったわけです．この書き方から $R^q f_*$ が $f_* : \mathcal{S}_X \rightsquigarrow \mathcal{S}_Y$ の q 次導来関手になっていることを確かめなければいけません．実際，$R^0 f_*$ が f_* と関手として同型であることと，脆弱層 $\mathcal{I}$ に対して $R^q f_* \mathcal{I}$ が Y 上の層としてトリビアル(trivial)，すなわち，$(R^q f_* \mathcal{I})_y = \varinjlim_{y \in V} H^q(f^{-1}(V), \mathcal{I}) = 0$ ということから(2.3.48)の層化を $R^q f_* F$ と書いてもいいことがわかります．そこで

(2.3.49)
$$\begin{array}{ccc} \mathcal{S}_X & \xrightarrow{f_*} & \mathcal{S}_Y \\ & \searrow\scriptstyle{\Gamma(X,-)} \quad \scriptstyle{\Gamma(Y,-)}\swarrow & \\ & \mathcal{G} & \end{array}$$

という可換なダイアグラム，すなわち，$\Gamma(Y, f_* F) = \Gamma(f^{-1}(Y), F) = \Gamma(X, F)$ が得られます．X 上の脆弱層 $\mathcal{I}$ に対して確かに $R^q \Gamma(Y, -)(f_* \mathcal{I}) = H^q(f^{-1}(Y), \mathcal{I}) = H^q(X, \mathcal{I}) = 0$ です．そのときグロタンディエックのスペクトル系列はルレー・スペクトル系列(Leray spectral sequence)と呼ばれる

(2.3.50) $$E_2^{p,q} = H^p(Y, R^q f_* F) \Longrightarrow E^n = H^n(X, F)$$

となります．$f_* F$ を層 F の f による順像(direct image)といい，$R^q f_* F$ を高次の順像(higher direct image)といいます．もう一つコメントをつけますと，$F \xrightarrow{\varepsilon} I^\bullet$ を F の単射的分解としたとき f_* の q 次導来関手 $R^q f_* F$ は $H^q(f_* I^\bullet)$ でした((2.1.38)を見てください)．それなら，水の「浮力の原理」を，水自身に水を入れて確かめますと

(2.3.51)
$$\begin{array}{ccc} \mathrm{Co}^+(\mathcal{S}_X) & \xrightarrow{\mathcal{H}^0(f_*-)} & \mathrm{Co}^+(\mathcal{S}_Y) \\ \scriptstyle{\mathcal{H}^0}\Big\downarrow & \searrow\scriptstyle{\mathcal{H}^0(X,-)} & \Big\downarrow\scriptstyle{\mathcal{H}^0(Y,-)} \\ \mathcal{S}_X & \xrightarrow[\substack{\mathcal{H}^0(Y,f_*-) \\ \| \\ \mathcal{H}^0(X,-)}]{} & \mathcal{G} \end{array}$$

から $E_1^{p,q} = H^q(Y, f_*I^p)$ と $'E_2^{p,q} = H^p(X, \mathcal{H}^q(I^\bullet))$ の極限が $H^n(X, I^\bullet)$ だと言っているのです．このあたりまえの実験は自分で確かめておいてください（(2.3.51)の $H^0(f_*-)$ という関手は定義から R^0f_*- であって，これは f_* が左完全であることから f_*- でもあります．もう一言：極限の超コホモロジー $H^n(X, I^\bullet)$ は F を $F \to 0^\bullet$ と複体とみなした $H^n(X, F)$ と同型です（(2.3.13)のあとのコメントを見てください））．

(2.3.29) というダイアグラムを思いおこしてください．そこで $X \xrightarrow{f} Y$ という位相空間 X と Y との間の連続写像 f は

(2.3.52)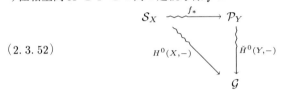

というダイアグラムを与えます．このときスペクトル系列は

(2.3.53) $\quad E_2^{p,q} = \check{H}^p(Y, (R^qf_*)_{\text{pre-sh}}(F)) \implies H^n(X, F) = E^n$

ですが R^qf_*F を前層のカテゴリー $\mathcal{P}_Y$ の対象とみなしているのです．そしてまたチェック・コホモロジーを Y のカバー $\mathcal{U}$ で定まるコホモロジーのほうで考えますと

(2.3.54) $\quad E_2^{p,q} = H^p(\mathcal{U}, (R^qf_*)_{\text{pre-sh}}(F)) \implies H^n(X, F) = E^n$

というスペクトル系列も得ます．上のようなスペクトル系列は，$E_2^{p,q}$ で極限の E^n を計算するのに使われます．

　　ここで少しふりかえってみますと，カバーによるコホモロジー，そしてチェック・コホモロジー，相対コホモロジー，そして順像について話してきました．そこで順像とチェック・コホモロジーからスペクトル系列が現れました．次の話では順像と相対超コホモロジーからルレーのようなスペクトル系列が出てきます．

以前のように $f: X \to Y$ を連続写像とします．U を X の開集合，そして V を Y の開集合とします．$F^\bullet \in \text{Co}^+(\mathcal{S}_X)$ と Y のおのおのの開集合 W に対して，次のような前層を考えます．

2.3 スペクトル系列三羽烏に何ができる

(2.3.55) $\quad \mathcal{T}_Y \ni W \longmapsto H^q(f^{-1}(W), f^{-1}(W) \cap U, F^\bullet) \in \mathcal{G}.$

この層化を $R^q f_{*,Y,V}(X,U,F^\bullet)$ とします。そのとき

(2.3.56) $\quad E_2^{p,q} = H^p(Y, V, R^q f_{*,Y,V}(X, U, F^\bullet))$

から始まって極限は $H^n(X, f^{-1}(V) \cup U, F^\bullet)$ となるルレーのタイプのスペクトル系列があります[1]．これはルレー・スペクトル系列を相対化(X においても Y においても)し，また層を複体 $F^\bullet$ にした超コホモロジーへの一般化です．見るべきダイアグラムは

(2.3.57)

$$\begin{array}{ccc}
\mathrm{Co}^+(\mathcal{S}_X) & \xrightarrow{R^0 f_{*,Y,V}(X,U,-)} & \mathrm{Co}^+(\mathcal{S}_Y) \\
& {}_{\Gamma(X, f^{-1}(V) \cup U, -)} \searrow & \downarrow {}_{\Gamma(Y,V,-)} \\
& & \mathcal{G}
\end{array}$$

です．こういった応用はいろいろあります．$f: X \to Y$，$g: Y \to Z$ という二つの連続写像に対しては，見るべきダイアグラムは

(2.3.58)

$$\begin{array}{ccc}
\mathcal{S}_X & \xrightarrow{f_*} & \mathcal{S}_Y \\
& {}_{(g \circ f)_* = g_* \circ f_*} \searrow & \downarrow {}_{g_*} \\
& & \mathcal{S}_Z
\end{array}$$

(2.3.59)

$$\begin{array}{ccc}
\mathrm{Co}^+(\mathcal{S}_X) & \longrightarrow & \mathrm{Co}^+(\mathcal{S}_Y) \\
& \searrow & \downarrow \\
& & \mathrm{Co}^+(\mathcal{S}_Z)
\end{array}$$

で，これから出てくるスペクトル系列は

(2.3.60) $\quad E_2^{p,q} = R^p g_*(R^q f_* F) \Longrightarrow R^n(g \circ f)_* F.$

その他，(2.3.57)と(2.3.59)とを組み合わせるとかいろいろなスペクトル系列が考えられます．これでルレータイプのスペクトル系列はいいでしょう．

---

[1] (2.3.56)の証明は文献 S. Lubkin and G. Kato, "Second Leray spectral sequence of relative hypercohomology", Proc. Nat. Acad. Sci. U.S.A. **75**(1978), no. 10, 4666-4667 にゆずります．それとも自分で証明してみてください．

このあと射影的極限 $\varprojlim$ の導来関手について話します．射影的極限は第 1 章の(1.3.1)から(1.3.10)あたりのことです．第 1 章では F をカテゴリー $\mathcal{I}$ からカテゴリー $\mathcal{C}$ への共変関手として，$\mathcal{I}$ の内で $i \xrightarrow{\varphi} j$ ならこれを F で $\mathcal{C}$ の中に運んだ $Fi \xrightarrow{F\varphi} Fj$ に対して $\varprojlim_{i \in \mathcal{I}} Fi$ を定義したのでした．応用には一般のカテゴリーよりは整数の集まり $\mathbb{Z}$ を用いるのが常ですので，上の i や j は整数とします．$\mathbb{Z}$ 内で $i \geq j$ のとき(すなわち，$i \to j$ のとき)，$Fi \to Fj$ です．伝統にしたがって $Fi \to Fj$ を $F^i \to F^j$ と書きます．そこで $F^i \in \mathcal{C}$ ですが，カテゴリー $\mathcal{C}$ はアーベリアン・カテゴリーでまた直積 $\prod_{i \in \mathbb{Z}} F^i$ が $\mathcal{C}$ の中に存在すると仮定します$_{(1)}$．すなわち $\prod$ は関手で $\prod: \mathcal{C}^{\mathbb{Z}} \rightsquigarrow \mathcal{C}$，$(F^i)_{i \in \mathbb{Z}} \mapsto \prod F^i \in \mathcal{C}$ で定義されるものです．埋め込み定理を使って元を用いた $\varprojlim F^i$ の表現をするなら，$(a^i) \in \varprojlim F^i \subset \prod_{i \in \mathbb{Z}} F^i$ であるとは，第 1 章の(1.3.1)にあるように，$i \to j$ に対して $a^j = F\varphi(a^i)$ が成り立つようなものです．そこで $\varprojlim: \mathcal{C}^{\mathbb{Z}} \rightsquigarrow \mathcal{C}$ という関手に対する導来関手を定めたいのです．(2.2.40)を思い出してください．すなわち複体 $A^{\bullet}$ に対してその j 次コホモロジー $H^j(A^{\bullet})$ は $A^{\bullet}$ に対する H^0 の j 次導来関手ということでした，すなわち，$H^j(A^{\bullet}) = R^j H^0 A^{\bullet}$．これを使うと，こういうことになります．うまく複体 $C^{\bullet}$ を作って，その $H^0(C^{\bullet})$ が $\varprojlim F^i$ になるようにできるのなら，$\varprojlim$ の j 次導来関手 $R^j \varprojlim F^i$ は $H^j(C^{\bullet}) = R^j H^0(C^{\bullet}) \approx R^j \varprojlim F^i$ と計算できます．それでは $F = (F^i) \in \mathcal{C}^{\mathbb{Z}}$ に対して $C^0(F) = \prod_{i \in \mathbb{Z}} F^i$，$C^1(F) = \prod_{i \in \mathbb{Z}} F^i$，$C^j(F) = 0$，$j \geq 2$ と定義し，$d^0: C^0(F) \to C^1(F)$ を次のように定義します．

(2.3.61)
$$\begin{array}{ccccccccc} 0 & \longrightarrow & C^0(F) & \xrightarrow{d^0} & C^1(F) & \xrightarrow{d^1} & 0 & \longrightarrow & \cdots \\ & & \downarrow{\pi^{i+1}} & \searrow{\pi^i} & \downarrow{\pi^i} & & & & \\ \cdots & \longrightarrow & F^{i+1} & \xrightarrow{F\varphi} & F^i & \longrightarrow & \cdots & & \end{array}$$

というダイアグラムを使って

(2.3.62) $$\pi^i \circ d^0 = F\varphi \circ \pi^{i+1} - \pi^i$$

で決まる d^0 と定義します．ここで $\pi^i((a^i)) = a^i$ という射影です．すなわち $(a^i) \in C^0(F) = \prod F^i$ に対して $d^0((a^i)) = (d_i{}^0(a^i)) \in \prod F^i = C^1(F)$ で $d_i{}^0(a^i) = F\varphi(a^{i+1}) - a^i$，$i \in \mathbb{Z}$．そのとき，たしかに $H^0(C^{\bullet}(F)) = \operatorname{Ker} d^0 = \{(a^i) \in$

$C^0(F)=\prod F^i$; $d^0((a^i))=(0^i)\in\prod F^i\}$, すなわち, $F\varphi\pi^{i+1}((a^i))-\pi^i(a^i)=F\varphi a^{i+1}-a^i=0^i$, すなわち, $F\varphi a^{i+1}=a^i$, $i\in\mathbb{Z}$. $H^0(C^\bullet(F))=\varprojlim F^i$ がわかりました. 次は $H^1(C^\bullet(F))=C^1(F)/\operatorname{Im}d^0=\operatorname{Coker}d^0$ ですが(2.2.40)から $H^1(C^\bullet(F))=R^1H^0(C^\bullet(F))$ ですから $H^1(C^\bullet(F))=R^1\varprojlim F^i$ です. ここで, $\varprojlim^0 F^i \overset{\text{def}}{=} R^0\varprojlim F^i=H^0(C^\bullet(F))$ で, そして $\varprojlim^1 F^i=R^1\varprojlim F^i=H^1(C^\bullet(F))$ で定義し, 一般に $\varprojlim^j F^i=R^j\varprojlim F^i=H^j(C^\bullet(F))$ と定義します. ダイアグラム(2.3.61)からわかるように $j\geq 2$ の $\varprojlim^j F^i$, すなわち, $j\geq 2$ に対する $\varprojlim$ の j 次導来関手はみなゼロです.

二つ先走ってしまったところがあります. まずは $\varprojlim:\mathcal{C}^\mathbb{Z}\rightsquigarrow\mathcal{C}$ が左完全であること, 二つ目は(2.1.63)を確かめていません. これを説明します. $\mathcal{C}^\mathbb{Z}$ において

(2.3.63) $\qquad 0\longrightarrow ('F^i)_{i\in\mathbb{Z}}\longrightarrow (F^i)_{i\in\mathbb{Z}}\longrightarrow (''F^i)_{i\in\mathbb{Z}}\longrightarrow 0$

という完全列に対して, まずこれを関手 $\prod$ で $\mathcal{C}$ の中に持っていき

(2.3.64) $\qquad 0\longrightarrow \prod 'F^i\longrightarrow \prod F^i\longrightarrow \prod ''F^i\longrightarrow 0$

も完全としたいわけです. しかし(2.3.64)は一般には左完全でしかなく, $\mathcal{C}=\mathcal{G}$ であるときのように(2.3.64)の完全性は保証できません. そこで $\prod_{i\in\mathbb{Z}}$ が完全関手と 仮定します$_{(2)}$. そのときは

(2.3.65)

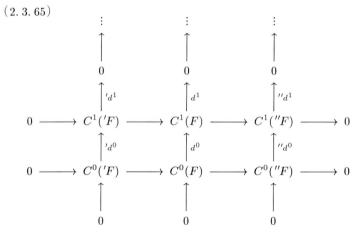

これから「へびの補題」(Snake lemma)により $0\to\operatorname{Ker}'d^0\to\operatorname{Ker}d^0\to\operatorname{Ker}''d^0$

$\to \operatorname{Coker}' d^0 \to \operatorname{Coker} d^0 \to \operatorname{Coker}'' d^0 \to 0 \to \cdots$（この「へびの補題」の証明もよい演習です．自分でやってみてください）．この Ker と Coker の列を書き直すと

(2.3.66) $\quad 0 \longrightarrow \varprojlim{}' F^i \longrightarrow \varprojlim F^i \longrightarrow \varprojlim{}'' F^i$
$\qquad\qquad\qquad \longrightarrow \varprojlim{}^{1\prime} F^i \longrightarrow \varprojlim{}^1 F^i \longrightarrow \varprojlim{}^{1\prime\prime} F^i \longrightarrow 0$

となります．なるほど(2.3.66)から $\varprojlim$ は左完全関手で，そして $\varprojlim^1$ は右完全関手となっているわけです．

　ここで $\varprojlim^j$ の話の中で「…仮定します$_{(1)}$」と，「…仮定します$_{(2)}$」がありましたが，これはグロタンディエックの論文「Tôhoku」の中の AB3*) とか AB4*) とかの公理です．$\varprojlim^j$ は形式的スキーム (formal scheme) や完備化 (completion) に使われる考え方で代数幾何および代数解析において大切です．そこで $\varprojlim^j$ の応用としてコホモロジーを取るという関手と $\varprojlim$ という関手の関係を次に話します．こちらの方向には，p 進コホモロジー論とか l 進コホモロジー論があり，そこにベイユ・コホモロジー，その向こうにモティビック・コホモロジー(ゼータ・コホモロジーとでも呼びましょうか)があります．残念ながらこれらを論ずる力も深さも私は持っていません．

$\mathcal{C}^{\mathbb{Z}}$ の対象として $F = (F^i)_{i \in \mathbb{Z}}$ と書きましたが，複体を考えたいので添字 (index) を下におろして $(F_i^\bullet)$ で複体の射影的系

(2.3.67) $\qquad\qquad F_i^\bullet \xrightarrow{F\varphi} F_k^\bullet, \qquad \varphi : i \longrightarrow k$

を表すことにします．そしてまた $\mathbb{Z}$ を $\mathbb{N}$ に置き換え，$i, k > 0$ とします．すなわち $i \in \mathbb{N}$ に対して

(2.3.68) $\qquad\qquad \cdots \longrightarrow F_i^{p-1} \xrightarrow{d_i^{p-1}} F_i^p \xrightarrow{d_i^p} F_i^{p+1} \xrightarrow{d_i^{p+1}} \cdots$

が $F_i^\bullet$ です．そこで

2.3 スペクトル系列三羽烏に何ができる 127

(2.3.69)

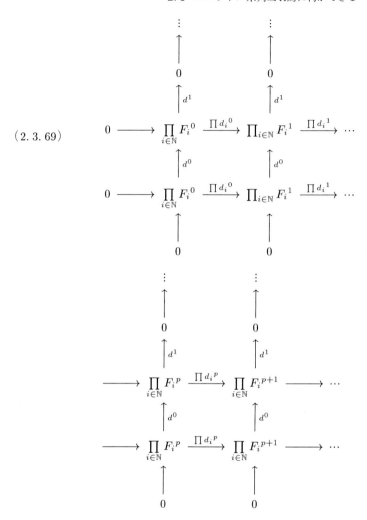

という第一象限の始めの横の二行だけがゼロでない二重複体 $D^{\bullet,\bullet}$ を考えます．(2.3.69)の縦の d^0 と d^1 は(2.3.61)における d^0 と d^1 です．また(2.3.69)の横の $\prod d_i{}^j$ は $(\cdots, a_i{}^j, a_{i+1}{}^j, \cdots) \in \prod F_i{}^j$ を $(\cdots, d_i{}^j(a_i{}^j), d_{i+1}{}^j(a_{i+1}{}^j), \cdots) \in \prod_{i \in \mathbb{N}} F_i{}^{j+1}$ に移す射です．すなわち(2.3.69)は，

(2.3.70)

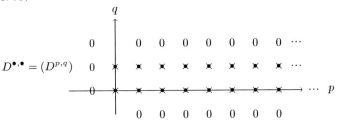

という二重複体です．(2.2.13), (2.2.14)を見てください．そのとき(2.2.25)と(2.2.36)というスペクトル系列を二重複体に適用しますと，

(2.3.71) $\qquad E_2^{p,q} = H_\to^p(H_\uparrow^q(D^{\bullet,\bullet})) = H^p(\varprojlim_{i \in \mathbb{N}}{}^q F_i^\bullet),$

(2.3.72) $\qquad 'E_2^{p,q} = H_\uparrow^p(H_\to^q(D^{\bullet,\bullet})) = \varprojlim{}^p(H^q(F_i^\bullet))$

で極限は二つのフィルター(2.2.16)と(2.2.35)をもつ $E^n = H^n(D^\bullet)$ です．$D^{\bullet,\bullet}$ から $D^\bullet$ は(2.2.14)で定めます．(2.3.71)と(2.3.72)をくわしく計算するために $\{E_2^{p,1}\}$ と $\{E_2^{p,0}\}$ を書いてみますと($E_2^{p,q}=0,\ q\neq 0,1$ です)

(2.3.73)

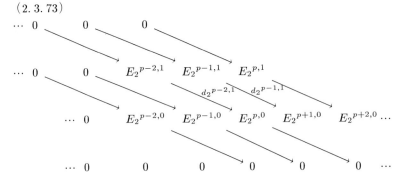

です．$E_3^{p,0}$ を計算しますと $E_3^{p,0} = E_2^{p,0}/\operatorname{Im} d_2^{p-2,1}$ ですがこれから先の $E_4^{p,0}, E_5^{p,0}, \cdots$ は変化ありません．ですから $E_2^{p-2,1} \xrightarrow{d_2^{p-2,1}} E_2^{p,0} \xrightarrow{\pi} E_3^{p,0} \approx E_\infty^{p,0} \hookrightarrow E^p$ が得られます．また $E_2^{p-1,1}$ のところでの計算は $E_3^{p-1,1} = \operatorname{Ker} d_2^{p-1,1}$ で，この先も上のように傾きが右に三つ下に二つですのでこのゼロでない二つの行からはみ出してしまい $E_3^{p-1,1} \approx E_4^{p-1,1} \approx \cdots \approx E_\infty^{p-1,1}$ となります．また $E^{(p-1)+1} = E^p = E_\infty^{p-1,1} \oplus E_\infty^{p,0}$ ですので今度は $E^p \xrightarrow{\pi_1}$

$E_\infty{}^{p-1,1} \approx E_3{}^{p-1,1} = \operatorname{Ker} d_2{}^{p-1,1} \overset{\iota_1}{\hookrightarrow} E_2{}^{p-1,1}$ となります．ここで π_1 は E^p から $E_\infty{}^{p-1,1}$ への射影です．ここまでの計算結果をまとめて，完全列

(2.3.74)

$$\begin{array}{ccccccccc}
\cdots & \longrightarrow & E_2{}^{p-2,1} & \xrightarrow{d_2{}^{p-2,1}} & E_2{}^{p,0} & \xrightarrow{\iota\circ\pi} & E^p & \xrightarrow{\iota_1\circ\pi_1} & \\
& & \parallel & & \parallel & & \parallel & & \\
\cdots & \longrightarrow & H^{p-2}(\varprojlim{}^1 F_i{}^\bullet) & \longrightarrow & H^p(\varprojlim F_i{}^\bullet) & \longrightarrow & E^p & & \\
& \longrightarrow & E_2{}^{p-1,1} & \xrightarrow{d_2{}^{p-1,1}} & E_2{}^{p+1,0} & \longrightarrow & E^{p+1} & \longrightarrow & \cdots \\
& & \parallel & & \parallel & & \parallel & & \\
& \longrightarrow & H^{p-1}(\varprojlim{}^1 F_i{}^\bullet) & \longrightarrow & H^{p+1}(\varprojlim F_i{}^\bullet) & \longrightarrow & E^{p+1} & \longrightarrow & \cdots
\end{array}$$

となります（このような計算は，(2.3.34)と同じです．(2.3.35)と(2.3.36)も見てください）．次は(2.3.72)の計算ですが，フィルター(2.2.35)の入れ方から $'E_2{}^{p,q}$ でゼロにならないのは縦の二列の $\{'E_2{}^{0,q}\}$ と $\{'E_2{}^{1,q}\}$ だけです．傾きは $-\frac{1}{2}$ ですので((2.3.73)のようなダイアグラムを書いてみてください)，計算はよりやさしくなります．すなわち $0 = {'E_2{}^{-1,q}} \to {'E_2{}^{1,q-1}} \to {'E_2{}^{3,q-2}} = 0$ ですので，すでに $'E_2{}^{1,q-1} \approx {'E_3{}^{1,q-1}} \approx {'E_\infty{}^{1,q-1}} \overset{\iota_2}{\hookrightarrow} E^q = {'E_\infty{}^{1,q-1}} \oplus {'E_\infty{}^{0,q}}$ です．$'E_2{}^{0,q}$ についても同じで $'E_2{}^{0,q} \approx {'E_3{}^{0,q}} \approx {'E_\infty{}^{0,q}} \overset{\pi_2}{\longleftarrow} E^q$ となります．まとめて，完全列

(2.3.75)

$$\begin{array}{ccccccccccc}
0 & \longrightarrow & {'E_2{}^{1,q-1}} & \xrightarrow{\iota_2} & E^q & \xrightarrow{\pi_2} & {'E_2{}^{0,q}} & \longrightarrow & 0 \\
& & \parallel & & \parallel & & \parallel & & \\
0 & \longrightarrow & \varprojlim{}^1(H^{q-1}(F_i{}^\bullet)) & \longrightarrow & E^q & \longrightarrow & \varprojlim(H^q(F_i{}^\bullet)) & \longrightarrow & 0
\end{array}$$

を得ます．(2.3.75)と(2.3.74)の完全性を確かめてください．

(2.3.74)にある極限 E^p が $E_2{}^{p,0}$ 項の $H^p(\varprojlim F_i{}^\bullet)$ と同型になるためには $E_2{}^{p-2,1}$ と $E_2{}^{p-1,1}$ が消えればいいわけです．すなわちどんなとき $\varprojlim{}^1 F_i$ が消えるのかを次に調べます．定義から $\varprojlim_{i\in\mathbb{N}}{}^1 F_i = H^1(C^\bullet(F)) = \operatorname{Coker} d^0$ です．(2.3.61)と(2.3.62)を見てください．すなわち $d^0 : C^0(F) \to C^1(F)$ が全射なら $\varprojlim{}^1 F_i = 0$ です．(2.3.62)から $(a^i) \in C^0(F) = \prod F_i$ は d^0 によって

$(F\varphi(a^{i+1}) - a^i) \in C^1(F) = \prod F_i$ に運ばれます．ですから $(x^i) \in C^1(F) = \prod F_i$ をかってに取ったとき

$$(2.3.76) \quad \begin{cases} x^0 = F\varphi a^1 - a^0, \quad \text{i.e.,} \ F\varphi a^1 = x^0 + a^0 \in F_0, \\ x^1 = F\varphi a^2 - a^1, \quad \text{i.e.,} \ F\varphi a^2 = x^1 + a^1 \in F_1, \\ x^2 = F\varphi a^3 - a^2, \quad \text{i.e.,} \ F\varphi a^3 = x^2 + a^2 \in F_2, \\ \quad \cdots\cdots \qquad\qquad\qquad \cdots\cdots \end{cases}$$

となるように $(a^i) \in C^0(F) = \prod F_i$ が選べるかということです．それは，a^0 は何でもいいから$(2.3.76)$の第一行目の式でそんな a^1 があるためには，$F\varphi$ が全射なら十分です．a^1 があれば第二の式で $F\varphi$ が全射なら a^2 が選べます．すなわちすべての $F\varphi : F_{i+1} \to F_i$ が全射なら，式$(2.3.76)$によって $d^0 : C^0(F) \to C^1(F)$ を全射にできて，$\varprojlim^1 F_i = 0$ となります．このとき$(2.3.74)$は

$$0 = H^{p-2}(\varprojlim^1 F_i^\bullet) \longrightarrow H^p(\varprojlim F_i^\bullet) \xrightarrow{\approx} E^p \longrightarrow H^{p-1}(\varprojlim^1 F_i^\bullet) = 0$$

となって $H^p(\varprojlim F_i^\bullet) \xrightarrow{\approx} E^p$ です．これを$(2.3.75)$に代入すると

$(2.3.77)$
$$0 \longrightarrow \varprojlim{}^1(H^{q-1}(F_i^\bullet)) \longrightarrow H^q(\varprojlim F_i^\bullet) \longrightarrow \varprojlim(H^q(F_i^\bullet)) \longrightarrow 0$$

が得られます．$(2.3.77)$は，もしすべての $H^{q-1}(F\varphi) : H^{q-1}(F_{i+1}^\bullet) \to H^{q-1}(F_i^\bullet)$ が全射であるとき，上に話したことから $\varprojlim^1(H^{q-1}(F_i^\bullet)) = 0$ となり，そのときは

$$(2.3.78) \qquad\qquad H^q(\varprojlim F_i^\bullet) \xrightarrow{\approx} \varprojlim(H^q(F_i^\bullet))$$

となるということを言っている完全列です．すなわち，コホモロジーと $\varprojlim$ の可換性です．

もういちどスペクトル系列$(2.3.71)$と$(2.3.72)$を見ますと $E_2^{p,q} = R^p H^0(R^q \varprojlim F_i^\bullet)$ そして $'E_2^{p,q} = R^p \varprojlim(R^q H^0(F_i^\bullet))$ と書けますので，次のダイアグラムを得ます．

$(2.3.79)$
$$\begin{array}{ccc} \text{Co}^+(\mathcal{C})^{\mathbb{N}} & \xrightarrow{\ \varprojlim\ } & \text{Co}^+(\mathcal{C}) \\ {\scriptstyle H^0}\downarrow & \searrow{\scriptstyle K^0} & \downarrow{\scriptstyle H^0} \\ \mathcal{C}^{\mathbb{N}} & \xrightarrow{\ \varprojlim\ } & \mathcal{C} \end{array}$$

2.3 スペクトル系列三羽烏に何ができる 131

ここで $K^0 = \varprojlim \circ H^0 = H^0 \circ \varprojlim$. このとき K^0 の導来関手 $R^n K^0((F_i^\bullet))$ が極限で，それは二重複体(2.3.70)にある $D^{\bullet,\bullet}$ の(2.2.14)で定められた複体 $D^\bullet$ のコホモロジー $H^n(D^\bullet)$ です.

これまでもスペクトル系列を(武器として)いろいろ計算したり証明するのに使ってきましたが，スペクトル系列なしでそのようなことをしようとすると，それは大変なことです．二，三行ですませることが1ページにも，2ページにもなるのかも知れません．

さて，今までにも導来カテゴリー(derived category)に向けていろんなコメントをつけたり，考え方を促してきました．相対コホモロジーでもそうだったわけですが導来カテゴリーが考え始められたのは1950年代の後半だと思いますが，またもや佐藤幹夫とグロタンディエックの二人のようです．アーベリアン・カテゴリー $\mathcal{A}$ の一つ一つの対象 A でなく複体 $A^\bullet$ を一つの対象と見るということ，そして複体 $A^\bullet$ よりも本質的なのはそのコホモロジー(複体) $H^*(A^\bullet)$: $\cdots \to H^j(A^\bullet) \to H^{j+1}(A^\bullet) \to \cdots$ の方という見方です．$H^*(A^\bullet)$ も複体にはちがいないですが，$H^j(A^\bullet) = \operatorname{Ker} d^j / \operatorname{Im} d^{j-1}$ ですので $H^j(d^j)$: $H^j(A^\bullet) \to H^{j+1}(A^\bullet)$ はゼロ写像です．これが導来カテゴリーの対象の見方です．では射の見方はどうかといいますと $A^\bullet \underset{g^\bullet}{\overset{f^\bullet}{\rightrightarrows}} B^\bullet$ と二つの射があってもコホモロジーを取ったらこの二つの $f^\bullet$ と $g^\bullet$ が同じ $H^*(f^\bullet) = H^*(g^\bullet) : H^*(A^\bullet) \to H^*(B^\bullet)$ を定義するのなら $f^\bullet$ と $g^\bullet$ を束ねて一つの類(class)にしてしまうという考え方です．こういっても良いでしょう．導来カテゴリー的に"0"とは何か，"1"とは何か，を射で言えば $f^\bullet : A^\bullet \to B^\bullet$ が $H^*(f^\bullet)$ をゼロ射にするのなら $f^\bullet$ はゼロ類に入る，すなわち，$[f^\bullet] = [0^\bullet]$，そしてもし $H^*(f^\bullet)$ が同型なら $f^\bullet$ は同型の類(それを擬同型と呼ぶのでした)に入る，という見方です．また対象における"0"とはコホモロジーを取ったら $H^*(A^\bullet) = 0$ となるような複体 $A^\bullet$ (すなわち，$\cdots \to A^j \to A^{j+1} \to \cdots$ が完全)のことです．

2.4 コホモロジーを取らずにコホモロジーを捕らえる

今までの導来カテゴリーに関係したことや定義の復習もふくめて少しまとめますと次のようになります.まず $\mathcal{A}$ をアーベリアン・カテゴリーとして,$\mathrm{Co}(\mathcal{A})$ を $\mathcal{A}$ の対象と射からなる複体 $(A^\bullet, d^\bullet)$ のカテゴリーとします.(2.1.7) の前後を見てください.そして $\mathrm{Co}(\mathcal{A})$ の中で $A^\bullet \underset{g^\bullet}{\overset{f^\bullet}{\rightrightarrows}} B^\bullet$ という二つの射 $f^\bullet$ と $g^\bullet$ がホモトピックであるとはどういうことかの定義は(2.1.13)で与えられました.$f^\bullet$ と $g^\bullet$ がホモトピックなら(すなわち,$[f^\bullet]=[g^\bullet]$ なら),$H^j(f^\bullet)=H^j(g^\bullet):H^j(A^\bullet)\to H^j(B^\bullet)$ となることを(2.1.9)〜(2.1.12)で示しました.すなわち $K(\mathcal{A})=\mathrm{Co}(\mathcal{A})/(\text{ホモトピー}\sim)$ と商カテゴリーを考えたとき,コホモロジー関手

$$(2.4.1) \qquad H^j : K(\mathcal{A}) \rightsquigarrow \mathcal{A}$$

を定義するには,$K(\mathcal{A})$ の射 $[f^\bullet]$ の H^j での行き先を,その一つの代表元 $f^\bullet \in [f^\bullet]$ を使って $H^j([f^\bullet]) \underset{\mathrm{def}}{=} H^j(f^\bullet)$ と定めれば,これが代表元によらない,すなわち,上の $g^\bullet$ を使ってもいい(すなわち,well-defined)ということを言っているのです.射はこのようにして代表元を使って定義していいことがわかりましたから,では対象 $A^\bullet$ についてはどうかという問いに答えるために擬同型の概念が必要になってくるのです.こちらのほうは,そうは,あっさりとはいきません.たとえ $A^\bullet \xrightarrow{f^\bullet} B^\bullet$ が擬同型でも(すなわち,$A^\bullet$ と $B^\bullet$ が同じ'擬同型類'に入っていても),$F:\mathcal{A}\rightsquigarrow\mathcal{B}$ という関手に対して,$\mathrm{Co}(\mathcal{B})$ の中で $FA^\bullet \to FB^\bullet$ が擬同型とは限りません((2.3.13) と (2.3.14) の間のコメントを見てください).すなわち $\mathrm{Co}(\mathcal{A})/(\text{擬同型}\sim) \rightsquigarrow \mathrm{Co}(\mathcal{B})/(\text{擬同型}\sim)$ という関手が定義できないということです.

ウォーミングアップ(warming up)はこのくらいにして,本論に入ります.今までのように $F:\mathcal{A}\rightsquigarrow\mathcal{B}$ をアーベリアン・カテゴリー $\mathcal{A}$ と $\mathcal{B}$ の間の加法的かつ左完全な関手とします.$A^\bullet$ と $B^\bullet$ を $\mathrm{Co}^+(\mathcal{A})$ の対象とし $f^\bullet$ と $g^\bullet$ を $A^\bullet$ から $B^\bullet$ への $\mathrm{Co}^+(\mathcal{A})$ の射とします.$f^\bullet \sim g^\bullet$ で $f^\bullet$ は $g^\bullet$ にホモトピー(homotopic to $g^\bullet$)であることを表しますと $\sim$ は $\mathrm{Co}^+(\mathcal{A})$ の射の集まりでの

2.4 コホモロジーを取らずにコホモロジーを捕らえる　133

同値関係です．まずダイアグラムを書きますと

（2.4.2）
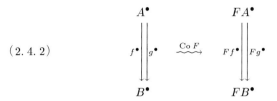

ですが，左は $\mathrm{Co}^+(\mathcal{A})$ の中で，右は $\mathrm{Co}\,F$ で運ばれた行き先の $\mathrm{Co}^+(\mathcal{B})$ の中です．もし $f^\bullet \sim g^\bullet$ ならば上にも話したように((2.1.13)の前後を見てください)，$H^j([f^\bullet]) = H^j(f^\bullet) = H^j(g^\bullet)$, $j=0,1,2,\cdots$ だから $H^0(f^\bullet) = H^0(g^\bullet)$ です．左完全関手 F で $H^0(A^\bullet) \to H^0(B^\bullet)$ を $\mathcal{B}$ に移すと $F(H^0(A^\bullet)) \to F(H^0(B^\bullet))$，すなわち，$F(H^0(f^\bullet)) = F(H^0(g^\bullet)) : F(H^0(A^\bullet)) \to F(H^0(B^\bullet))$．$F$ が左完全であることから $H^0(Ff^\bullet) = H^0(Fg^\bullet) : H^0(FA^\bullet) \to H^0(FB^\bullet)$ です((2.2.46)の少し後を見てください)．H^0 の j 次導来関手は $H^j(Ff^\bullet) = H^j(Fg^\bullet) : H^j(FA^\bullet) \to H^j(FB^\bullet)$ ですから，(2.4.2)において $f^\bullet \sim g^\bullet$ なら $Ff^\bullet \sim Fg^\bullet$ ということです．もっとも F の加法性を使えば $f^\bullet \sim g^\bullet$ とは $f^j - g^j = {}'d^{j-1} \circ s^j + s^{j+1} \circ d^j$，すなわち，(2.1.13)のこと，ですから $Ff^j - Fg^j = F'd^{j-1} \circ Fs^j + Fs^{j+1} \circ Fd^j$ となり，$Ff^\bullet \sim Fg^\bullet$ が言えます．

今度は $f^\bullet : A^\bullet \to B^\bullet$ が擬同型(quasi-isomorphism)と仮定します．すなわち，$H^j(f^\bullet) : H^j(A^\bullet) \xrightarrow{\approx} H^j(B^\bullet)$ が $\mathcal{A}$ での同型，そこで(2.2.46)をもう一度書きますと

（2.2.46）
$$\begin{array}{ccc} \mathrm{Co}^+(\mathcal{A}) & \xrightarrow{\mathrm{Co}\,F} & \mathrm{Co}^+(\mathcal{B}) \\ \downarrow{\scriptstyle H^0} & \searrow{\scriptstyle \overline{F}} & \downarrow{\scriptstyle H^0} \\ \mathcal{A} & \xrightarrow{F} & \mathcal{B} \end{array}$$

となります．$R^q F(A^p) = 0$ がすべての $p \geq 0$, $q \geq 1$ に対して成り立つなら(2.2.54)の $E_1^{p,q} = R^q F A^p$ の内，消えない項は $E_1^{p,0} = R^0 F A^p \approx F A^p$, $p = 0,1,2,\cdots$ だけです．すなわち $E_1^{\bullet,0}$ は複体 $FA^\bullet$ です．'例のスペクトル系列の計算' から極限である超コホモロジーは $E_2^{j,0} = H^j(E_1^{\bullet,0}) = H^j(FA^\bullet)$ と同型になります．この例として $F = \Gamma(U, -)$ そして A^p として単射的層などがあ

ります．次は $H^q(A^\bullet)=0$, $q\geq 1$ を仮定すると(2.2.47)の二番目(すなわち，(2.2.55))の $'E_2^{p,q}=R^pF(H^q(A^\bullet))$ で消えないのは，$'E_2^{p,0}$, $p=0,1,2,\cdots$ だけです．同じようにして F の超コホモロジーは $'E_2^{j,0}=R^jF(H^0(A^\bullet))$ に同型です．$\mathcal{A}$ の対象 A の単射的分解 $I^\bullet$ は，これら二つの仮定 $R^qFI^p=0$, $p\geq 0$, $q\geq 1$ と $H^q(I^\bullet)$, $q\geq 1$ を満たすので，超コホモロジーは $E_2^{j,0}=H^j(FI^\bullet)$ にも $'E_2^{j,0}=R^jF(H^0(I^\bullet))\approx R^jFA$ にも同型です，これはすなわち超導来関手 $\mathrm{Co}^+(\mathcal{A}) \rightsquigarrow \mathcal{B}$ の $\mathcal{A}$ への制限はふつうの導来関手 $\mathcal{A} \rightsquigarrow \mathcal{B}$ になっていることも示しているわけです．しかしここまで話したことは，水自身の浮力の原理のことを説明した(2.2.56)のあたりと変わりありません．話が少し逸れてしまいました．ダイアグラムは $\mathrm{Co}^+(\mathcal{A})$ での擬同型を $\mathrm{Co}^+(\mathcal{B})$ にもって行く

$$(2.4.3) \quad \begin{array}{ccc} A^\bullet & \xrightarrow{\mathrm{Co}\,F} & FA^\bullet \\ \downarrow f^\bullet & & \downarrow Ff^\bullet \\ B^\bullet & & FB^\bullet \end{array}$$

です．そしてこのときのスペクトル系列は

$$(2.4.4) \quad \begin{array}{ccc} E_1^{p,q}=R^qFA^p & & 'E_2^{p,q}=R^pF(H^q(A^\bullet)) \\ \downarrow R^qFf^p & \text{と} & \downarrow R^pF(H^q(f^\bullet)) \\ E_1^{p,q}=R^qFB^p & & 'E_2^{p,q}=R^pF(H^q(B^\bullet)) \end{array}$$

の二組です．(2.4.4)の左のスペクトル系列のかわりに(2.2.52)

$$(2.4.5) \quad \begin{array}{c} E_2^{p,q}=H^p(R^qFA^0 \longrightarrow R^qFA^1 \longrightarrow \cdots \longrightarrow R^qFA^j \longrightarrow \cdots) \\ \downarrow \\ E_2^{p,q}=H^p(R^qFB^0 \longrightarrow R^qFB^1 \longrightarrow \cdots \longrightarrow R^qFB^j \longrightarrow \cdots) \end{array}$$

でもいいわけです．そして極限は超導来関手間の射

$$(2.4.6) \quad F^n(A^\bullet) \underset{\mathrm{def}}{=} R^n\overline{F}(A^\bullet) \longrightarrow F^n(B^\bullet) \underset{\mathrm{def}}{=} R^n\overline{F}(B^\bullet)$$

です．(2.4.3)の左の射 $f^\bullet: A^\bullet \to B^\bullet$ が擬同型という仮定から $H^q(A^\bullet) \xrightarrow{H^q(f^\bullet)} H^q(B^\bullet)$ は同型となり(2.4.4)の右の射 $R^pF(H^q(f^\bullet)): R^pF(H^q(A^\bullet)) \to R^pF(H^q(B^\bullet))$ も同型になります．コホモロジーを取るのは関手的なことですから $'E_\infty^{p,q}$ のレベルでも同型です．すなわち極限の $n+1$ 個の直和因子が互いに同型ですので(2.4.6)の射も同型です．しかし極限の超導来関手 $F^n(A^\bullet) \underset{\mathrm{def}}{=} R^n\overline{F}(A^\bullet)$ と，$A^\bullet$ を $\mathrm{Co}\,F$ で $\mathrm{Co}^+(\mathcal{B})$ にもって行った $FA^\bullet$ のコホモロジー

2.4 コホモロジーを取らずにコホモロジーを捕らえる

$H^n(FA^\bullet)$ とは,ずれがあります.すなわち(2.2.46)のすぐ後のところで話した,おのおのの A^p が F に対してトリビアル(trivial)でないところにそのずれがあります.言い換えますと $F^n(A^\bullet) = H^n(FA^\bullet)$ となるには $E_1^{p,q} = R^q FA^p$ が $q \geq 1$ で消えることです.そうなるのは上で言ったように A^p が単射的であること,または F が完全関手でもそうなります.

これから導来カテゴリーというものを定義し,そして $\mathcal{A}$ と $\mathcal{B}$ の導来カテゴリー $D(\mathcal{A})$ と $D(\mathcal{B})$ 間に $F:\mathcal{A} \rightsquigarrow \mathcal{B}$ から定まる関手を作ります.まず導来カテゴリー $D(\mathcal{A})$ の話から始めます.アーベリアン・カテゴリー $\mathcal{A}$ に対して $\mathrm{Co}(\mathcal{A})$ という複体のカテゴリーを作りました(実は $\mathrm{Co}(\mathcal{A})$ もアーベリアン・カテゴリーです).そうして上で話しましたカテゴリー $K(\mathcal{A})$ の対象は $\mathrm{Co}(\mathcal{A})$ と変わりありませんが,$K(\mathcal{A})$ の射は

(2.4.7) $$\mathrm{Hom}_{K(\mathcal{A})}(A^\bullet, B^\bullet) = \mathrm{Hom}_{\mathrm{Co}(\mathcal{A})}(A^\bullet, B^\bullet)/\sim$$

でした.ここで $\sim$ はホモトピー同値関係です.導来カテゴリー $D(\mathcal{A})$ は $K(\mathcal{A})$ から次の局所化(localization)によって得られます.これはどういうことかといいますと $K(\mathcal{A})$ の射 $f^\bullet$ が擬同型射であるとき $Q: K(\mathcal{A}) \rightsquigarrow D(\mathcal{A})$ という関手(これを**局所化関手**,localization functor,といいます)によって $D(\mathcal{A})$ の中の射 $Q(f^\bullet)$ は同型になるという意味です.この $K(\mathcal{A})$ の中の擬同型を同型に移すという性質に対して普遍的(universal)であるというのが $K(\mathcal{A})$ の擬同型射で局所化するということです.この普遍性をはっきり書きますと:$F: K(\mathcal{A}) \rightsquigarrow \mathcal{D}$ という関手が $K(\mathcal{A})$ の擬同型を一つのカテゴリー $\mathcal{D}$ での同型に移したなら $G: D(\mathcal{A}) \rightsquigarrow \mathcal{D}$ という関手がただ一つあって

(2.4.8)
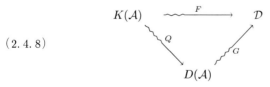

が可換,すなわち,$F = G \circ Q$ になることです.$K(\mathcal{A})$ での擬同型の全体を (QIS) と書きますと,その局所化を $K(\mathcal{A})[(\mathrm{QIS})^{-1}]$ とか $K(\mathcal{A})_{(\mathrm{QIS})}$ とか書いて,これが $\mathcal{A}$ の**導来カテゴリー** $D(\mathcal{A}) = K(\mathcal{A})_{(\mathrm{QIS})}$ の定義です.(QIS) は次の性質を持っています.

(1.1) $s^\bullet$ も $t^\bullet$ も擬同型なら,その合成 $s^\bullet \circ t^\bullet$ も擬同型です.

(1.2) 次の左のダイアグラムが与えられたとき,ここで $f^\bullet$ も $s^\bullet$ も $K(\mathcal{A})$ の射ですが $s^\bullet$ は擬同型.

(2.4.9)

$$
\begin{array}{ccc}
'A^\bullet & & \\
\uparrow{\scriptstyle s^\bullet} & & \\
A^\bullet \xrightarrow{f^\bullet} B^\bullet & &
\end{array}
\qquad
\begin{array}{ccc}
'A^\bullet & \xrightarrow{'f^\bullet} & 'B^\bullet \\
\uparrow{\scriptstyle s^\bullet} & & \uparrow{\scriptstyle 's^\bullet} \\
A^\bullet & \xrightarrow{f^\bullet} & B^\bullet
\end{array}
$$

そのとき右のダイアグラムのように $K(\mathcal{A})$ の射 $'f^\bullet$ と $'s^\bullet$ が存在して,$'s^\bullet$ は擬同型であって,この右のダイアグラムを可換にすることができます.

(1.3) $f^\bullet, g^\bullet : A^\bullet \to B^\bullet$ という $K(\mathcal{A})$ の二つの射があったとき,次の二つの条件は同値です.(1) ある擬同型 $s^\bullet : B^\bullet \to 'B^\bullet$ があって $s^\bullet \circ f^\bullet = s^\bullet \circ g^\bullet$.(2) ある擬同型 $t^\bullet : 'A^\bullet \to A^\bullet$ があって $f^\bullet \circ t^\bullet = g^\bullet \circ t^\bullet$.

このとき $K(\mathcal{A})$ の (QIS) での局所化である導来カテゴリー $D(\mathcal{A})$ は次のように表すことができます.$D(\mathcal{A})$ の対象は $K(\mathcal{A})$ と同じ,すなわちそれはまた $\mathrm{Co}(\mathcal{A})$ の対象ですから,複体が $D(\mathcal{A})$ の対象です.問題は $D(\mathcal{A})$ での射です.擬同型が $D(\mathcal{A})$ 内で同型に変わるように $D(\mathcal{A})$ を定義したいわけです.$D(\mathcal{A})$ での $A^\bullet$ から $B^\bullet$ への一つの射 φ を $(f^\bullet, s^\bullet)$

(2.4.10)

$$
\begin{array}{ccc}
A^\bullet & \xrightarrow{f^\bullet} & 'B^\bullet \\
& \searrow{\scriptstyle \varphi} & \uparrow{\scriptstyle s^\bullet} \\
& & B^\bullet
\end{array}
$$

のある同型類として定義します.ここに $f^\bullet$ と $s^\bullet$ は $K(\mathcal{A})$ の射で $s^\bullet$ は擬同型です.$(f^\bullet, s^\bullet)$ と $(g^\bullet, t^\bullet)$ が同値であることを,有理数全体 $\mathbb{Q}$ を整数全体 $\mathbb{Z}$ の $(\mathbb{Z}-\{0\})$ での局所化をまねて定義します.すなわち $\mathbb{Q} = \mathbb{Z}_{(\mathbb{Z}-\{0\})} = \mathbb{Z}[(\mathbb{Z}-\{0\})^{-1}]$ における $\frac{2}{4}$ と $\frac{3}{6}$ をどちらも $\frac{1}{2}$ といってしまわずに,どちらも $\frac{6}{12}$ だというように $\frac{2}{4} = \frac{2 \cdot 3}{4 \cdot 3} = \frac{6}{12} = \frac{3 \cdot 2}{6 \cdot 2} = \frac{3}{6}$ と見るわけです.このとき,3 も 2 も $\mathbb{Z}-\{0\}$ の元です.すなわち可換代数の局所化のことです.このことを考えつつ $(f^\bullet, s^\bullet) \sim (g^\bullet, t^\bullet)$ という同値を下のダイアグラム

2.4 コホモロジーを取らずにコホモロジーを捕らえる　137

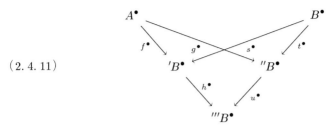

(2.4.11)

が可換になるような擬同型射 $h^\bullet: {'B}^\bullet \to {'''B}^\bullet$ と $u^\bullet: {''B}^\bullet \to {'''B}^\bullet$ があるときと定義します．上の有理数のときのような説明をするなら

(2.4.12) $$\frac{f^\bullet}{s^\bullet} = \frac{h^\bullet \circ f^\bullet}{h^\bullet \circ s^\bullet} = \frac{u^\bullet \circ g^\bullet}{u^\bullet \circ t^\bullet} = \frac{g^\bullet}{t^\bullet}$$

と書いてもいいでしょう．(2.4.12)の中央の等号が(2.4.11)の可換性を使っています．(2.4.11)にあるように二つの V 字型 $(f^\bullet, s^\bullet)$ と $(g^\bullet, t^\bullet)$ がもっと大きな V 字型 $(h^\bullet \circ f^\bullet, u^\bullet \circ t^\bullet)$ に埋め込めるとき同値といっているのですから

(2.4.13) $$\mathrm{Hom}_{D(\mathcal{A})}(A^\bullet, B^\bullet) = \left\{ \varinjlim_{{'B}^\bullet} \left(\begin{array}{ccc} A^\bullet & & B^\bullet \\ & \searrow & \swarrow_{\mathrm{q.i}} \\ & {'B}^\bullet & \end{array} \right) \right\}$$

ここで q.i.= quasi-isomorphism=擬同型

と $B^\bullet$ と擬同型な $B^\bullet \xrightarrow{\mathrm{q.i.}} {'B}^\bullet$ の極限をとったものを $D(\mathcal{A})$ での $A^\bullet$ から $B^\bullet$ の射と定義しているのです．$(f^\bullet, s^\bullet)$ の同値類を $f^\bullet/s^\bullet$ と書いてしまいましょう．すなわち，$\varphi = f^\bullet/s^\bullet$．次に $\varphi = f^\bullet/s^\bullet$ と $\psi = g^\bullet/t^\bullet$ の $D(\mathcal{A})$ での合成を下のダイアグラムでわかるように(1.2)の(2.4.9)を

(2.4.14) $$\begin{array}{ccccc} A^\bullet & \xrightarrow{f^\bullet} & {'B}^\bullet & \xrightarrow{{'g}^\bullet} & {''C}^\bullet \\ & & \uparrow{s^\bullet} & & \uparrow{{'s}^\bullet} \\ & & B^\bullet & \xrightarrow{g^\bullet} & {'C}^\bullet \\ & & & & \uparrow{t^\bullet} \\ & & & & C^\bullet \end{array}$$

と表し $\psi \circ \varphi: A^\bullet \to C^\bullet$ を代表元を使って $({'g}^\bullet \circ f^\bullet)/({s}^\bullet \circ t^\bullet)$ と定めます．上で話した $(f^\bullet, s^\bullet) \sim (g^\bullet, t^\bullet)$ がほんとうに同値関係になるのか，すなわち，$(f^\bullet, s^\bullet)$

$\sim (f^\bullet, s^\bullet)$, $(f^\bullet, s^\bullet) \sim (g^\bullet, t^\bullet) \Longrightarrow (g^\bullet, t^\bullet) \sim (f^\bullet, s^\bullet)$, そして $(f^\bullet, s^\bullet) \sim (g^\bullet, t^\bullet)$, $(g^\bullet, t^\bullet) \sim (h^\bullet, u^\bullet) \Longrightarrow (f^\bullet, s^\bullet) \sim (h^\bullet, u^\bullet)$ となるのか,という問いです.これは (2.4.12) を見たらもっともなことですが確かめてみてください.$A^\bullet \in K(\mathcal{A})$ に対する $1_{A^\bullet}$,恒等射,はもちろん擬同型です.もう一つ確かめなければならないことは,合成 $\psi \circ \varphi$ の定義の $('g^\bullet \circ f^\bullet)/('s^\bullet \circ t^\bullet)$ がおのおのの類 $f^\bullet/s^\bullet$, $g^\bullet/t^\bullet$ の代表元 $(f^\bullet, s^\bullet)$, $(g^\bullet, t^\bullet)$ によらないことです.これも確かめておいてください.

次に $\mathrm{Hom}_{D(\mathcal{A})}(A^\bullet, B^\bullet)$ に加法,すなわち,$f^\bullet/s^\bullet + 'f^\bullet/'s^\bullet$ を定義したいのですが,したいことは $f^\bullet/s^\bullet + 'f^\bullet/'s^\bullet = (r^\bullet \circ f^\bullet)/(r^\bullet \circ s^\bullet) + ('r^\bullet \circ 'f^\bullet)/('r^\bullet \circ 's^\bullet)$ と共通分母 $t^\bullet = r^\bullet \circ s^\bullet = 'r^\bullet \circ 's^\bullet$ を選んで,$(r^\bullet \circ f^\bullet + 'r^\bullet \circ 'f^\bullet)/t^\bullet$ としたいのです.そこでまず

(2.4.15)

$$\begin{array}{ccc} A^\bullet \xrightarrow{f^\bullet} {'B^\bullet} & A^\bullet \xrightarrow{'f^\bullet} {''B^\bullet} & {'B^\bullet} \\ \uparrow{s^\bullet} \quad + & \uparrow{'s^\bullet} \quad \text{から} & \uparrow{s^\bullet} \\ B^\bullet & B^\bullet & B^\bullet \xrightarrow{'s^\bullet} {''B^\bullet} \end{array}$$

を取り出します.そこで (1.2) の (2.4.9) を使って

(2.4.16)

$$\begin{array}{ccc} 'B^\bullet & \xrightarrow{r^\bullet} & '''B^\bullet \\ \uparrow{s^\bullet} & & \uparrow{'r^\bullet} \\ B^\bullet & \xrightarrow{'s^\bullet} & ''B^\bullet \end{array}$$

とできます.ここで $r^\bullet$ も $'r^\bullet$ も擬同型です.そこで $f^\bullet/s^\bullet + 'f^\bullet/'s^\bullet$ を

(2.4.17)

$$f^\bullet/s^\bullet + 'f^\bullet/'s^\bullet \underset{\text{def}}{=} (r^\bullet \circ f^\bullet + 'r^\bullet \circ 'f^\bullet)/t^\bullet, \quad \text{ここで } t^\bullet = r^\bullet \circ s^\bullet = 'r^\bullet \circ 's^\bullet$$

のように定義します.すなわち

(2.4.18)

$$\begin{array}{c} A^\bullet \xrightarrow{r^\bullet \circ f^\bullet + 'r^\bullet \circ 'f^\bullet} '''B^\bullet \\ \uparrow{t^\bullet = r^\bullet \circ s^\bullet = 'r^\bullet \circ 's^\bullet} \\ B^\bullet \end{array}$$

が,$f^\bullet/s^\bullet$ と $'f^\bullet/'s^\bullet$ の足算 $+$ (2.4.15) の結果です.

$\mathcal{A}$ と $\mathcal{B}$ をアーベリアン・カテゴリーとします.$F: \mathcal{A} \rightsquigarrow \mathcal{B}$ を加法的な左完全関手とします.$\mathcal{A}$ の対象 A に対して,F の導来関手 $R^j F A$ は $H^j(FI^\bullet)$ で定

2.4 コホモロジーを取らずにコホモロジーを捕らえる

義するのでした．$I^\bullet$ は A の単射的分解です．これを $\mathcal{A}$ の対象 A から $D^+(\mathcal{A})$ の対象 $A^\bullet$ の導来関手 $\boldsymbol{R}F: D^+(\mathcal{A}) \rightsquigarrow D^+(\mathcal{B})$ に拡張したいわけです（$D^+(\mathcal{A})$ は $D(\mathcal{A})$ の対象 $A^\bullet$ のうちで $A^j=0$, $j<0$ をみたす対象からなる部分カテゴリーです）．そのために $A^\bullet$ に擬同型な単射的対象 I^j からなる複体 $I^\bullet$ で $A^\bullet$ を置き換えてから F で $D^+(\mathcal{B})$ の対象 $FI^\bullet$ に移したいのです．(2.2.29) や (2.2.39) で話したことですが，$A^\bullet$ のカルタン-アイレンベルク分解

(2.4.19)

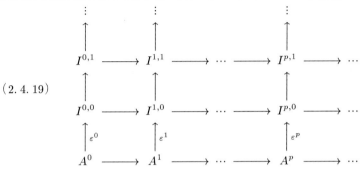

を考えます．すなわち，すべての $I^{p,q}$ は $\mathcal{A}$ の単射的対象で (2.4.19) の縦方向のコホモロジーは 0 次の他はすべてゼロ，すなわち，$H^q_\uparrow(I^{p,\bullet})=0$, $q \geq 1$；$H^0_\uparrow(I^{p,\bullet})=A^p$．そこでこの二重複体 $(I^{p,q})_{p,q \in \mathbb{Z}^+} = I^{\bullet,\bullet}$ のスペクトル系列を考えますと（すなわち，(2.2.20)），

$$E_1^{p,q} = H^q_\uparrow(I^{p,\bullet}) = 0, \qquad q \geq 1.$$

生き残るのは $E_1^{p,0}$, $p=0,1,2,\cdots$ だけです．$d_1^{p,0}$ の傾きは 0 ですので

(2.4.20)
$$\begin{array}{ccccccc}
E_1^{0,0} & \xrightarrow{d_1^{0,0}} & E_1^{1,0} & \xrightarrow{d_1^{1,0}} & E_1^{2,0} & \xrightarrow{d_1^{2,0}} & \cdots \\
\| & & \| & & \| & & \\
A^0 & \xrightarrow{d^0} & A^1 & \xrightarrow{d^1} & A^2 & \xrightarrow{d^2} & \cdots
\end{array}$$

であって $d^p = d^{p,0}$ となります．ですから $E_2^{p,0} = H^p(E_1^{\bullet,0}) = H^p(A^\bullet)$ ですが，$0 = E_2^{p-2,1} \to E_2^{p,0} \to E_2^{p+2,-1} = 0$ ですので，$E_2^{p,0} \xrightarrow{\approx} E_3^{p,0} \xrightarrow{\approx} E_\infty^{p,0} \xrightarrow{\approx} E^p$ です．極限の E^p は $H^p(I^\bullet)$，ここで $I^n = \bigoplus_{p+q=n} I^{p,q}$ です（(2.2.14) のこと）．すなわち $E_2^{p,0} \xrightarrow{\approx} E^p$ は $H^p(A^\bullet) \xrightarrow{\approx} H^p(I^\bullet)$ のことです．I^n は，単射的対象ですので $A^\bullet \to I^\bullet$ という擬同型が得られました．$A^\bullet$ は $\mathrm{Co}^+(\mathcal{A})$ の対象です

から $D^+(\mathcal{A})$ の対象でもあります．そこで F の**導来関手**(それを $\mathbf{R}F$ と書いて)は $D^+(\mathcal{A})$ から $D^+(\mathcal{B})$ への関手で，$A^\bullet \in D^+(\mathcal{A})$ に対して

(2.4.21) $$\mathbf{R}FA^\bullet \stackrel{\text{def}}{=} FI^\bullet$$

と定義します．ここで $I^\bullet$ は上で得られた $A^\bullet \to I^\bullet$ が擬同型となるような単射的対象からなる複体です．そこで

(2.4.22) $$\mathbf{R}^j FA^\bullet = H^j(FI^\bullet)$$

と定義します．(2.4.22)は $\mathcal{B}$ の対象です．自然な質問は，$\mathbf{R}FA^\bullet$ と超導来関手 $F^j A^\bullet \stackrel{\text{def}}{=} R^j \overline{F}(A^\bullet) = R^j(H^0 \circ F)A^\bullet$ との関係はどうなのかということです．(2.4.22)の右辺の $H^j(FI^\bullet)$ は(2.4.6)の少し後で話したように $E_1^{p,q} = R^q F I^p$ が $q \geq 1$ で消えるので超導来関手 $F^j I^\bullet = R^j \overline{F} I^\bullet$ と $E_2^{j,0}$ 同型になります．また $A^\bullet \to I^\bullet$ は擬同型ですので(2.4.4)の $'E_2^{p,q}$ のレベルですでに同型となっておのおのの極限である超導来関手の間でも同型 $F^j A^\bullet = R^j \overline{F} A^\bullet \stackrel{\approx}{\to} F^j I^\bullet$ を得ます．これらのことをまとめると

(2.4.23) $$\mathbf{R}^j FA^\bullet \stackrel{\text{def}}{=} H^j(FI^\bullet) \stackrel{\approx}{\to} F^j I^\bullet \stackrel{\approx}{\leftarrow} F^j A^\bullet$$

となって $\mathbf{R}^j FA^\bullet \stackrel{\approx}{\leftarrow} F^j A^\bullet$ が得られます．このあたりのことを見るために

(2.4.24)
$$A^\bullet \stackrel{s}{\to} I^\bullet \quad \stackrel{F}{\rightsquigarrow} \quad \begin{array}{ccc} FA^\bullet & \stackrel{Fs^\bullet}{\longrightarrow} & FI^\bullet \stackrel{\text{def}}{=} \mathbf{R}FA^\bullet \\ & & \downarrow H^j \\ H^j(FA^\bullet) & \stackrel{H^j(Fs^\bullet)}{\longrightarrow} & H^j(FI^\bullet) \approx \mathbf{R}^j FA^\bullet \approx F^j A^\bullet \end{array}$$

と書いてみますと，擬同型 $A^\bullet \stackrel{s}{\to} I^\bullet$ のくずれが，はっきりします．複体でなく $\mathcal{A}$ の一つの対象 A に対して，(2.4.24)を書いてみますと

(2.4.25)
$$A \stackrel{\varepsilon}{\to} I^\bullet \quad \stackrel{F}{\rightsquigarrow} \quad \begin{array}{ccc} FA & \stackrel{F\varepsilon}{\longrightarrow} & FI^\bullet \stackrel{\text{def}}{=} \mathbf{R}FA \\ & & \downarrow H^j \\ H^j(FA) & \stackrel{H^j(F\varepsilon)}{\longrightarrow} & H^j(FI^\bullet) \approx \mathbf{R}^j FA \end{array}$$

ですが，右下にある $H^j(FA)$ は $H^0(FA)$ だけがゼロでなく，それは F が左完全ですので FA と同型です．同じ右下の $H^j(FI^\bullet)$ は，定義(2.1.38)から

2.4 コホモロジーを取らずにコホモロジーを捕らえる　141

超のつかない，導来関手 $R^j FA$ ですので $R^j FA \approx \pmb{R}^j FA$ が得られます．すなわち導来カテゴリーの意味での導来関手は，通常の導来関手の一般化になっているということです．通常の導来関手の定義(2.1.38)のときも証明したことですが(2.4.21)の $\pmb{R}FA^\bullet$ の定義で $I^\bullet$ の取り方によらないことを示さなければいけません．すなわち $s^\bullet$ と $r^\bullet$ という二つの $A^\bullet$ に擬同型な単射的対象からなる二つの複体 $I^\bullet$ と $J^\bullet$ があったとき $FI^\bullet$ と $FJ^\bullet$ が $D(\mathcal{B})$ で同型であることを示すことです．

(2.4.26)
$$\begin{array}{ccc} I^\bullet & K^\bullet \\ \uparrow{\scriptstyle s^\bullet} & \\ A^\bullet \xrightarrow{r^\bullet} J^\bullet \end{array} \quad \xrightarrow{F} \quad \begin{array}{ccc} FI^\bullet \xrightarrow{F'r^\bullet} FK^\bullet \\ \uparrow{\scriptstyle Fs^\bullet} \qquad \uparrow{\scriptstyle F's^\bullet} \\ FA^\bullet \xrightarrow{Fr^\bullet} FJ^\bullet \end{array}$$

(1.2)の(2.4.9)から((2.4.9)は証明していませんが)，上の(2.4.26)のように擬同型 $'s^\bullet$ と $'r^\bullet$ が存在してダイアグラムは可換となります．ここで $K^\bullet$ は $I^\bullet$ と $J^\bullet$ の直積であって単射的対象からなる複体です．このとき $F'r^\bullet$ も $F's^\bullet$ も擬同型です．このことは(2.3.13)の後のコメント欄でも話しましたが，(2.4.23)と(2.4.24)とも関連しつつ言い直しますと，(2.4.4)を使って次のようになります．$I^\bullet$ も $K^\bullet$ も単射的ですので(2.4.4)の左の $E_1^{p,q}$ から $FI^\bullet$ のコホモロジー $H^j(FI^\bullet)$ は超コホモロジー(超導来関手) $F^j I^\bullet = R^j \overline{F} I^\bullet$ でした．それなら $R^j \overline{F} I^\bullet$ は $'E_2^{p,q} = R^p F(H^q(I^\bullet))$ の極限ですので $I^\bullet$ と $K^\bullet$ が擬同型なら $'E_2^{p,q} = R^p F(H^q(I^\bullet)) \xrightarrow{\approx} {'E_2^{p,q}} = R^p F(H^q(K^\bullet))$ ですので $H^j(FI^\bullet) = R^j \overline{F} I^\bullet \xrightarrow{\approx} H^j(FK^\bullet) = R^j \overline{F} K^\bullet$ となります．すなわち $I^\bullet \xrightarrow{'r^\bullet} K^\bullet$ が単射的対象からなる複体の間での擬同型なら $FI^\bullet \xrightarrow{F'r^\bullet} FK^\bullet$ も擬同型となることがわかりました．これら $F'r^\bullet$ と $F's^\bullet$ は $K^+(\mathcal{B})$ での擬同型で $D^+(\mathcal{B})$ 内では同型ですので((2.4.8)の関手 Q のこと)，$FI^\bullet$ と $FJ^\bullet$ はともに $FK^\bullet$ に同型となり，(2.4.21)のように $\pmb{R}FA^\bullet = FI^\bullet$ と定義してよいことがわかりました．この導来関手 $\pmb{R}F: D^+(\mathcal{A}) \rightsquigarrow D^+(\mathcal{B})$ について擬同型 $A^\bullet \xrightarrow{s^\bullet} I^\bullet$ のくずれを(2.4.24)でいいましたが，$j=0$ のときは $H^0(FA^\bullet) \xrightarrow{H^0(Fs^\bullet)} H^0(FI^\bullet) = \pmb{R}^0 FA^\bullet \cong F^0 A^\bullet$ であり $F^0 = \overline{F} = H^0 \circ F$ ((2.2.46)の前後で話しましたように)ですので，$H^0(FA^\bullet) \xrightarrow{\approx} H^0(FI^\bullet)$ と同型になります．すなわち $A \to I^\bullet$

という擬同型は F で $FA^{\bullet} \to FI^{\bullet}$ と擬同型ではなくなりますが，$j=0$ のところはいつも同型になるということです．老婆心というか老爺心というか，(2.4.6)の後で言ったことのくりかえしですが $j \geq 1$ に対しては $H^j(FA^{\bullet})$ から $H^j(FI^{\bullet}) = R^j FA^{\bullet} = R^j \overline{F} A^{\bullet} = F^j A^{\bullet}$ への射は同型ではありません．

ここまでは $D^+(\mathcal{A})$ の対象 $A^{\bullet}$ に対して $D^+(\mathcal{B})$ での対象 $\boldsymbol{R}FA^{\bullet}$ を定義しましたが $\boldsymbol{R}F: D^+(\mathcal{A}) \leadsto D^+(\mathcal{B})$ が $D^+(\mathcal{A})$ での射に対して，どのように関わってくるのかが話してありません．整理のためにダイアグラムを書きます．

(2.4.27)
$$\begin{array}{ccc} D^+\mathcal{A} & \xrightarrow{\boldsymbol{R}F} & D^+(\mathcal{B}) \\ \Big\updownarrow Q_{\mathcal{A}} & & \Big\updownarrow Q_{\mathcal{B}} \\ K^+\mathcal{A} & \xrightarrow{K^+(F)} & K^+(\mathcal{B}) \\ \Big\updownarrow q_{\mathcal{A}} & & \Big\updownarrow q_{\mathcal{B}} \\ \mathrm{Co}^+\mathcal{A} & \xrightarrow{\mathrm{Co}\,F} & \mathrm{Co}^+(\mathcal{B}) \\ \Big\updownarrow H^0 & & \Big\updownarrow H^0 \\ \mathcal{A} & \xrightarrow{F} & \mathcal{B} \end{array}$$

ここで関手 $q_{\mathcal{A}}$ と $q_{\mathcal{B}}$ は (2.4.7) で定義され $Q_{\mathcal{A}}$ と $Q_{\mathcal{B}}$ は (2.4.8) のあたりで定義された局所化関手です．すなわち $q_{\mathcal{A}}$ は $\mathrm{Co}^+(\mathcal{A})$ のホモトピー同値，すなわち，$g \circ f \sim \mathrm{id}$ を $K^+(\mathcal{A})$ の中では $[g \circ f] = [\mathrm{id}]$，すなわち，$[g] \circ [f] = \mathrm{id}$ ですから同型に運び，$Q_{\mathcal{A}}$ は $K^+(\mathcal{A})$ の擬同型射を $D^+(\mathcal{A})$ の中の同型に移す関手です．$\mathrm{Co}^+(\mathcal{A})$ の対象 $A^{\bullet}$ と $B^{\bullet}$ を取ります．そこで $K^+(\mathcal{A})$ 内でのダイアグラム

(2.4.28)
$$\begin{array}{ccc} A^{\bullet} & & B^{\bullet} \\ {}_{r^{\bullet}}\Big\downarrow{}_{\mathrm{q.i.}} & \swarrow{f^{\bullet}} & {}_{t^{\bullet}}\Big\downarrow{}_{\mathrm{q.i.}} \\ I^{\bullet} & & J^{\bullet} \end{array}$$

で，$t^{\bullet}$ と $r^{\bullet}$ は擬同型，そして $I^{\bullet}$ と $J^{\bullet}$ は単射的複体です．$I^{\bullet}$ や $J^{\bullet}$ が取

れることは(2.4.21)の前のところで話しました.そこで(2.4.28)を $Q_\mathcal{A}$ で $D^+(\mathcal{A})$ に移しますと

(2.4.29)
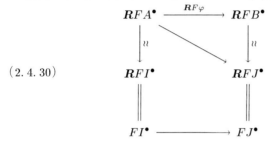

となり,擬同型は同型に変わります.$D^+(\mathcal{A})$ 内では $Q_\mathcal{A}f^\bullet \circ (Q_\mathcal{A}r^\bullet)^{-1}: I^\bullet \to J^\bullet$ が定義できます.次に(2.4.29)を $\boldsymbol{R}F$ で $D^+(\mathcal{B})$ 内に移しますと

(2.4.30)
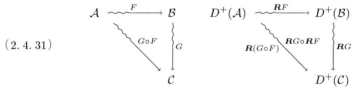

ですから,$\boldsymbol{R}F\varphi: \boldsymbol{R}FA^\bullet \to \boldsymbol{R}FB^\bullet$ は $D^+(\mathcal{B})$ 内では $F(Q_\mathcal{A}f^\bullet \circ (Q_\mathcal{A}t^\bullet)^{-1}) = F(Q_\mathcal{A}f^\bullet) \circ F((Q_\mathcal{A}t^\bullet)^{-1})$ できまります.

次は四位一体の四番目のものを話します.そこで $\mathcal{A}, \mathcal{B}, \mathcal{C}$ をアーベリアン・カテゴリーとし,$F: \mathcal{A} \rightsquigarrow \mathcal{B}$,$G: \mathcal{B} \rightsquigarrow \mathcal{C}$ を加法的な左完全関手とします.そして,もし $\mathcal{A}$ の単射的対象 I に対して $\mathcal{B}$ の対象 FI が G に関してトリビアル ((2.1.28)の少し前の G 非輪状対象ということです),すなわち,G の高次 (普通の)導来関手が $R^pG(FI)=0$,$p \geq 1$ となるときは

(2.4.31)

$$\mathcal{A} \xrightarrow{F} \mathcal{B} \qquad D^+(\mathcal{A}) \xrightarrow{\boldsymbol{R}F} D^+(\mathcal{B})$$
$$\searrow_{G \circ F} \downarrow_G \qquad \searrow_{\boldsymbol{R}(G \circ F)} \downarrow_{\boldsymbol{R}G \circ \boldsymbol{R}F} \downarrow_{\boldsymbol{R}G}$$
$$\mathcal{C} \qquad D^+(\mathcal{C})$$

というダイアグラムにおいて

(2.4.32) $\boldsymbol{R}(G \circ F) \cong \boldsymbol{R}G \circ \boldsymbol{R}F$

が成り立ちます.証明は次のようにします.$A^\bullet$ を $D^+(\mathcal{A})$ の対象として,$I^\bullet$ を $A^\bullet$ に擬同型な単射的複体,すなわち,$A^\bullet \xrightarrow{\text{q.i.}} I^\bullet$ とします.$\boldsymbol{R}FA^\bullet = FI^\bullet$ でし

た．そこで $RG(FI^\bullet)$ を次に計算します．この $D^+(\mathcal{C})$ 内の複体 $RG(FI^\bullet)$ のコホモロジー $R^jG(FI^\bullet)$ は G の $FI^\bullet$ における超導来関手 $G^j(FI^\bullet)\stackrel{\text{def}}{=}R^j\overline{G}(FI^\bullet)$ でした．(2.4.23)前後を見てください．この超導来関手を極限にもつスペクトル系列は二つありましたがその一つ(2.2.54)を使いますと $E_1{}^{p,q}=R^qG(FI^p)$ において，仮定から $E_1{}^{p,q}=0$, $q\geq 1$ です．$E_1{}^{p,0}=R^0G(FI^p)$ は G が左完全ということから $G(FI^p)$ です．$E_1{}^{p-1,0}\to E_1{}^{p,0}\to E_1{}^{p+1,0}$ は $(G\circ F)I^{p-1}\to (G\circ F)I^p\to (G\circ F)I^{p+1}$ のことです．そのとき $E_2{}^{p,0}=H^p((G\circ F)I^\bullet)$ であり $E_2{}^{p,0}\approx E_3{}^{p,0}\approx E_\infty{}^{p,0}\approx E^p=G^p(FI^\bullet)$ であります（すなわち，いつものスペクトル算数！）．この同型の前と後を書き直しますと

(2.4.33) $\quad E_2{}^{p,0}=R^p(G\circ F)A^\bullet \stackrel{\text{def}}{=} H^p((G\circ F)I^\bullet)$
$$\cong G^p(FI^\bullet)=E^p$$
$$=R^pG(FI^\bullet),\qquad p\geq 0.$$

$D^+(\mathcal{C})$ 内でのコホモロジーを取ったら同じ（同型）ということは複体として擬同型ということですが，導来カテゴリーでは擬同型は複体の同型です．すなわち $R(G\circ F)A^\bullet\approx RG(FI^\bullet)=RG(RFA^\bullet)$. これで(2.4.32)が証明できました．

$\mathcal{A}$ と $\mathcal{B}$ をアーベリアン・カテゴリーとします．加法的かつ共変左完全な関手 $F:\mathcal{A}\rightsquigarrow \mathcal{B}$ は $\mathcal{A}$ 内の完全列 $0\to A'\to A\to A''\to 0$ を $\mathcal{B}$ 内の完全列 $0\to R^0FA'\to R^0FA\to R^0FA''\to R^1FA'\to\cdots$ に移します．これは(2.1.63)〜(2.1.70)で話しました．また $\text{Co}^+(\mathcal{A})$ 内の完全列 $0\to {}'A^\bullet\to A^\bullet\to {}''A^\bullet\to 0$ を $\mathcal{A}$ 内の完全列 $0\to H^0({}'A^\bullet)\to H^0(A^\bullet)\to H^0({}''A^\bullet)\to H^1({}'A^\bullet)\to\cdots$ に移します．このことを導来カテゴリーと導来関手 RF の話にしたらどんなことになるのかを次に話します．

2.5 コホモロジー論の作りなおし

今までのように $\text{Co}(\mathcal{A})$ をアーベリアン・カテゴリー $\mathcal{A}$ の対象と射 $(A^\bullet,d^\bullet)$ からできている複体のカテゴリーとし（(2.1.7)の前後を見てください），$K(\mathcal{A})$

2.5 コホモロジー論の作りなおし

は (2.1.16) で定義されているように射はホモトピー同値類であって，対象は $\mathrm{Co}(\mathcal{A})$ と同じというカテゴリーとします．$K(\mathcal{A})$ をホモトピック・カテゴリーと呼ぶこともあります．そして $D(\mathcal{A})$ は $K(\mathcal{A})$ の射を擬同型射で局所化して得られた導来カテゴリーです．整数 n を $\frac{n}{1}$ と見て有理数と思えるように，$K(\mathcal{A})$ 内の $A^\bullet \xrightarrow{f^\bullet} B^\bullet$ を $f^\bullet/\mathrm{id}: A^\bullet \to B^\bullet$

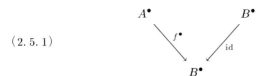

(2.5.1)

と見なして $D(\mathcal{A})$ の射を得ます．整数 n に対して

(2.5.2) $\qquad [n]: \mathrm{Co}(\mathcal{A}) \rightsquigarrow \mathrm{Co}(\mathcal{A})$

を $A^\bullet \mapsto [n]A^\bullet = A^{\bullet+n}$, $d_{A^\bullet} \mapsto [n]d_{A^\bullet} = (-1)^n d_{A^\bullet}{}^{\bullet+n}$ で定義します．すなわち $[n]A^\bullet$ を $A[n]^\bullet$，$[n]d_{A^\bullet}$ を $d_{A^\bullet}[n]^\bullet$ と書くのですが，

(2.5.3) $\qquad A[n]^j = A^{j+n}, \qquad d_{A^\bullet}[n]^j = (-1)^n d_{A^\bullet}{}^{j+n}$

ということです．とくに $n=1$ のときが大切で

(2.5.4) $\qquad A[1]^j = A^{j+1}, \qquad d_{A^\bullet}[1]^j = -d_{A^\bullet}{}^{j+1}$

です．$\mathrm{Co}(\mathcal{A})$ 内での射 $f^\bullet: A^\bullet \to B^\bullet$ は例えば $[1]$ によって

(2.5.5)
$$\begin{array}{ccccccc}
\cdots \longrightarrow & A^j & \xrightarrow{d_{A^\bullet}{}^j} & A^{j+1} & \longrightarrow & \cdots \\
& \downarrow f^j & & \downarrow f^{j+1} & & & \xmapsto{[1]} \\
\cdots \longrightarrow & B^j & \xrightarrow{d_{B^\bullet}{}^j} & B^{j+1} & \longrightarrow & \cdots \\
\\
\cdots \longrightarrow & A^{j+1} & \xrightarrow{-d_{A^\bullet}{}^{j+1}} & A^{j+2} & \longrightarrow & \cdots \\
& \downarrow f^{j+1} & & \downarrow f^{j+2} & & \\
\cdots \longrightarrow & B^{j+1} & \xrightarrow{-d_{B^\bullet}{}^{j+1}} & B^{j+2} & \longrightarrow & \cdots
\end{array}$$

となるように定義します．すなわち (2.5.3) の $(-1)^n$ の n は本質的なことではありません．

次に $A^\bullet, B^\bullet, C^\bullet$ を $K(\mathcal{A})$ の対象，$f^\bullet: A^\bullet \to B^\bullet$, $g^\bullet: B^\bullet \to C^\bullet$ を $K(\mathcal{A})$ の射とします．すなわち $K(\mathcal{A})$ 内で $A^\bullet \xrightarrow{f^\bullet} B^\bullet \xrightarrow{g^\bullet} C^\bullet$ という列があるというこ

とです．もしもこの列に $C^\bullet \xrightarrow{h^\bullet} A[1]^\bullet$ という $K(\mathcal{A})$ の射があるとき，

(2.5.6) $\qquad\qquad A^\bullet \xrightarrow{f^\bullet} B^\bullet \xrightarrow{g^\bullet} C^\bullet \xrightarrow{h^\bullet} A[1]^\bullet$

を三角(triangle)といいます．$A^\bullet \xrightarrow{f^\bullet} B^\bullet$ に対して $C^\bullet$ から $A[1]^\bullet$ への射があるという理由はまったくありませんので，$h^\bullet$ が存在するには $g^\bullet$ も $C^\bullet$ もまったくでたらめには取れないわけです．次に二つの三角 $A^\bullet \xrightarrow{f^\bullet} B^\bullet \xrightarrow{g^\bullet} C^\bullet \xrightarrow{h^\bullet} A[1]^\bullet$ と ${}'A^\bullet \xrightarrow{'f^\bullet} {}'B^\bullet \xrightarrow{'g^\bullet} {}'C^\bullet \xrightarrow{'h^\bullet} {}'A[1]^\bullet$ の間の射を

(2.5.7)
$$\begin{array}{ccccccc}
A^\bullet & \xrightarrow{f^\bullet} & B^\bullet & \xrightarrow{g^\bullet} & C^\bullet & \xrightarrow{h^\bullet} & A[1]^\bullet \\
\downarrow \alpha^\bullet & & \downarrow \beta^\bullet & & \downarrow \gamma^\bullet & & \downarrow \alpha^\bullet[1] \\
{}'A^\bullet & \xrightarrow{'f^\bullet} & {}'B^\bullet & \xrightarrow{'g^\bullet} & {}'C^\bullet & \xrightarrow{'h^\bullet} & {}'A[1]^\bullet
\end{array}$$

が $K(\mathcal{A})$ で可換になるような $K(\mathcal{A})$ の射 $(\alpha^\bullet, \beta^\bullet, \gamma^\bullet)$ と定義します．そこで $\alpha^\bullet, \beta^\bullet, \gamma^\bullet$ がみな $K(\mathcal{A})$ の同型射であるとき，この二つの三角は**同型**であると定義します．

前のコメントでもいいましたように完全列からコホモロジーの完全列が得られるのに，どうして改めて三角という概念を導入するのかという質問があってもいいわけですが，その一つの理由として次のように言ってもいいでしょう．大切なのは対象そのものよりはコホモロジーであるということから始めて，$Co(\mathcal{A})$ から $K(\mathcal{A})$ を通って，コホモロジーを取ったら同じ(同型)になる対象を似たものと見なして $D(\mathcal{A})$ を作りましたが，$D(\mathcal{A})$ 内の射については一般には Ker とか Coker が定義できなくなってしまい(すなわち，$D(\mathcal{A})$ はアーベリアン・カテゴリーには一般にはならない)，完全，すなわち，Ker＝Im，ということが言えなくなりました．そこで完全列の代わりに三角を導入してコホモロジー代数を作り上げようというのです．

三角(2.5.6)をよく

(2.5.8)

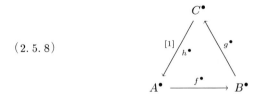

2.5 コホモロジー論の作りなおし　147

と書きます．そこで $H^j(A^\bullet), H^j(B^\bullet), H^j(C^\bullet)$ を上のような三角(2.5.8)（または(2.5.6)）の特殊なタイプの三角に対して考えてやると，$\mathcal{A}$ の中で長い完全列が得られそうです．それではどんなタイプの三角に対して $H^j:K(\mathcal{A}) \rightsquigarrow \mathcal{A}$ が完全列を作るようになるかを次に考えます．

　$X^\bullet \xrightarrow{u^\bullet} Y^\bullet$ という $\mathrm{Co}(\mathcal{A})$ の対象 $X^\bullet$ と $Y^\bullet$，そして射 $u^\bullet$ が与えられたとき，上のようなある三角を作ることができます．すなわち対象 $C(u^\bullet)$ と射 $v^\bullet, w^\bullet$ が定義できて

(2.5.9) $\qquad X^\bullet \xrightarrow{u^\bullet} Y^\bullet \xrightarrow{v^\bullet} C(u^\bullet) \xrightarrow{w^\bullet} X[1]^\bullet$

が三角になるようにすることができます．複体としての $C(u^\bullet)$ は

(2.5.10) $\qquad C(u^\bullet)^j = X^{j+1} \oplus Y^j = X[1]^j \oplus Y^j$

と定めて，$d_{C(u^\bullet)}{}^j : C(u^\bullet)^j \to C(u^\bullet)^{j+1}$ を

(2.5.11) $\quad d_{C(u^\bullet)}{}^j \begin{pmatrix} x^{j+1} \\ y^j \end{pmatrix} = \begin{bmatrix} d_{X^\bullet}[1]^j & 0 \\ u[1]^j & d_{Y^\bullet}{}^j \end{bmatrix} \begin{pmatrix} x^{j+1} \\ y^j \end{pmatrix}$
$\qquad\qquad\qquad = \begin{pmatrix} -d_{X^\bullet}{}^{j+1}(x^{j+1}) \\ u^{j+1}(x^{j+1}) + d_{Y^\bullet}{}^j(y^j) \end{pmatrix}$
$\qquad\qquad\qquad \in C(u^\bullet)^{j+1}$

と定義します．

$d_{C(u^\bullet)}{}^{j+1}\left(d_{C(u^\bullet)}{}^j \begin{pmatrix} x^{j+1} \\ y^j \end{pmatrix} \right)$
$= \begin{pmatrix} d_{X^\bullet}{}^{j+2}\left(d_{X^\bullet}{}^{j+1}(x^{j+1}) \right) \\ u^{j+2}\left(-d_{X^\bullet}{}^{j+1}(x^{j+1})\right) + d_{Y^\bullet}{}^{j+1}\left(u^{j+1}(x^{j+1}) + d_{Y^\bullet}{}^j(y^j) \right) \end{pmatrix}$
$\in C(u^\bullet)^{j+2}$

ですので，可換ダイアグラム

(2.5.12) $\quad \begin{array}{ccccccccc} \cdots & \xrightarrow{d_{X^\bullet}{}^{j-1}} & X^j & \xrightarrow{d_{X^\bullet}{}^j} & X^{j+1} & \xrightarrow{d_{X^\bullet}{}^{j+1}} & X^{j+2} & \longrightarrow & \cdots \\ & & \downarrow{\scriptstyle u^j} & & \downarrow{\scriptstyle u^{j+1}} & & \downarrow{\scriptstyle u^{j+2}} & & \\ \cdots & \xrightarrow{d_{Y^\bullet}{}^{j-1}} & Y^j & \xrightarrow{d_{Y^\bullet}{}^j} & Y^{j+1} & \xrightarrow{d_{Y^\bullet}{}^{j+1}} & Y^{j+2} & \longrightarrow & \cdots \end{array}$

から $d_{C(u^\bullet)}{}^{j+1} \circ d_{C(u^\bullet)}{}^j = 0$ が成り立ちます．これで複体 $(C(u^\bullet), d_{C(u^\bullet)}{}^\bullet)$ が定義できました．(2.5.10)は $C(u^\bullet) = X[1]^\bullet \oplus Y^\bullet$ のことですから(2.5.9)の

$Y^\bullet \xrightarrow[\text{def}]{v^\bullet} C(u^\bullet) = X[1]^\bullet \oplus Y^\bullet \xrightarrow{w^\bullet} X[1]^\bullet$ は $v^\bullet = \begin{bmatrix} 0 \\ \mathrm{id}_{Y^\bullet} \end{bmatrix}$, $w^\bullet = [\mathrm{id}_{X^\bullet}[1]^\bullet, 0]$ と定めれば(2.5.9)は三角になります．このとき $\mathrm{Co}(\mathcal{A})$ において $0 \to Y^\bullet \xrightarrow{v^\bullet} C(u^\bullet) \xrightarrow{w^\bullet} X[1]^\bullet \to 0$ は完全列です．そこで，もし(2.5.6)で与えられた $K(\mathcal{A})$ の三角が，ある $\mathrm{Co}(\mathcal{A})$ の射 $u^\bullet : X^\bullet \to Y^\bullet$ によってできた三角(2.5.9)に同型なとき，すなわち，

$$
(2.5.13) \quad
\begin{array}{ccccccc}
A^\bullet & \xrightarrow{f^\bullet} & B^\bullet & \xrightarrow{g^\bullet} & C^\bullet & \xrightarrow{h^\bullet} & A[1]^\bullet \\
\shortparallel \downarrow \alpha^\bullet & & \shortparallel \downarrow \beta^\bullet & & \shortparallel \downarrow \gamma^\bullet & & \shortparallel \downarrow \alpha[1]^\bullet \\
X^\bullet & \xrightarrow{u^\bullet} & Y^\bullet & \xrightarrow{v^\bullet} & C(u^\bullet) & \xrightarrow{w^\bullet} & X[1]^\bullet
\end{array}
$$

を満たす(2.5.6)のような三角を**特別三角**(distinguished triangle)と定義します．次に同じ $X^\bullet \xrightarrow{u^\bullet} Y^\bullet$ から(2.5.9)に $K(\mathcal{A})$ 内で同型な三角(すなわち，特別三角)を作ります．それは

$$
(2.5.14) \quad X^\bullet \xrightarrow{\iota^\bullet} \mathrm{Cy}(u^\bullet) \xrightarrow{\pi^\bullet} C(u^\bullet) \xrightarrow{w^\bullet} X[1]^\bullet
$$

という形をしたものですが，ここで複体 $\mathrm{Cy}(u^\bullet) = X^\bullet \oplus X[1]^\bullet \oplus Y^\bullet$ であって $d_{\mathrm{Cy}(u^\bullet)}^j : \mathrm{Cy}(u^\bullet)^j \to \mathrm{Cy}(u^\bullet)^{j+1}$ を(2.5.11)のときのように

$$
(2.5.15) \quad
\begin{bmatrix} d_{X^\bullet}^j & -\mathrm{id}^{j+1} & 0 \\ 0 & d_{X^\bullet}[1]^j & 0 \\ 0 & u[1]^j & d_{Y^\bullet}^j \end{bmatrix}
\begin{pmatrix} x^j \\ x^{j+1} \\ y^j \end{pmatrix}
=
\begin{pmatrix} d_{X^\bullet}^j(x^j) - x^{j+1} \\ -d_{X^\bullet}^{j+1}(x^{j+1}) \\ u^{j+1}(x^{j+1}) + d_{Y^\bullet}^j(y^j) \end{pmatrix}
$$

と定義すると $d_{\mathrm{Cy}(u^\bullet)}^{j+1} \circ d_{\mathrm{Cy}(u^\bullet)}^j$ も(2.5.12)の可換性と $d_{X^\bullet}^{j+1} \circ d_{X^\bullet}^j = 0$, そして(2.5.4)を使ってゼロになります．また(2.5.14)の $\iota^\bullet : X^\bullet \to \mathrm{Cy}(u^\bullet)$ は自然な単射, $\pi^\bullet : \mathrm{Cy}(u^\bullet) \to C(u^\bullet)$ は自然な全射でそれらを行列で書くなら

$$
\iota^\bullet = \begin{bmatrix} \mathrm{id} \\ 0 \\ 0 \end{bmatrix}, \quad \pi^\bullet = \begin{bmatrix} 0 & \mathrm{id} & 0 \\ 0 & 0 & \mathrm{id} \end{bmatrix}.
$$

$$
(2.5.16) \quad
\begin{array}{ccccccc}
X^\bullet & \xrightarrow{u^\bullet} & Y^\bullet & \xrightarrow{v^\bullet} & C(u^\bullet) & \xrightarrow{w^\bullet} & X[1]^\bullet \\
\downarrow \shortparallel & & \downarrow b^\bullet & & \downarrow \shortparallel & & \downarrow \shortparallel \\
X^\bullet & \xrightarrow{\iota^\bullet} & \mathrm{Cy}(u^\bullet) & \xrightarrow{\pi^\bullet} & C(u^\bullet) & \xrightarrow{w^\bullet} & X[1]^\bullet
\end{array}
$$

2.5 コホモロジー論の作りなおし　149

において $b^\bullet: Y^\bullet \to \mathrm{Cy}(u^\bullet)$ を $b^j(y^j) = \begin{pmatrix} 0 \\ 0 \\ y^j \end{pmatrix}$ と定めて，また $a^\bullet: \mathrm{Cy}(u^\bullet) \to Y^\bullet$ を $a^j \begin{pmatrix} x^j \\ x^{j+1} \\ y^j \end{pmatrix} = u^j(x^j) + y^j$ と定めると，$a^\bullet \circ b^\bullet$ は $\mathrm{id}_{Y^\bullet}$ そのものです．そして $b^\bullet \circ a^\bullet$ は $\mathrm{Co}(\mathcal{A})$ の射として $\mathrm{id}_{\mathrm{Cy}(u^\bullet)}$ にはなりませんが，すなわち $K(\mathcal{A})$ の射として，$\mathrm{id}_{\mathrm{Cy}(u^\bullet)}$ にはなりませんが，しかし $K(\mathcal{A})$ の射として，そのホモトピー類 $[b^\bullet \circ a^\bullet]$ は，$[\mathrm{id}_{\mathrm{Cy}(u^\bullet)}]$ です．すなわち

(2.5.17)
$$\begin{array}{ccccccc}
\cdots \to & \mathrm{Cy}(u^\bullet)^{j-1} & \xrightarrow{d_{\mathrm{Cy}(u^\bullet)}{}^{j-1}} & \mathrm{Cy}(u^\bullet)^j & \xrightarrow{d_{\mathrm{Cy}(u^\bullet)}{}^j} & \mathrm{Cy}(u^\bullet)^{j+1} & \to \cdots \\
& \| & {}^{s^j}\swarrow \;\; \mathrm{id}\Big\| & {}_{b^j \circ a^j}\Big\| & \;\;{}^{s^{j+1}}\swarrow & \| & \\
\cdots \to & \mathrm{Cy}(u^\bullet)^{j-1} & \xrightarrow[d_{\mathrm{Cy}(u^\bullet)}{}^{j-1}]{} & \mathrm{Cy}(u^\bullet)^j & \xrightarrow[d_{\mathrm{Cy}(u^\bullet)}{}^j]{} & \mathrm{Cy}(u^\bullet)^{j+1} & \to \cdots
\end{array}$$

において $s^j: \mathrm{Cy}(u^\bullet)^j \to \mathrm{Cy}(u^\bullet)^{j-1}$ を $s^j \begin{pmatrix} x^j \\ x^{j+1} \\ y^j \end{pmatrix} = \begin{pmatrix} 0 \\ x^j \\ 0 \end{pmatrix}$ で定義し，(2.5.15) を使って $\mathrm{id}_{\mathrm{Cy}(u^\bullet)} - b^j \circ a^j$ と $s^{j+1} \circ d_{\mathrm{Cy}(u^\bullet)}{}^j + d_{\mathrm{Cy}(u^\bullet)}{}^{j-1} \circ s^j$ を計算すると等しくなって $[b^\bullet \circ a^\bullet] = [\mathrm{id}_{\mathrm{Cy}(u^\bullet)}]$ となります，すなわち，$b^\bullet \circ a^\bullet$ は $\mathrm{id}_{\mathrm{Cy}(u^\bullet)}$ にホモトピックです．またコホモロジーを取って $H^j(b^\bullet \circ a^\bullet) = H^j(b^\bullet) \circ H^j(a^\bullet) = H^j(\mathrm{id}_{\mathrm{Cy}(u^\bullet)}) = \mathrm{id}_{H^\bullet(\mathrm{Cy}(u^\bullet))}$ ですから $a^\bullet$ も $b^\bullet$ も擬同型で，$b^\bullet$ は $K(\mathcal{A})$ の射として同型であることがわかりました．

ここまでをまとめてみますと次のようになります．$\mathrm{Co}(\mathcal{A})$ における $u^\bullet: X^\bullet \to Y^\bullet$ に対して，$\mathrm{Co}(\mathcal{A})$ での可換ダイアグラム

(2.5.18)
$$\begin{array}{ccccccccc}
0 & \to & Y^\bullet & \xrightarrow{v^\bullet} & C(u^\bullet) & \xrightarrow{w^\bullet} & X[1]^\bullet & \to & 0 \\
& & \Big\downarrow{}^{b^\bullet} & & \Big\|\phantom{{}^{b^\bullet}} & & & & \\
0 & \to X^\bullet \xrightarrow{\iota^\bullet} & \mathrm{Cy}(u^\bullet) & \xrightarrow{\pi^\bullet} & C(u^\bullet) & \to & 0 & & \\
& \Big\|\phantom{{}^{b^\bullet}} & \Big\downarrow{}^{a^\bullet} & & & & & & \\
& X^\bullet \xrightarrow{u^\bullet} & Y^\bullet & & & & & &
\end{array}$$

が得られました．ここで $a^\bullet \circ b^\bullet = \mathrm{id}_{Y^\bullet}$ で $[b^\bullet \circ a^\bullet] = [\mathrm{id}_{\mathrm{Cy}(u^\bullet)}]$，すなわち $a^\bullet$ と $b^\bullet$ は擬同型ですので $D(\mathcal{A})$ では $Y^\bullet$ と $\mathrm{Cy}(u^\bullet)$ は同型になります．

それでは $\mathrm{Co}(\mathcal{A})$ 内の完全列から長いコホモロジーの完全列を得るのではなく，$D(\mathcal{A})$ の特別三角からコホモロジーの長い完全列が出ることを話します．射も対象も $D(\mathcal{A})$ の三角 $A^\bullet \xrightarrow{f^\bullet} B^\bullet \xrightarrow{g^\bullet} C^\bullet \xrightarrow{h^\bullet} A[1]^\bullet$ を考えます．この三角が特別三角と仮定します．すなわち，この三角は $D(\mathcal{A})$ で，ある $X^\bullet \xrightarrow{u^\bullet} Y^\bullet \xrightarrow{v^\bullet} C(u^\bullet) \xrightarrow{w^\bullet} X[1]^\bullet$ に同型です．上で示したようにさらにまた $D(\mathcal{A})$ で $X^\bullet \xrightarrow{\iota^\bullet} \mathrm{Cy}(u^\bullet) \xrightarrow{\pi^\bullet} C(u^\bullet) \xrightarrow{w^\bullet} X[1]^\bullet$ に同型です．すなわち，始めの三角 $A^\bullet \xrightarrow{f^\bullet} B^\bullet \xrightarrow{g^\bullet} C^\bullet \xrightarrow{h^\bullet} A[1]^\bullet$ は $K(\mathcal{A})$ では $X^\bullet \xrightarrow{\iota^\bullet} \mathrm{Cy}(u^\bullet) \xrightarrow{\pi^\bullet} C(u^\bullet) \xrightarrow{w^\bullet} X[1]^\bullet$ に擬同型ということです．(2.5.18)にまとめたように，$\mathrm{Co}(\mathcal{A})$ の完全列

$$(2.5.19) \qquad 0 \longrightarrow X^\bullet \xrightarrow{\iota^\bullet} \mathrm{Cy}(u^\bullet) \xrightarrow{\pi^\bullet} C(u^\bullet) \longrightarrow 0$$

からは $\mathcal{A}$ 内で例の長いコホモロジー完全列

$$(2.5.20) \qquad \cdots \longrightarrow H^j(X^\bullet) \xrightarrow{H^j(\iota^\bullet)} H^j(\mathrm{Cy}(u^\bullet)) \xrightarrow{H^j(\pi^\bullet)} H^j(C(u^\bullet))$$
$$\xrightarrow{\partial^j} H^{j+1}(X^\bullet) \xrightarrow{H^{j+1}(\iota^\bullet)} \cdots$$

が得られます．ここで(2.5.20)の ∂^j は(2.1.70)で定義した ∂^j です．そこで証明しなければいけないことは，この ∂^j がほんとうに特別三角 $X^\bullet \xrightarrow{\iota^\bullet} \mathrm{Cy}(u^\bullet) \xrightarrow{\pi^\bullet} C(u^\bullet) \xrightarrow{w^\bullet} X[1]^\bullet$ からの $H^j(w^\bullet)$ になるということです．これはそうなるべきですが，だれもがあまり気の進まないような証明です．でもそれをくわしく示します．(2.1.70)に戻って ∂^j の定義は $\partial^j(\overline{''c^j}) = \overline{'c^{j+1}}$ でした．ここで $''c^j \in \mathrm{Ker}\, d_{C(u^\bullet)}{}^j \subset C(u^\bullet)^j$，そして $'c^{j+1} \in \mathrm{Ker}\, d_X{}^{\bullet j+1} \subset X^{j+1}$ でした．$''c^j \in \mathrm{Ker}\, d_{C(u^\bullet)}{}^j$ をもう少し書き直しますと，$d_{C(u^\bullet)}{}^j(''c^j) = d_{C(u^\bullet)}{}^j \begin{pmatrix} x^{j+1} \\ y^j \end{pmatrix}$

$= \begin{pmatrix} -d_X{}^{\bullet j+1}(x^{j+1}) \\ u^{j+1}(x^{j+1}) + d_Y{}^{\bullet j}(y^j) \end{pmatrix} = \begin{pmatrix} 0 \\ 0 \end{pmatrix}$ ということです．すなわち(2.5.11)のことです．すなわち，

$$(2.5.21) \qquad d_X{}^{\bullet j+1}(x^{j+1}) = 0, \qquad u^{j+1}(x^{j+1}) + d_Y{}^{\bullet j}(y^j) = 0$$

ということです．次は $\partial^j(\overline{''c^j}) = \overline{'c^{j+1}}$ の $'c^{j+1}$ のほうをしらべます．もう忘れられたかも知れませんが(2.1.70)の前に書いたことですが $\iota^{j+1}('c^{j+1}) = \begin{pmatrix} -'c^{j+1} \\ 0 \\ 0 \end{pmatrix} = d_{\mathrm{Cy}(u^\bullet)}{}^j(c^j)$ となるものでした．$'c^{j+1}$ にマイナス '−' がついているのに気がついてください．このマイナスは，後で話しますが，一般に $A^\bullet \xrightarrow{f^\bullet} B^\bullet \xrightarrow{g^\bullet} C^\bullet \xrightarrow{h^\bullet} A[1]^\bullet$ が特別三角のとき $B^\bullet \xrightarrow{g^\bullet} C^\bullet \xrightarrow{h^\bullet} A[1]^\bullet \xrightarrow{-f[1]^\bullet} B[1]$ が特別三角になるためには，この $-f[1]^\bullet$ のように $f[1]^\bullet$ の前にマイナスが必要

2.5 コホモロジー論の作りなおし

なのです．証明に戻ります．上にある $\begin{pmatrix} -'c^{j+1} \\ 0 \\ 0 \end{pmatrix} = d_{\mathrm{Cy}(u^\bullet)}{}^j(c^j)$ の c^j と，$''c^j$ の関係は，(2.1.70)の前のところで話しましたように $\pi^j(c^j) = ''c^j = \begin{pmatrix} x^{j+1} \\ y^j \end{pmatrix}$ です．$d_{\mathrm{Cy}(u^\bullet)}{}^j$ の定義(2.5.15)に従って $d_{\mathrm{Cy}(u^\bullet)}{}^j(c^j) = d_{\mathrm{Cy}(u^\bullet)}{}^j \begin{pmatrix} x^j \\ x^{j+1} \\ y^j \end{pmatrix}$ を計算してみますと

(2.5.22) $$d_{\mathrm{Cy}(u^\bullet)}{}^j(c^j) = \begin{pmatrix} d_X{}^{\bullet j}(x^j) - x^{j+1} \\ -d_X{}^{\bullet j+1}(x^{j+1}) \\ u^{j+1}(x^{j+1}) + d_Y{}^{\bullet j}(y^j) \end{pmatrix}$$

ですが，(2.5.21)から二行と三行はゼロです．$\begin{pmatrix} -'c^{j+1} \\ 0 \\ 0 \end{pmatrix} = d_{\mathrm{Cy}(u^\bullet)}{}^j \begin{pmatrix} x^j \\ x^{j+1} \\ y^j \end{pmatrix}$ となるためには $-'c^{j+1} = d_X{}^{\bullet j}(x^j) - x^{j+1}$，すなわち，(2.5.22)の一行目，です．始めっから計算しますと

(2.5.23) $$\begin{aligned} \partial^j(\overline{''c^j}) &= \overline{'c^{j+1}} = \overline{x^{j+1} - d_X{}^{\bullet j}(x^j)} \\ &= \overline{x^{j+1}} - \overline{d_X{}^{\bullet j}(x^j)} = \overline{x^{j+1}} - \overline{0} = \overline{x^{j+1}} \\ &= H^j(w^\bullet)\overline{\begin{pmatrix} x^{j+1} \\ y^j \end{pmatrix}} \\ &= H^j(w^\bullet)(\overline{''c^j}) \end{aligned}$$

となり $\partial^j = H^j(w^\bullet)$ が証明できました．ここで(2.5.23)の上から三行目に $\overline{0}$ が現れたのは $d_X{}^{\bullet j+1} \circ d_X{}^{\bullet j} = 0$ だからです，また三行目と四行目は $H^j(w^\bullet)$ の定義からです．特別三角からコホモロジーの完全列が誘導されるという上の事実は，定理と呼ぶほどの基礎事実でしょう．

　　まとめますと，三角 $A^\bullet \to B^\bullet \to C^\bullet \to A[1]^\bullet$ が特別三角なら，これは $X^\bullet \to \mathrm{Cy}(u^\bullet) \to C(u^\bullet) \to X[1]^\bullet$ に擬同型で，これの $\mathrm{Co}(\mathcal{A})$ 内の完全列(2.5.19)を使って長い完全列(2.5.20)を得たわけですが，上の二つの三角は擬同型ですので(2.5.20)は $\cdots \to H^j(A^\bullet) \to H^j(B^\bullet) \to H^j(C^\bullet) \to H^{j+1}(A^\bullet) \to \cdots$ と書き直すことができ，望んでいた完全列が特別三角から得られたわけです．次は $\mathrm{Co}(\mathcal{A})$ の完全列 $0 \to A^\bullet \to$

$B^\bullet \to C^\bullet \to 0$ から始めてどのような特別三角を経由したらコホモロジーの長い完全列が得られるのかを調べます.

Co($\mathcal{A}$)での完全列 $0 \to A^\bullet \xrightarrow{f^\bullet} B^\bullet \xrightarrow{g^\bullet} C^\bullet \to 0$ が与えられたとします. 上のコメントで言いましたように探すべき特別三角は, 実は $D(\mathcal{A})$ における $A^\bullet \xrightarrow{\iota} $ Cy$(f^\bullet) \xrightarrow{\pi^\bullet} C(f^\bullet) \xrightarrow{w^\bullet} A[1]^\bullet$ なのです. すなわち

(2.5.24)
$$\begin{array}{ccccccc} A^\bullet & \xrightarrow{f^\bullet} & B^\bullet & \xrightarrow{g^\bullet} & C^\bullet & \xrightarrow{h^\bullet} & A[1]^\bullet \\ \uparrow{\scriptstyle \|} & & \uparrow{\scriptstyle a^\bullet} & & \uparrow{\scriptstyle c^\bullet} & & \uparrow{\scriptstyle \|} \\ A^\bullet & \xrightarrow{\iota^\bullet} & \text{Cy}(f^\bullet) & \xrightarrow{\pi^\bullet} & C(f^\bullet) & \xrightarrow{w^\bullet} & A[1]^\bullet \end{array}$$

という三角の射において, 定まっていないものは $c^\bullet$ と $h^\bullet$ です. $C(f^\bullet)$ は $A[1]^\bullet \oplus B^\bullet$ ですから, $c^j(x^{j+1}, y^j) = g^j(y^j)$ と定義してやれば, $h^\bullet$ の定義は $w^j = h^j \circ c^j$ です. ここで(2.5.24)の $a^\bullet$ は, (2.5.16)の少し後に定義した射です. また, $a^\bullet, b^\bullet, c^\bullet$ は複体の射ですので, この章の初めにある(2.1.7)を, (2.5.16), (2.5.24)に現れている複体に対して確かめる必要がありますが, それは気が向いたらしておいてください. もう一つこまかいことを言いますと, 上の $h^\bullet : C^\bullet \to A[1]^\bullet$ のことですが, 上の定義でいいというのは, 次の計算からもわかります. $z^j \in C^j$ に対して $h^j(z^j) = h^j(g(y^j))$ となる $y^j \in B^j$ があります. それは g が全射ですから, それなら計算を続けて $h^j(g(y^j)) = h^j(c^j(x^{j+1}, y^j)) \overset{\text{def}}{=} w^j(x^{j+1}, y^j) = x^{j+1}$. 特別三角 $A^\bullet \to \text{Cy}(f^\bullet) \to C(f^\bullet) \to A[1]^\bullet$ が得られましたので(2.5.20)のように長いコホモロジー完全列は得られます. $a^\bullet$ が擬同型であることはすでに示しましたが, $c^\bullet$ が擬同型であることを証明しなければ(2.5.20)の完全列を, コメントに書いたような完全列に置き換えられません. すなわち $c^\bullet : C(f^\bullet) \to C^\bullet$ が擬同型であることをいいたいわけです. $c^\bullet$ は全射ですので(すなわち, 上の $z^j = g(y^j) = c^j(x^{j+1}, y^j)$ のこと), $0 \to \text{Ker}\, c^\bullet \to C(f^\bullet) \to C^\bullet \to 0$ という Co($\mathcal{A}$) の完全列から例の長いコホモロジーの完全列 $\cdots \to H^j(\text{Ker}\, c^\bullet) \to H^j(C(f^\bullet)) \to H^j(C^\bullet) \to \cdots$ が得られます. ですからもし $H^j(\text{Ker}\, c^\bullet) = 0$ なら, $C(f^\bullet)$ と $C^\bullet$ は擬同型になります. $c^\bullet$ の定義から $\text{Ker}\, c^\bullet = A[1]^\bullet \oplus \text{Ker}\, g^\bullet$ です. $0 \to A^\bullet \xrightarrow{f^\bullet} B^\bullet \xrightarrow{g^\bullet} C^\bullet \to 0$ が $B^\bullet$ で

2.5 コホモロジー論の作りなおし　153

完全ですので，$\operatorname{Ker} c^{\bullet}=A[1]^{\bullet}\oplus\operatorname{Im} f^{\bullet}$ となります．ここで

(2.5.25) $\qquad d_{\operatorname{Ker} c^{\bullet}}{}^j:A[1]^j\oplus\operatorname{Im} f^j\longrightarrow A[1]^{j+1}\oplus\operatorname{Im} f^{j+1}$

は $d_{\operatorname{Ker} c^{\bullet}}{}^j(x^{j+1},f^j(x^j))=(-d_A{}^{\bullet}{}^{j+1}(x^{j+1}),f^{j+1}(x^{j+1}+d_A{}^{\bullet}{}^j(x^j)))$ です．このとき $f^{\bullet}$ が複体の射であることから $d_{\operatorname{Ker} c^{\bullet}}{}^{j+1}\circ d_{\operatorname{Ker} c^{\bullet}}{}^j=0$, すなわち，$\operatorname{Im} d_{\operatorname{Ker} c^{\bullet}}{}^{j-1}\subset\operatorname{Ker} d_{\operatorname{Ker} c^{\bullet}}{}^j$ となります．ここのところを自分で確かめておいて下さい．$\operatorname{Ker} d_{\operatorname{Ker} c^{\bullet}}{}^j$ の元は $(x^{j+1},f^j(x^j))\in A[1]^j\oplus\operatorname{Im} f^j$ で，$-d_A{}^{\bullet}{}^{j+1}(x^{j+1})=0$ かつ $f^{j+1}(x^{j+1}+d_A{}^{\bullet}{}^j(x^j))=0$ となるもので，$f^{\bullet}$ は単射ですから二番目のものは $x^{j+1}+d_A{}^{\bullet}{}^j(x^j)=0$ ということです．すなわち，$x^{j+1}=-d_A{}^{\bullet}{}^j(x^j)$. これはボーナスです．$x^{j+1}=-d_A{}^{\bullet}{}^j(x^j)$ から一番目のものがでます．この $(x^{j+1},f^j(x^j))\in\operatorname{Ker} d_{\operatorname{Ker} c^{\bullet}}{}^j$ に対して $d_{\operatorname{Ker} c^{\bullet}}{}^{j-1}(x^j,0)$ を計算してみると，$=(-d_A{}^{\bullet}{}^j(x^j),f^j(x^j+d_A{}^{\bullet}{}^{j-1}(0)))=(x^{j+1},f^j(x^j))$. すなわち，$\operatorname{Ker} d_{\operatorname{Ker} c^{\bullet}}{}^j\subset\operatorname{Im} d_{\operatorname{Ker} c^{\bullet}}{}^{j-1}$ となり $H^j(\operatorname{Ker} c^{\bullet})=0$ が証明でき，$H^j(C(f^{\bullet}))\stackrel{\sim}{\to}H^j(C^{\bullet})$, すなわち，$C(f^{\bullet})\to C^{\bullet}$ は擬同型であることがわかりました．

以上が，導来カテゴリー論的でない普通の，すなわち，$\operatorname{Co}(\mathcal{A})$ の，完全列から，長いコホモロジーの完全列がどう得られるかの導来カテゴリー論的な説明です．

ここまでくると後すべきことは，特別三角の特徴づけ (characterize) ができるような特別三角の性質を述べることです．

(**D.T.1**) $A^{\bullet}\xrightarrow{\operatorname{id}_{A^{\bullet}}}A^{\bullet}\to 0\to A[1]^{\bullet}$ は特別三角であること；すなわち，この三角は (2.5.9) のタイプの三角に同型であることを示すことです．実は $A^{\bullet}\xrightarrow{\operatorname{id}_{A^{\bullet}}}A^{\bullet}\xrightarrow{v^{\bullet}}C(\operatorname{id}_{A^{\bullet}})\xrightarrow{w^{\bullet}}A[1]^{\bullet}$ が $A^{\bullet}\to A^{\bullet}\to 0\to A[1]^{\bullet}$ に同型な三角になります．

(**D.T.2**) 特別三角に同型な三角は特別三角だということ；これは同型の合成はまた同型ですから，あたりまえのことです．

(**D.T.3**) かってな $f^{\bullet}:A^{\bullet}\to B^{\bullet}$ が与えられたとき，$g^{\bullet}$ と $h^{\bullet}$ と $C^{\bullet}$ をうまく選んで $A^{\bullet}\xrightarrow{f^{\bullet}}B^{\bullet}\xrightarrow{g^{\bullet}}C^{\bullet}\xrightarrow{h^{\bullet}}A[1]^{\bullet}$ が特別三角になるようにできるということ；このことはすでに話しましたように $C^{\bullet}$ として $C(f^{\bullet})$, $g^{\bullet}$ と $h^{\bullet}$ は，$v^{\bullet}=\begin{bmatrix}0\\\operatorname{id}_{B^{\bullet}}\end{bmatrix}$, $w^{\bullet}=[\operatorname{id}_A{}^{\bullet}[1]^{\bullet},0]$ を取るのでした．

(**D.T.4**) もし $A^{\bullet}\xrightarrow{f^{\bullet}}B^{\bullet}\xrightarrow{g^{\bullet}}C^{\bullet}\xrightarrow{h^{\bullet}}A[1]^{\bullet}$ が特別三角なら，$B^{\bullet}\xrightarrow{g^{\bullet}}C^{\bullet}\xrightarrow{h^{\bullet}}$

$A[1]^\bullet \xrightarrow{-f[1]^\bullet} B[1]^\bullet$ は特別三角になるということ；この $-f[1]^\bullet$ のマイナスは (2.5.21) の少し後のところで話したマイナスです.

この証明ですが，始めから $A^\bullet \xrightarrow{f^\bullet} B^\bullet \xrightarrow{v^\bullet} C(f^\bullet) \xrightarrow{w^\bullet} A[1]^\bullet$ としていいでしょう．すなわち，$g^\bullet = v^\bullet$, $h^\bullet = w^\bullet$. このとき $B^\bullet \xrightarrow{v^\bullet} C(f^\bullet) \xrightarrow{w^\bullet} A[1]^\bullet \xrightarrow{-f[1]^\bullet} B[1]^\bullet$ が特別三角であることを示すには，三角間の射

$$(2.5.26) \quad \begin{array}{ccccccc} B^\bullet & \xrightarrow{v^\bullet} & C(f^\bullet) & \xrightarrow{w^\bullet} & A[1]^\bullet & \xrightarrow{-f[1]^\bullet} & B[1]^\bullet \\ \downarrow \| & & \downarrow \| & & \downarrow \gamma^\bullet & & \downarrow \| \\ B^\bullet & \xrightarrow{v^\bullet} & C(f^\bullet) & \xrightarrow{v_1^\bullet} & C(v^\bullet) & \xrightarrow{w_1^\bullet} & B[1]^\bullet \end{array}$$

が同型であることを言えばいいわけです．まず $C(v^\bullet)$ から調べます．定義から $C(v^\bullet) = B[1]^\bullet \oplus C(f^\bullet)$ です．$C(v^\bullet)$ の $d_{C(v^\bullet)}{}^\bullet$ は (2.5.11) で計算したように

$$(2.5.27) \quad d_{C(v^\bullet)}{}^\bullet = \begin{bmatrix} d_{B^\bullet}[1]^\bullet & 0 \\ v[1]^\bullet & d_{C(f^\bullet)}{}^\bullet \end{bmatrix}, \quad C(f^\bullet) = A[1]^\bullet \oplus B^\bullet$$

ですが $v[1]^\bullet$ は (2.5.12) と (2.5.13) の間で言いましたように $\begin{bmatrix} 0 \\ \mathrm{id}_{B^\bullet}[1]^\bullet \end{bmatrix}$ ですし，また $d_{C(f^\bullet)}{}^\bullet$ は (2.5.11) を繰り返して $\begin{bmatrix} d_{A^\bullet}[1]^\bullet & 0 \\ f[1]^\bullet & d_{B^\bullet}{}^\bullet \end{bmatrix}$ です．すなわち (2.5.27) は

$$(2.5.28) \quad d_{C(v^\bullet)}{}^\bullet = \begin{bmatrix} d_{B^\bullet}[1]^\bullet & 0 & 0 \\ 0 & d_{A^\bullet}[1]^\bullet & 0 \\ \mathrm{id}_{B^\bullet}[1]^\bullet & f[1]^\bullet & d_{B^\bullet}{}^\bullet \end{bmatrix}$$

と書き換えることができます．このとき (2.5.12) の少し後のように $d_{C(v^\bullet)}{}^{j+1} \circ d_{C(v^\bullet)}{}^j = 0$ が計算して確かめられますので，気が向いたらしておいてください．

(2.5.26) において次にしなくてはいけないことは，$\gamma^\bullet$ を定義すること，そしてその後で $\gamma^\bullet$ が同型であることを示すことです．$\gamma^\bullet : A[1] \to C(v^\bullet) = B[1]^\bullet \oplus C(f^\bullet) = B[1]^\bullet \oplus (A[1]^\bullet \oplus B^\bullet)$ ですので

2.5 コホモロジー論の作りなおし　155

（2.5.29）
$$\gamma^\bullet = \begin{bmatrix} f[1]^\bullet \\ \mathrm{id}_{A^\bullet}[1]^\bullet \\ 0 \end{bmatrix}$$

と定めれば $\gamma^\bullet$ は複体間の射となり，またそのとき(2.5.26)はこれらの二つの三角間の射，すなわち，(2.5.26)の真中の四角が可換((2.5.7)を見てください)になります．このことを言い換えれば(2.5.26)において $K(\mathcal{A})$ の射として $C(f^\bullet) \rightrightarrows C(v^\bullet)$ の二つの射 $v_1^\bullet$ と $\gamma^\bullet \circ w^\bullet$ が同じということ，すなわち，$v_1^\bullet$ と $\gamma^\bullet \circ w^\bullet$ がホモトピックであることです．すなわち，

（2.5.30）　　$v_1^\bullet - \gamma^\bullet \circ w^\bullet = s[1]^\bullet \circ d_{C(f^\bullet)}{}^\bullet - d_{C(v^\bullet)}[-1]^\bullet \circ s^\bullet$

なるホモトピー $s^j : C(f^\bullet)^j \to C(v^\bullet)^{j-1}$ があることを証明することです．そのような $s^\bullet$ は

（2.5.31）
$$s^\bullet = \begin{bmatrix} 0 & \mathrm{id}_{B^\bullet}{}^\bullet \\ 0 & 0 \\ 0 & 0 \end{bmatrix}, \quad s^j = \begin{bmatrix} 0 & \mathrm{id}_{B^\bullet}{}^j \\ 0 & 0 \\ 0 & 0 \end{bmatrix}$$

です，すなわち，$s^j \begin{pmatrix} a^{j+1} \\ b^j \end{pmatrix} = \begin{pmatrix} b^j \\ 0 \\ 0 \end{pmatrix}$．そこで(2.5.30)の両辺を $\begin{pmatrix} a^{j+1} \\ b^j \end{pmatrix} \in C(f^\bullet)$ に対して計算すると，どちらも $\begin{pmatrix} -f^{j+1}(a^{j+1}) \\ 0 \\ b^j \end{pmatrix}$ になり，(2.5.26)の可換性がわかりました．

　最後に証明することはこの $\gamma^\bullet$ が同型であることです．先に言いましたように $C(v^\bullet) = B[1]^\bullet \oplus A[1]^\bullet \oplus B^\bullet$ ですから $\delta^\bullet : C(v^\bullet) \to A[1]^\bullet$ を $\delta^j \begin{pmatrix} b^{j+1} \\ a^{j+1} \\ b^j \end{pmatrix} = a^{j+1}$，すなわち，射影と定義すると，まず射の合成 $(\delta^j \circ \gamma^j)(a^{j+1}) = \delta^j \begin{pmatrix} f^{j+1}(a^{j+1}) \\ a^{j+1} \\ 0 \end{pmatrix}$
$= a^{j+1}$，すなわち，$\delta^\bullet \circ \gamma^\bullet = \mathrm{id}_{A[1]^\bullet}{}^\bullet$ です．次は $(\gamma^j \circ \delta^j) \begin{pmatrix} b^{j+1} \\ a^{j+1} \\ b^j \end{pmatrix} = \gamma^j(a^{j+1})$
$= \begin{pmatrix} f^{j+1}(a^{j+1}) \\ a^{j+1} \\ 0 \end{pmatrix}$ ですから，$\gamma^\bullet \circ \delta^\bullet = \mathrm{id}_{C(v^\bullet)}{}^\bullet$ ではありません．$K(\mathcal{A})$ での同型を言いたいのですから，$\gamma^\bullet \circ \delta^\bullet$ と $\mathrm{id}_{C(v^\bullet)}{}^\bullet$ がホモトピックであればいいわけですので，今度もまた

（2.5.32）　　$\gamma^\bullet \circ \delta^\bullet - \mathrm{id}_{C(v^\bullet)}{}^\bullet = t[1]^\bullet \circ d_{C(v^\bullet)}{}^\bullet - d_{C(v^\bullet)}[-1]^\bullet \circ t^\bullet$

となるようなホモトピー $t^j : C(v^\bullet)^j \to C(v^\bullet)^{j-1}$ がほしいわけです．今度も

$t^\bullet = \begin{bmatrix} 0 & 0 & \mathrm{id}_{B^\bullet} \\ 0 & 0 & 0 \\ 0 & 0 & 0 \end{bmatrix}$ とすると上の計算のようにして(2.5.32)が確かめられ, $\gamma^\bullet \circ \delta^\bullet \sim \mathrm{id}_{C(v^\bullet)}{}^\bullet$ がわかります. (D.T.4)を確かめることが少し長くなってしまいました.

(**D.T.5**) 二つの特別三角の間に $\alpha^\bullet$ と $\beta^\bullet$ が与えられたときは

$$(2.5.33)\quad \begin{array}{ccccccc} A^\bullet & \xrightarrow{f^\bullet} & B^\bullet & \xrightarrow{g^\bullet} & C^\bullet & \xrightarrow{h^\bullet} & A[1]^\bullet \\ \downarrow{\scriptstyle \alpha^\bullet} & & \downarrow{\scriptstyle \beta^\bullet} & & \dashdownarrow{\scriptstyle \gamma^\bullet} & & \downarrow{\scriptstyle \alpha[1]^\bullet} \\ 'A^\bullet & \xrightarrow{'f^\bullet} & 'B^\bullet & \xrightarrow{'g^\bullet} & 'C^\bullet & \xrightarrow{'h^\bullet} & 'A[1]^\bullet \end{array}$$

が三角間の射となるように $\gamma^\bullet$ が定義できるということです. 二つの三角が特別三角なので始めから $C^\bullet = C(f^\bullet)$, $'C^\bullet = C('f^\bullet)$ と思っていいわけだから $\gamma^\bullet = \alpha[1]^\bullet \oplus \beta^\bullet$ とすれば, (2.5.33)は真中の四角も可換になります.

最後の(D.T.6)は込み入っています.

(**D.T.6**) まず二つの特別三角が与えられていて, それらを

$$(2.5.34)\quad \begin{cases} A^\bullet \xrightarrow{f^\bullet} B^\bullet \xrightarrow{v^\bullet} C(f^\bullet) \xrightarrow{w^\bullet} A[1]^\bullet, \\ B^\bullet \xrightarrow{g^\bullet} C^\bullet \xrightarrow{'v^\bullet} C(g^\bullet) \xrightarrow{'w^\bullet} B[1]^\bullet \end{cases}$$

と表すと, この二つから $A^\bullet \xrightarrow{g^\bullet \circ f^\bullet} C^\bullet$ が得られますが, これから

$$(2.5.35)\quad A^\bullet \xrightarrow{g^\bullet \circ f^\bullet} C^\bullet \xrightarrow{''v^\bullet} C(g^\bullet \circ f^\bullet) \xrightarrow{''w^\bullet} A[1]^\bullet$$

という特別三角が出てきます. これら三つの特別三角をダイヤモンドの(自然)結晶の形

(2.5.36)

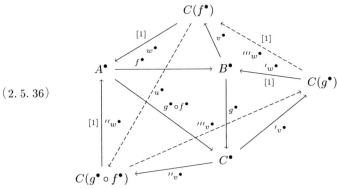

と書くのがよいでしょう(この特別三角で始めから第三番目の対象である複体を $C(f^\bullet)$, $C(g^\bullet)$, $C(g^\bullet \circ f^\bullet)$ で置き換えておきましたので悪しからず). このとき

(2.5.37) $\qquad C(f^\bullet) \xrightarrow{u^\bullet} C(g^\bullet \circ f^\bullet) \xrightarrow{'''v^\bullet} C(g^\bullet) \xrightarrow{'''w^\bullet} C(f^\bullet)[1]^\bullet$

も特別三角になるというのが(D.T.6)の主張です.

すなわち, ある射 $u^\bullet : C(f^\bullet) \to C(g^\bullet \circ f^\bullet)$ が存在して, $C(g^\bullet)$ が $C(u^\bullet)$ と同型になるようにできるということです. またこのとき(2.5.36)の三角以外の三角形のところは可換なダイアグラムになります. $C(f^\bullet) = A[1]^\bullet \oplus B^\bullet$, $C(g^\bullet \circ f^\bullet) = A[1]^\bullet \oplus C^\bullet$ ですから $u^\bullet : C(f^\bullet) \to C(g^\bullet \circ f^\bullet)$ を(自然に)定義するには(2.5.36)にあるように $g^\bullet : B^\bullet \to C^\bullet$ を使えばいいわけです. $u^j(a^{j+1}, b^j) = (a^{j+1}, g^j(b^j))$ となればよいので

(2.5.38) $\qquad u^\bullet = \begin{bmatrix} \mathrm{id}_A \bullet [1]^\bullet & 0 \\ 0 & g^\bullet \end{bmatrix}$

が $u^\bullet$ の定義です. $'''v^\bullet$ は $C(g^\bullet \circ f^\bullet) = A[1]^\bullet \oplus C^\bullet$ から $C(g^\bullet) = B[1]^\bullet \oplus C^\bullet$ への射ですから, 今度は

(2.5.39) $\qquad '''v^\bullet = \begin{bmatrix} f[1]^\bullet & 0 \\ 0 & \mathrm{id}_C \bullet^\bullet \end{bmatrix}$

でいいわけです. $'''w^\bullet$ は(2.5.36)を見るとわかるように, 右上の三角形のところを可換にするには,

(2.5.40) $\qquad '''w^\bullet = v[1]^\bullet \circ 'w^\bullet$

と定義するしかありません. (2.5.38), (2.5.39), (2.5.40)で定めた射で定義された三角(2.5.37)がほんとうに特別三角になるかどうかです. 先に言いましたように

(2.5.41)
$$\begin{array}{ccccccc}
C(f^\bullet) & \xrightarrow{u^\bullet} & C(g^\bullet \circ f^\bullet) & \xrightarrow{'''v^\bullet} & C(g^\bullet) & \xrightarrow{'''w^\bullet} & C(f^\bullet)[1] \\
\Big\| & & \Big\| & & \Big\downarrow \delta^\bullet & & \Big\| \\
C(f^\bullet) & \xrightarrow{u^\bullet} & C(g^\bullet \circ f^\bullet) & \xrightarrow{''''v^\bullet} & C(u^\bullet) & \xrightarrow{''''w^\bullet} & C(f^\bullet)[1]
\end{array}$$

が同型かということです, すなわち, $\delta^\bullet$ が同型か? まずは $C(g^\bullet) = B[1]^\bullet \oplus C^\bullet$ から $C(u^\bullet) = C(f^\bullet)[1] \oplus C(g^\bullet \circ f^\bullet) = (A[1]^\bullet \oplus B^\bullet)[1] \oplus (A[1]^\bullet \oplus C^\bullet)$ への射

$\delta^\bullet$ を定義することです．このようなときはダイアグラム (2.5.36) を見るのがヒントです．$B[1]^\bullet\oplus C^\bullet$ の元 $\begin{pmatrix}b^{j+1}\\c^j\end{pmatrix}$ から $(A[1]^\bullet\oplus B^\bullet)[1]\oplus(A[1]^\bullet\oplus C^\bullet)=A[2]^\bullet\oplus B[1]\oplus A[1]^\bullet\oplus C^\bullet$ へ進む射は恒等射しかありません．すなわち

$$(2.5.42)\qquad \delta^\bullet=\begin{bmatrix}0 & 0\\ \mathrm{id}_{B^\bullet}[1]^\bullet & 0\\ 0 & 0\\ 0 & \mathrm{id}_{C^\bullet}\end{bmatrix}$$

です．また逆の方向 ${}'\delta^\bullet:C(u^\bullet)\to C(g^\bullet)$ の射は (2.5.36) から見て (2.5.42) を帳消しにするような定め方は

$$(2.5.43)\qquad {}'\delta^\bullet=\begin{bmatrix}0 & \mathrm{id}_{B^\bullet}[1]^\bullet & f[1]^\bullet & 0\\ 0 & 0 & 0 & \mathrm{id}_{C^\bullet}\end{bmatrix}$$

でしょう．${}'\delta^\bullet\circ\delta^\bullet=\mathrm{id}_{C(g^\bullet)}{}^\bullet$ とずばりですが，$\delta^\bullet\circ{}'\delta^\bullet=\mathrm{id}_{C(u^\bullet)}{}^\bullet$ ではなく，(D.T.4) でも出てきましたように，$K(\mathcal{A})$ での同型，すなわち，$\delta^\bullet\circ{}'\delta^\bullet$ と $\mathrm{id}_{C(u^\bullet)}{}^\bullet$ はホモトピックにはなります(なってくれなきゃ困ります！)．ですからホモトピー $s^j:C(u^\bullet)^j\to C(u^\bullet)^{j-1}$ をうまく定義することです．実は

$$(2.5.44)\qquad s^\bullet=\begin{bmatrix}0 & 0 & \mathrm{id}_{A^\bullet}[1]^\bullet & 0\\ 0 & 0 & 0 & 0\\ 0 & 0 & 0 & 0\\ 0 & 0 & 0 & 0\end{bmatrix}$$

でいいのです．$\mathrm{id}_{C(u^\bullet)}-\delta^\bullet\circ{}'\delta^\bullet=s[1]^\bullet\circ d_{C(u^\bullet)}{}^\bullet-d_{C(u^\bullet)}[-1]^\bullet\circ s^\bullet$ となること，および上で定義した $\delta^\bullet$ と ${}'\delta^\bullet$ が (2.5.41) を可換にすること，すなわち，三角間の射となることは (D.T.4) でしたことと同じように確かめておいてください．これが特別三角の持つ性質 (D.T.6) です．

　これで導来カテゴリーの話は終わりにしますが，これから長いコメントを加えます．(D.T.1) から (D.T.6) を公理として扱ったときの**三角化されたカテゴリー** (triangulated category) というのは；加法的カテゴリー $\mathcal{C}$ (第 1 章のアーベリアン・カテゴリーの定義の (A.1)

から(A.6)のうち，(A.1)から(A.5)を満たすのが**加法的カテゴリー**(additive category)です)であって，$T:\mathcal{C}\rightsquigarrow\mathcal{C}$ という加法的な関手($\mathcal{C}=K(\mathcal{A})$ のときは $T=[1]:K(\mathcal{A})\rightsquigarrow K(\mathcal{A})$ のことです)が与えられており，三角の族 $\mathcal{S}$ も与えられていて，この族 $\mathcal{S}$ に入っている三角が(D.T.1)から(D.T.6)を満たすとき，この加法的カテゴリー $\mathcal{C}$ を三角化されたカテゴリーと定義するのです．また(D.T.6)で書きましたダイヤモンドの結晶ダイアグラム(2.5.36)は

(2.5.45)

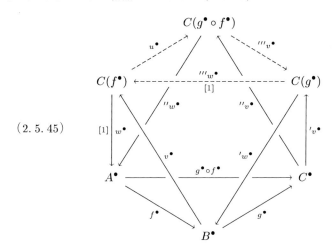

としばしば書かれたりします．または，

(2.5.46)

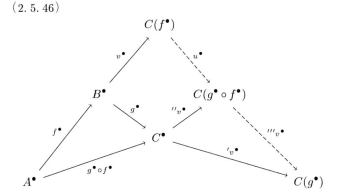

と書く人もいますが自分のとらえ方に合ったダイアグラムを選んでください(今になって思うと，(2.5.46)がよいのかも知れません)．$K(\mathcal{A})$ が，すぐ上で言いました三角化されたカテゴリーであること(すなわち，(D.T.1)～(D.T.6))は証明しましたが，実は導来カテゴリー $D(\mathcal{A})$ も三角化されたカテゴリーです．この場合は $A^\bullet \xrightarrow{f^\bullet} B^\bullet$ という $D(\mathcal{A})$ の射は(2.4.11)の前後で話しましたように $('f^\bullet, s^\bullet)$ という組の同値類 $'f^\bullet/s^\bullet$

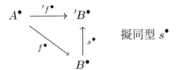

のことでした．そこでまず $K(\mathcal{A})$ 内の特別三角 $A^\bullet \xrightarrow{'f^\bullet} 'B^\bullet \xrightarrow{'v^\bullet} C('f^\bullet) \xrightarrow{'w^\bullet} A[1]^\bullet$ を作っておくと，

(2.5.47)
$$\begin{array}{ccccccc} A^\bullet & \xrightarrow{'f^\bullet} & 'B^\bullet & \xrightarrow{'v^\bullet} & C('f^\bullet) & \xrightarrow{'w^\bullet} & A[1]^\bullet \\ \Vert & & u \downarrow {\scriptstyle s^{\bullet-1}} & & \Vert & & \Vert \\ A^\bullet & \xrightarrow{f^\bullet} & B^\bullet & \xrightarrow{'v^\bullet \circ s^\bullet} & C('f^\bullet) & \xrightarrow{'w^\bullet} & A[1]^\bullet \end{array}$$

の下の三角が $D(\mathcal{A})$ での特別三角です．細分まで証明すると長くなりますが，$D(\mathcal{A})$ の特別三角の族も(D.T.1)から(D.T.6)を満たすことを証明することは，よい導来カテゴリーの練習です．

　左完全な関手 $F: \mathcal{A} \rightsquigarrow \mathcal{B}$ に対して $\boldsymbol{R}F: D^+(\mathcal{A}) \rightsquigarrow D^+(\mathcal{B})$ を(2.4.21)で $\boldsymbol{R}FA^\bullet = FI^\bullet$ と定義しました．そしてこの複体のコホモロジー(関手)は超導来関手：$\mathrm{Co}^+(\mathcal{A}) \rightsquigarrow \mathcal{B}$，すなわち，$\boldsymbol{R}^j FA^\bullet \stackrel{\mathrm{def}}{=} H^j(FI^\bullet) \stackrel{\approx}{\leftarrow} F^j A^\bullet$ でした．超導来関手は $F^0 = F \circ H^0: \mathrm{Co}^+(\mathcal{A}) \rightsquigarrow \mathcal{B}$ の導来関手です((2.4.23)や(2.2.46)～(2.2.51)のあたりを見てください)．ですから $0 \to A^\bullet \to B^\bullet \to C^\bullet \to 0$ という $\mathrm{Co}^+(\mathcal{A})$ の完全列を $\mathcal{B}$ 内での長いコホモロジーの完全列に移します．ということは導来関手 $\boldsymbol{R}F: D^+(\mathcal{A}) \rightsquigarrow D^+(\mathcal{B})$ は $D^+(\mathcal{A})$ の特別三角を $D^+(\mathcal{B})$ の特別三角に運ぶということです．三角をらせん(spiral，渦巻き)のように書き，上に言ったことを

2.5 コホモロジー論の作りなおし　　161

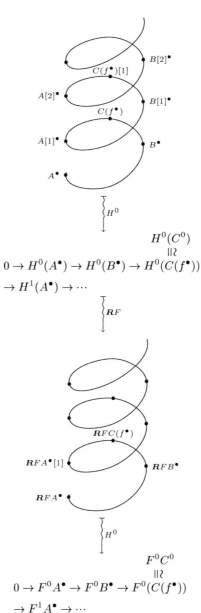

$$0 \to H^0(A^\bullet) \to H^0(B^\bullet) \to H^0(C(f^\bullet))$$
$$\to H^1(A^\bullet) \to \cdots$$

(2.5.48)

$$0 \to F^0 A^\bullet \to F^0 B^\bullet \to F^0(C(f^\bullet))$$
$$\to F^1 A^\bullet \to \cdots$$

と書いてみたらどうでしょうか．(2.5.48)の下部の $\mathcal{A}$ 内のコホモロジー完全列を F で $\mathcal{B}$ 内に移したものは，(2.5.48)の右の下部の超コホモロジー完全列とは無関係ではありません．$F:\mathcal{A}\rightsquigarrow\mathcal{B}$ が左完全のみならず完全な関手であるときは，$0\to F(H^0(A^\bullet))\to F(H^0(B^\bullet))\to F(H^0(C^\bullet))\to F(H^1(A^\bullet))\to\cdots$ が完全列のみならず，これは $0\to H^0(FA^\bullet)\to H^0(FB^\bullet)\to H^0(FC^\bullet)\to H^1(FA^\bullet)\to\cdots$（$F$ は完全関手ですから Ker および Im と可換です）のことです．また完全関手 F に対して，超コホモロジー，例えば $F^n A^\bullet$ のスペクトル系列 (2.2.54) $E_1^{p,q}=R^q FA^p$ は $q=0$ 以外でゼロですから，$F^n A^\bullet \xleftarrow{\simeq} H^n(FA^\bullet)$ です（このことは，すでに二，三度出てきました），すなわち，F が完全なら (2.5.48) の左下の完全列は F によって，右下の完全列そのものです．次に F が左完全関手としか仮定しない場合は，F で $\mathcal{B}$ の中に運ばれた列は，完全にはならないことは言うにおよばずですが，おのおの対応する項，すなわち，$FH^j(A^\bullet)$ と $F^j A^\bullet$ は，超コホモロジーのスペクトル系列 (2.2.55) の ${}'E_2^{0,j}=R^0 F(H^j(A^\bullet))=F(H^j(A^\bullet))\Longrightarrow E^j=F^j A^\bullet$ という関係です．

またもや夢中になってしまいました．できるだけスペクトル系列に関連しつつ導来カテゴリーを説明したし，できるだけ自然に三角化されたカテゴリーにつなぎたかったわけです．要するに $\mathrm{Co}(\mathcal{A})$ でのコホモロジーが $K(\mathcal{A})$ を通って $D(\mathcal{A})$ についたら，コホモロジーを取る必要がなくなったというか，導来カテゴリー $D(\mathcal{A})$ の対象自身がコホモロジーの情報をすでに持っていたわけです．$\mathrm{Co}(\mathcal{A})$ でのコホモロジーが威力を発揮するのは一つにはコホモロジーの長い完全列があることです．それを導来カテゴリーでやったのが三角の概念です．上で話したことは $D(\mathcal{A})$ では（特別）三角に対してコホモロジーを取ることはもはや必要でなく，三角自身が長いコホモロジー完全列の情報をすでに持っているのです．

「まえがき」にある「…比良山風の海吹けば……」の比良山風が

空高く昇るのを感じられたでしょうか？ 碧海に釣する海人の袂を翻すにはふわっと気持ちよく海に向かうことです．なにもかもがうまくいって夢ごこちで導来カテゴリーにきましたが次の Appendix では，それをもっと具体的に目で見ることができます．

　　夢よりも現(うつつ)の鷹ぞ頼母(たのも)しき

　そうです．あまり夢(ビジョン)の世界に入りすぎると，数学においても危険性をともなうものです．それこそ，A. ベイユ(Weil)に「So what?」(だから，何だというのだ?!)と言われてしまうことになりかねません．

Appendix

コホモロジー代数史とその展望

　この Appendix では代数幾何と代数解析において，これまでに話してきた考え方がどのように応用されているかを，例を通して話を進めていきます．ただし，ここに書かれている内容は，初めてコホモロジーを学ぶ初学者にはわかりにくいかもしれません．しかし，コホモロジーの考え方がどんなに現代数学の根幹で深く生き生きと応用されているか，その雰囲気は感じとってもらえるのではないかと思います．

　また代数幾何的な数論，そして代数解析的な複素多変数解析にも少しふれます．言うなればコホモロジー幾何とコホモロジー解析がこの Appendix の内容です．しかし，この Appendix でふれるのは，ほんのコホモロジー的な側面でありまして代数幾何や代数解析の深いところは，この Appendix に書く文献を参考にして，そこでこの二つの大きな現代数学の流れを学んでくださるようお願いします．

　カテゴリーはコホモロジー代数のため，コホモロジー代数はオイラー，ガウス，リーマンの考えたことを実らすような数学(すなわち，代数幾何や代数解析)のためと思ってここまで書いてきました．代数幾何学においては歴史的にいって，例えば A. Weil の 1946 年 *Foundations of Algebraic Geometry*, A.M.S. Coll. Publ. vol. **29** の本でも 358 ページも費やされました．体上の代数多様体を相対的に一般の環からやりなおそうとした A. Grothendieck(with J. Dieudonné)の 1960 年からの *Eléments de Géométrie Algébrique*(E.G.A.), IHES Publi. Math., Nos. **4, 8, 11, 17, 20, 24, 28, 32** は，本というよりも代数幾何環論的百科事典的なものになってしまい発散してしまいました．似かよったことがカテゴリー論にも言えまして，コ

ホモロジー代数のため，行く行くは代数幾何，ゼータ函数のためといっても，あまりカテゴリーをやりすぎますと発散してしまって収穫を準備事で割った御利益指数 = $\dfrac{\text{収穫}}{\text{準備事}}$ が小さくなってしまいます(武道でも小さな人が大きな人を投げ倒すときがおもしろいわけです．このことを第1章と第2章を書く上で意識しました)．第1章と第2章で層のコホモロジー論を話しましたが，その一般化されたもの site(場所)と topos について少し話します．第1章の(1.2.5)から(1.2.20)のあたりの米田の補題を使います．$\mathcal{C}$ をカテゴリーとします．そのとき，$\widetilde{\phantom{\mathcal{C}}}:\mathcal{C}\rightsquigarrow Sets^{\mathcal{C}}$, $U\rightsquigarrow \widetilde{U}=\mathrm{Hom}_{\mathcal{C}}(U,-)$ を第1章で考えましたが，今度は

(A.1) $\qquad\qquad\qquad \widehat{\phantom{\mathcal{C}}}:\mathcal{C}\rightsquigarrow Sets^{\mathcal{C}^\circ}$,

$U\rightsquigarrow \widehat{U}=\mathrm{Hom}_{\mathcal{C}}(-,U)$ を考えます．この場合も $\widehat{U}:\mathcal{C}^\circ\rightsquigarrow Sets$ は共変関手で，(A.1) で定義された $\widehat{}$ も共変関手で，かつ充満忠実です．この関手 $\widehat{}$ を**米田の埋め込み**といいます．$Sets^{\mathcal{C}^\circ}$ を $\widehat{\mathcal{C}}$ と書きます．位相空間 X の位相から作ったカテゴリー $\mathcal{T}$ から前層のカテゴリー $\mathcal{P}=Sets^{\mathcal{T}^\circ}$ を定義しました((1.4.1)を見てください)．ここでしたいのは，$\mathcal{T}^\circ$ を一般のカテゴリー $\mathcal{C}^\circ$ で置き換えて層の理論そしてそのコホモロジー論を作ろうということです．第1章で前層からなるカテゴリー $\mathcal{P}=Sets^{\mathcal{T}^\circ}$ から充満な部分カテゴリーである層のカテゴリー $\mathcal{S}$ を(S.1)で定義しました((S.1)は(1.4.9)の少し後です)．この(S.1)が $\mathcal{T}$ を $\mathcal{C}$ で置き換えた前層のカテゴリー $\widehat{\mathcal{C}}=Sets^{\mathcal{C}^\circ}$ においても意味を持つように定式化することから始めます．(S.1)を見てみますと位相空間のかってな開集合 $U\in\mathcal{T}$ についての開集合 $\{U_i\}$ によるカバー $U=\bigcup U_i$ から話が始まっています．そこで次のようにします．$\mathrm{Cov}(\mathcal{C})$ という集合が与えられていて，U をある $\mathcal{C}$ の対象としたとき，$\mathrm{Cov}(\mathcal{C})$ の元である U のカバーを，上の位相空間の場合の(普通のカバー)$U=\bigcup_{i\in I} U_i$ をカテゴリー的に表せばいいのですから，$U_i\hookrightarrow U$ のかわりに「$U_i\xrightarrow{u_i} U$ という射があり」とし，また U 自身は U のカバーですから，

(g.t.1)　同型 $U'\xrightarrow{\iota} U$ は U のカバーであり，すなわち，$\mathrm{Cov}(\mathcal{C})$ の元であること，また $U=\bigcup U_i$ であり，$V\subset U$ なら確かに $V=\bigcup U_i\cap V$ ですから，カテゴリーでこれを言い換えると，

(g.t.2)　$\mathcal{C}$ の射 $V\xrightarrow{f} U$ に対してもし $\{U_i\xrightarrow{u_i} U\}_{i\in I}$ が $\mathrm{Cov}(\mathcal{C})$ の元の，一つの U のカバーなら，U 上のファイバー積 $\{U_i\times_U V\to V\}$ は V のカバーになる，

となります．

(g.t.2)のダイアグラムを書きますと

Appendix コホモロジー代数史とその展望　167

（A.2）
$$\begin{array}{ccc} U_i & \longleftarrow & U_i \times_U V \\ \downarrow{\iota_i} & & \downarrow \\ U & \xleftarrow{f} & V \end{array}$$

のことです．この他にカバー(covering)を特徴づけるものといえば，もし $U = \bigcup_{i \in I} U_i$ であり $U_i = \bigcup_{j \in J_i} V_{ij}$ であれば $U = \bigcup_{\substack{i \in I \\ j \in J_i}} V_{ij}$ とまた U のカバーが得られるということです．これのカテゴリー版は次のようにすればよいわけです．集合 $\mathrm{Cov}(\mathcal{C})$ において

(g.t.3)　もし $\{U_i \xrightarrow{\iota_i} U\}$ が $\mathrm{Cov}(\mathcal{C})$ の元であり，またおのおのの対象 U_i に対して $\{V_{ij} \xrightarrow{\iota_{ij}} U_i\}$ も $\mathrm{Cov}(\mathcal{C})$ の元であるとき，合成の $\{V_{ij} \xrightarrow{\iota_i \circ \iota_{ij}} U\}_{j \in J_i, i \in I}$ も $\mathrm{Cov}(\mathcal{C})$ の元になる

という公理です．いろいろな射の集まり $\{U_i \to U\}$ の中で(g.t.1), (g.t.2), (g.t.3)を満たすような $\{U_i \to U\}$ を U の**カバー**といいます．これが層の定義(S.1)の前半分のカテゴリー版です．ですから $\mathrm{Cov}(\mathcal{C})$ は対象 U を $\mathcal{C}$ の中でいろいろ取ったときの U のカバー $\{U_i \to U\}_{i \in I}$ の集まりです(添字集合 I はほんとうは I_U と書くべきでしょうが)．

（A.3）　　　　　$\mathrm{Cov}(\mathcal{C}) = \{\{U_i \longrightarrow U\}_{i \in I} ; \ U \in \mathcal{C}\}.$

このように対象のカバーの集合 $\mathrm{Cov}(\mathcal{C})$ が与えられたカテゴリー $\mathcal{C}$ を**サイト**(site, 場所という意味です)とか，一つの**グロタンディエック位相**が与えられたカテゴリーとかいいます．

これで文字通り層の理論を作り上げる場所，すなわちサイトが定まったわけです．これで層の定義の位相空間の部分の翻訳ができましたので層の定義(S.1)の後半に入ります．$\mathcal{T}^\circ$ を一般のカテゴリー $\mathcal{C}^\circ$ に置き換えたことは，清水の舞台から飛び降りると言えば大袈裟になりますが思い切ったことにはまちがいないわけです．しかしその御利益もあるわけです．そのところを話します．(S.1)を見ますと，$F \in \mathcal{P} = \mathcal{S}ets^{\mathcal{T}^\circ}$ に対して $s_i \in F(U_i)$ とか $\rho_{U_i, U_i \cap U_j}(s_i) = \rho_{U_j, U_i \cap U_j}(s_j)$ とかいっていますが，これを $F \in \widehat{\mathcal{C}} = \mathcal{S}ets^{\mathcal{C}^\circ}$ に対して言い直します．下のダイアグラムの左のほうは $\mathcal{C}$ 内のもので，それを F で $\mathcal{S}ets$ 内にもっていったのが右です．

（A.4）
$$\begin{array}{ccc} U_i & \longleftarrow & U_i \times_U U_j \\ \downarrow{\iota_i} & & \downarrow \\ U & \xleftarrow{\iota_j} & U_j \end{array} \quad \xrightarrow{F} \quad \begin{array}{ccc} F(U_i) & \xrightarrow{\rho_{U_i, U_i \cap U_j}} & F(U_i \times_U U_j) \\ \uparrow{\rho_{U, U_i}} & & \uparrow{\rho_{U_j, U_j \cap U_i}} \\ F(U) & \xrightarrow{\rho_{U, U_j}} & F(U_j) \end{array}$$

上の右のダイアグラムで(S.1)を言ってみてください．しかしこの(A.4)の右のダ

イアグラムは米田の補題で

$$(A.5) \quad \begin{array}{ccc} \mathrm{Hom}_{\widehat{\mathcal{C}}}(\widehat{U_i},F) & \longrightarrow & \mathrm{Hom}_{\widehat{\mathcal{C}}}(\widehat{U_i\times_U U_j},F) \\ \uparrow & & \uparrow \\ \mathrm{Hom}_{\widehat{\mathcal{C}}}(\widehat{U},F) & \longrightarrow & \mathrm{Hom}_{\widehat{\mathcal{C}}}(\widehat{U_j},F) \end{array}$$

となります. 先ほど言いましたように $\widehat{\ }:\mathcal{C}\rightsquigarrow\widehat{\mathcal{C}}=\mathcal{S}ets^{\mathcal{C}^\circ}$ は埋め込みですので $\widehat{U}$, $\widehat{U_i}$, … を U, U_i, … と思えば, (S.1)は下のダイアグラム(A.6)において上部の二つの三角形が同じ射 $U_i\times_U U_j \to F$ であるならただ一つの射 $s:U\to F$ があって $s_i=s\circ \iota_i$, $s_j=s\circ \iota_j$ となるということを言っているわけです.

(A.6)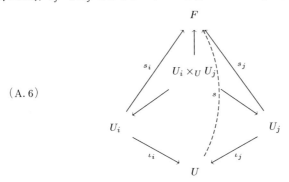

このことを言い換えますと $\mathcal{S}ets$ 内で

$$(A.7) \quad S' \xrightarrow{\rho} S \begin{array}{c} \rho' \\ \rightrightarrows \\ \rho'' \end{array} S''$$

とあったとき, もし $\rho'(s)=\rho''(s)$ となるすべての元 s の集合に対して ρ が同型(全単射)であるとき(A.7)は完全であると, 定義します. これを使って(S.1)は

$$(A.8) \quad F(U) \xrightarrow{\rho} \prod_{i\in I} F(U_i) \begin{array}{c} \rho' \\ \rightrightarrows \\ \rho'' \end{array} \prod_{i,j\in I} F(U_i\times_U U_j)$$

が完全と言ってよいわけです. ここで ρ,ρ',ρ'' は ρ_{U,U_i}, $\rho_{U_i,U_i\cap U_j}$, $\rho_{U_j,U_j\cap U_i}$ から定まる射です. また, 米田の補題と埋め込みを使った(A.5)や(A.6)は, 完全列

$$(A.9) \quad \mathrm{Hom}_{\widehat{\mathcal{C}}}(U,F) \longrightarrow \prod_{i\in I}\mathrm{Hom}_{\widehat{\mathcal{C}}}(U_i,F) \Longrightarrow \prod \mathrm{Hom}_{\widehat{\mathcal{C}}}(U_i\times_U U_j,F)$$

とまとめることができます. 始めに $\mathcal{T}^\circ$ より $\mathcal{C}^\circ$ のほうが利益があると言いましたが, 考え方はよりはっきりとし単純にはなりましたが((A.6)のように考えられるという意味で)書き下すのはより長くかかってしまいました. $F\in\widehat{\mathcal{C}}$ が層になるとは(A.9)が完全なとき(または(A.8)でも(A.6)でも(A.5)でもいいですが)と定義します. そこで $\widetilde{\mathcal{C}}$ で層のカテゴリーを表します. 第2章の(2.3.14)から(2.3.31)を見

Appendix コホモロジー代数史とその展望　169

米田信夫

てください. U のカバー $\{U_i \to U\}_{i \in I}$ のチェック・コホモロジー $H^j(\{U_i \to U\}, F)$ は

(A.10) $\qquad H^j(\{U_i \to U\}_{i \in I}, F) \stackrel{\text{def}}{=} R^j H^0(\{U_i \to U\}, F)$

と定義すればいいわけです. ここで(2.3.14)のように今の場合は

(A.11) $\qquad H^0(\{U_i \to U\}, F) = \text{Ker}\left(\prod_{i \in I} F(U_i) \xrightarrow{d^0} \prod_{i,j \in I} F(U_i \times_U U_j) \right)$

です. 第2章の導来カテゴリーを話す前に出てきたすべてのスペクトル系列をサイトの言葉で書き換えかつ証明することは，ずいぶんエネルギーを必要とする演習です. ここでは第1章のカテゴリー論のところで話したことの応用としてサイトとその上の層を定式化しました. このような数学のしかたに興味を深く持てる人には, 1963-64 年のセミナー：

　　Artin, M.; Grothendieck, A.; Verdier, J.L.,
　　Théorie des Topos et Cohomologie Étale des Schémas (SGA **4**),
　　Lecture Notes in Mathematics, **269**, **270**, **305**, Springer-Verlag,
　　Berlin, New York, 1972, 1973,

そして 1962 年の春の

　　Artin, M.,
　　Grothendieck Topologies,
　　Mimeographed Notes, Harvard University, Cambridge, Mass., 1962

があります.

（そもそもカテゴリーとか関手とか自然変換という言葉が現れたのは 1945 年に出た

Eilenberg, S.; MacLane, S.,
General Theory of Natural Equivalences,
Trans. Amer. Math. Soc. **58** (1945), 231–294

でしょう．これは今でも読んでいい論文だと思います．）上のサイトの説明にも使いました米田の補題はすでに 1954 年の

Yoneda, N.,
On the Homology Theory of Modules,
J. Fac. Sci. Univ. Tokyo, Sect. I. **7** (1954), 193–227

に現れました．第 1 章の (1.2.1) の少し後に話しましたアーベリアン・カテゴリーのアーベル群のカテゴリーの中への完全埋め込み定理は，1960 年の

Lubkin, S.,
Imbedding of Abelian Categories,
Trans. Amer. Math. Soc. **97** (1960), 410–417

で証明されました．第 1 章でも話しましたようにこの論文は S. Lubkin（我が恩師）がコロンビア大学の学部一年のときに Eilenberg の大学院コースを取ったときのクリスマス休みのレポートとして書かれたものでした．ちなみに Lubkin も 20 歳そこそこで Ph.D.（理学博士）を取った人です．その後三，四年内にベイユの予想（Weil's Conjectures）の一部を Lubkin は証明しましたが，ほとんどの人（米国でも）は 20 歳前後で Ph.D. を取ってもその後は世界を驚かせる仕事はしないようです．若くして Ph.D. を取り，その後もどんどん伸びて一流の数学者になる人は，むしろまれなようです．（それは，n 流の数学者（ここにて n はかなりでかい）の名は普通聞かないし，一流数学者の名はよく聞くものですから……．）

次に V を複素非特異解析多様体 (complex non-singular analytic variety) とし，$\mathcal{O}_V$ を V 上の複素解析函数の層とし，そして $\Omega_V^\bullet$ をその $\mathbb{C}$ 線型微分の外微分型式の層 (sheaf of exterior algebras of $\mathbb{C}$-differentials on V) とします．そこで，ド・ラーム複体 (de Rham complex)

(A. 12) $\qquad 0 \longrightarrow \mathcal{O}_V \xrightarrow{d^0} \Omega_V{}^1 \xrightarrow{d^1} \Omega_V{}^2 \xrightarrow{d^2} \cdots$

を $\Omega_V^\bullet$ とします．ポアンカレの補題 (Poincaré lemma) というのは (A. 12) がゼロ次以外で完全であるという補題ですから

(A. 13) $\qquad \mathcal{H}^q(\Omega_V^\bullet) = 0, \qquad q \neq 0$

と書けます．(2.2.55) の ${}'E_2^{p,q} = R^p F(H^q(A^\bullet))$ とか (2.3.43) の $H^p(X, \mathcal{H}^q(F^\bullet))$ でもいいですが，そこから

(A. 14) $\qquad {}'E_2^{p,q} = H^p(V, \mathcal{H}^q(\Omega_V^\bullet)) = 0, \qquad q \neq 0$

Appendix コホモロジー代数史とその展望　171

ベイユ, ルブキン(右)と筆者の左肩

を得ます. (A.12)での $\mathrm{Ker}\, d^0 \approx \mathbb{C}_V$ ですから

(A.15) $\qquad 'E_2{}^{p,0} = H^p(V, \mathbb{C}_V)$

です. このとき $0 = 'E_2{}^{p-2,1} \to 'E_2{}^{p,0} \to 'E_2{}^{p+2,-1} = 0$ ですから $'E_2{}^{p,0} \approx 'E_3{}^{p,0} \approx \cdots \approx 'E_\infty{}^{p,0}$ ですし, その極限の $E^p = \bigoplus\limits_{p'+0=p} 'E_\infty{}^{p',0} = 'E_\infty{}^{p,0}$, すなわち,

(A.16) $\qquad 'E_2{}^{p,0} = H^p(V, \mathbb{C}_V) \approx E^p = H^p(V, \Omega_V{}^\bullet)$

が得られます. もしも V がシュタイン(Stein)多様体であるなら(2.3.42)は $E_1{}^{p,q} = H^q(X, F^p)$ ですから

(A.17) $\qquad E_1{}^{p,q} = H^q(V, \Omega_V{}^p) = 0, \qquad q \neq 0$

が出ます. (複素多変数解析函数論, 複素解析幾何学に関係する本は, 例えば Banica, C.; Stanasila, O., *Algebraic Methods in the Global Theory of Complex Spaces*, John Wiley and Sons, 1976 とか, Gunning, R.C.; Rossi, H., *Analytic Functions of Several Complex Variables*, Prentice-Hall, 1965, または Grauert, H.; Remmert, R., *Theory of Stein Spaces*, Springer-Verlag, 1979 など, 今は良い本がたくさんあります.) 上の(A.17)から

(A.18)

$$\begin{array}{ccccccccc}
\cdots \to & E_1{}^{p-1,0} & \xrightarrow{d_1{}^{p-1,0}} & E_1{}^{p,0} & \xrightarrow{d_1{}^{p,0}} & E_1{}^{p+1,0} & \xrightarrow{d_1{}^{p+1,0}} & \cdots \\
 & \| & & \| & & \| & & \\
\cdots \to & H^0(V, \Omega_V{}^{p-1}) & \longrightarrow & H^0(V, \Omega_V{}^p) & \longrightarrow & H^0(V, \Omega_V{}^{p+1}) & \longrightarrow & \cdots \\
 & \| & & \| & & \| & & \\
\cdots \to & \Gamma(V, \Omega_V{}^{p-1}) & \longrightarrow & \Gamma(V, \Omega_V{}^p) & \longrightarrow & \Gamma(V, \Omega_V{}^{p+1}) & \longrightarrow & \cdots
\end{array}$$

が得られますので $E_2{}^{p,0} = \operatorname{Ker} d_1{}^{p,0}/\operatorname{Im} d_1{}^{p-1,0}$ は $\Gamma(V, \Omega_V{}^\bullet)$ という複体の p 次コホモロジーということになります．すなわち $E_2{}^{p,0} = H^p(\Gamma(V, \Omega_V{}^\bullet))$．この $E_1{}^{p,q}$ から始まるスペクトル系列も $E_2{}^{p-2,1} \to E_2{}^{p,0} \to E_2{}^{p+2,-1}$ において $E_2{}^{p-2,1}$ と $E_2{}^{p+2,-1}$ は，(A.17)の $E_1{}^{p-2,1} = H^1(V, \Omega_V{}^{p-2}) = 0$ および $E_1{}^{p+2,-1} = H^{-1}(V, \Omega_V{}^{p+2}) = 0$ のコホモロジーですので共にゼロです．ですから $E_2{}^{p,0} \approx E_3{}^{p,0} \approx \cdots \approx E_\infty{}^{p,0}$ が言えて，超コホモロジー $\mathbb{H}^p(V, \Omega_V{}^\bullet) = E^p \approx E_2{}^{p,0} = H^p(\Gamma(V, \Omega_V{}^\bullet))$ となります．上の ${}'E_2{}^{p,0}$ とあわせて次の同型が得られました．

(A.19)
$$\begin{array}{ccccc} {}'E_2{}^{p,0} & \xrightarrow{\approx} & E^p & \xleftarrow{\approx} & E_2{}^{p,0} \\ \| & & \| & & \| \\ H^p(V, \mathbb{C}_V) & \xrightarrow{\approx} & \mathbb{H}^p(V, \Omega_V{}^\bullet) & \xleftarrow{\approx} & H^p(\Gamma(V, \Omega_V{}^\bullet)) \end{array}$$

層という考え方は，次の二人から始まったと言われます．多変数複素解析学における岡潔と代数的トポロジーを研究していた J. Leray(J. ルレー)です．二人とも第二次世界大戦(World War II)中に層の概念を得たということです．この岡潔の研究が H. Cartan(カルタン)のセミナーに影響を与え，それは 1950 年代の初めのころです．「まえがき」にもふれましたが，1956 年に現れた

 Cartan, H.; Eilenberg, S.,
 Homological Algebra,
 Princeton Univ. Press, Princeton, N.J., 1956

は，1958 年の

 Godement, R.,
 Topologie Algébrique et Théorie des Faisceaux,
 Hermann, Paris, 1958

と並んで数学界に大きく影響を与えました．そして先に話しました E.G.A. に先立って Grothendieck の 1957 年

 Grothendieck, A.,
 Sur Quelques Points d'Algèbre Homologique,
 Tôhoku Math. J. (2) **9** (1957), 119–221

も 1960 年以降の代数幾何のコホモロジー理論のバックグラウンドの一つとなりました．そもそも代数幾何学というのは，有限個の変数 $X_1, X_2, \cdots, X_n$ の有限個の，ある可換環 A に係数を持つ多項式 $f_1, f_2, \cdots, f_l$ の共通なゼロ点の集合を研究することです．すなわち $f_1, f_2, \cdots, f_l \in A[X_1, X_2, \cdots, X_n]$ の共通ゼロ点を可換環 B の中に見つけるとは，$X_1, X_2, \cdots, X_n$ をそれぞれ B の元 $b_1, b_2, \cdots, b_n$ で置き換えた

ら $f_1(b_1,b_2,\cdots,b_n)=0$, $f_2(b_1,b_2,\cdots,b_n)=0$, $\cdots$, $f_l(b_1,b_2,\cdots,b_n)=0$ ということですから,

(A.20)
$$A[X_1,X_2,\cdots,X_n]/(f_1,f_2,\cdots,f_l)$$
$$\uparrow \quad \overset{s}{\nwarrow}$$
$$A \xrightarrow{\varphi} B$$

という A 代数(A-algebra)準同型 s をみつけることです．ここで $(f_1,f_2,\cdots,f_l)$ は多項式 $f_1,f_2,\cdots,f_l$ が $A[X_1,X_2,\cdots,X_n]$ 内で生成するイデアルで φ は B を A 代数とする準同型です(例えば $A=\mathbb{Z}$, 整数環, で $B=\mathbb{Q}$, 有理数体なら φ は標準的な単射です)．もっと幾何学的に言うのなら

(A.21)
$$\begin{cases} f_1(x_1,x_2,\cdots,x_n)=0, \\ f_2(x_1,x_2,\cdots,x_n)=0, \\ \cdots\cdots\cdots, \\ f_l(x_1,x_2,\cdots,x_n)=0 \end{cases}$$

を満たす $A^n = \overbrace{A\times A\times\cdots\times A}^{n}$ 内の"点"$(x_1,x_2,\cdots,x_n)\in A^n$ に対して，例えば f_k, $k=1,2,\cdots,l$ が $\sum a_{i_1\cdots i_n}X_1^{i_1}\cdots X_n^{i_n}$ なら,

(A.22) $s(f_k(x_1,x_2,\cdots,x_n)) = s\left(\sum a_{i_1\cdots i_n}x_1^{i_1}x_2^{i_2}\cdots x_n^{i_n}\right)$
$$= \sum a_{i_1\cdots i_n}s(x_1)^{i_1}s(x_2)^{i_2}\cdots s(x_n)^{i_n}$$
$$= \sum a_{i_1\cdots i_n}b_1^{i_1}b_2^{i_2}\cdots b_n^{i_n}=0, \quad \text{ここで } b_j=s(x_j),\ j=1,\cdots,n$$

ですから(A.21)を満足する B^n 内の"点"(B-rational point)$(b_1,b_2,\cdots,b_n)$ を見つけるとは(A.20)の A 代数準同型 s を見つけるということです．すなわち(A.21)というのは，ある A 代数 C が A 上有限個の生成元 $x_1,x_2,\cdots,x_n$ を持ち，すなわち,

(A.23) $$A[X_1,X_2,\cdots,X_n] \xrightarrow{\Psi} C \longrightarrow 0$$

という A 代数準同型射が全射であって $\mathrm{Ker}\,\Psi$ がイデアル $(f_1,\cdots,f_l)$ だということなのです．すなわち，$A[x_1,x_2,\cdots,x_n]=C \xleftarrow{\approx} A[X_1,X_2,\cdots,X_n]/(f_1,f_2,\cdots,f_l)$．そして A 代数 C から A 代数 B への準同型は生成元 $x_1,x_2,\cdots,x_n$ の行き先を定めれば決まりますから $(b_1,b_2,\cdots,b_n)\in B^n$ を定めるということは $s(x_1),s(x_2),\cdots,s(x_n)$ を決めるということなので，C から B への A 代数準同型の集まり

(A.24) $$\mathrm{Hom}_A(C,B)$$

は B^n 内の共通ゼロ点 $(b_1,b_2,\cdots,b_n)$ の集まりと一対一の対応です．$\mathrm{Spec}\,C$ で C の素イデアル全体を表せば(A.20)は

(A.25)
$$\begin{array}{c} \operatorname{Spec} C = \operatorname{Spec} A[x_1, x_2, \cdots, x_n] \\ \downarrow \qquad \nwarrow \\ \operatorname{Spec} A \longleftarrow \operatorname{Spec} B \end{array}$$

です.この Spec$C$ のようなものを**アフィン・スキーム**といいます.今では良い本がたくさんありますがスキーム (scheme) については「代数幾何 1, 2, 3」,岩波講座現代数学の基礎,上野健爾著の 1 を見てください.アフィン・スキーム $(U, \mathcal{O}_U)$ で大切なことは,$\mathcal{O}$ 加群 F が準連接層 (quasi-coherent sheaf) であれば $H^j(U,F)=0$, $j=1,2,\cdots$ となるということです.第 2 章の (2.3.7) のように $H^j(U,F)$ を $\Gamma(U,-)$ の準連接層 F における j 次の導来関手 $R^j\Gamma(U,-)(F)$ と書き直せば,これは準連接層のカテゴリーでは U 上の切断の関手 $\Gamma(U,-)$ が左完全のみならず完全関手だということです.(A.20) の例でよく知られているのは,フェルマー-ワイルス (Fermat-Wiles) の定理の $\mathbb{Z}$ 代数 C が

$$C = \mathbb{Z}[X_1, X_2]/(X_1^n + X_2^n - 1), \quad n \geq 3$$

(A.26)
$$\begin{array}{c} \uparrow \qquad \nwarrow \\ \mathbb{Z} \xhookrightarrow{\text{incl.}} \mathbb{Q} \end{array}$$

で,そのときは $\operatorname{Hom}_\mathbb{Z}(C, \mathbb{Q})$ は自明な (trivial),$(0,1), (1,0) \in \mathbb{Q}^2$ しかありません.

スキーム (scheme) $(X, \mathcal{O}_X)$ というのはアフィン・スキームを張り合わせて作ったものです.可換環 A のスキーム X を

(A.27)
$$\begin{array}{ccc} X & & X \\ \downarrow \varphi & \text{または単に} & \downarrow \varphi \\ \operatorname{Spec} A & & A \end{array}$$

と書くのですが,A 代数 B に対して X 上の B 有理点全体を $X(B)$ と書くと,これは Spec$B$ から X への A 上の射全体ということになります.

(A.28)
$$\begin{array}{c} X \\ \downarrow \qquad \searrow \\ A \longleftarrow B \end{array}$$

この記号を使って $\operatorname{Hom}_A(B, X) \cong X(B)$ となりますので第 1 章の米田の補題は自然なことがうかがえます(第 1 章の (1.2.13) の少し前あたりを見てください).

Appendix　コホモロジー代数史とその展望　175

$$\mathbb{Z} \supset p\mathbb{Z} \supset p^2\mathbb{Z} \supset \cdots, \qquad p \text{ は素数}$$

から定まる環の列

$$\cdots \longrightarrow \mathbb{Z}/p^3\mathbb{Z} \longrightarrow \mathbb{Z}/p^2\mathbb{Z} \longrightarrow \mathbb{Z}/p\mathbb{Z}$$

の射影的極限 $\varprojlim_n(\mathbb{Z}/p^n\mathbb{Z})$ が **p 進整数環** $\mathbb{Z}_p$(ring of p-adic integers)です．第 1 章の(1.3.1)のように $\mathbb{Z}_p$ から $\mathbb{Z}/p^n\mathbb{Z}$ への

$$\mathbb{Z}_p = \varprojlim_n(\mathbb{Z}/p^n\mathbb{Z}) \xrightarrow{\alpha_n} \mathbb{Z}/p^n\mathbb{Z}$$

という射があります．スキーム X 上の $\mathbb{Z}_p$ 有理点の集合 $X(\mathbb{Z}_p)$ は

(A.29)

$$\begin{array}{ccc} & X & \\ & \uparrow \nwarrow & \\ \operatorname{Spec}\mathbb{Z}_p & \xleftarrow{\widetilde{\alpha_n}} & \operatorname{Spec}(\mathbb{Z}/p^n\mathbb{Z}) \end{array}$$

の $X \leftarrow \operatorname{Spec}\mathbb{Z}_p$ の集まりです．すなわち $\widetilde{\alpha_n}$ と合成することにより $\mathbb{Z}_p$ での解を見つけることは，すべての n に対する $\mathbb{Z}/p^n\mathbb{Z}$ という環の中で解を見つけるということ，すなわち，modulo p^n で解くということです．

ウォーミングアップはこのくらいにして，次に有限体上のスキーム(代数多様体)の上に，ある有理点がいくつあるかということを話します．

上の可換環 A として有限体(finite field)$\mathbb{F}_p = \mathbb{Z}/p\mathbb{Z}$ を取りましょう．そこで l 個の斉次な多項式 $f_1, f_2, \cdots, f_l \in \mathbb{F}_p[X_0, X_1, \cdots, X_n]$ の共通ゼロ点の集まり $\overline{U}$ に注意を向けましょう．そのとき l 個の斉次式(homogeneous polynomials)

(A.30)
$$\begin{cases} f_1(X_0, X_1, \cdots, X_n) = \displaystyle\sum_{i_0 + \cdots + i_n = d_1} a_{i_0 \cdots i_n} X_1^{i_0} \cdots X_n^{i_n} = 0, \\ f_2(X_0, X_1, \cdots, X_n) = \displaystyle\sum_{j_0 + \cdots + j_n = d_2} b_{j_0 \cdots j_n} X_1^{j_0} \cdots X_n^{j_n} = 0, \\ \cdots\cdots\cdots, \\ f_l(X_0, X_1, \cdots, X_n) = \displaystyle\sum_{k_0 + \cdots + k_n = d_l} c_{k_0 \cdots k_n} X_1^{k_0} \cdots X_n^{k_n} = 0 \end{cases}$$

を解いて $\mathbb{F}_p$ のある k 次拡大体 $\mathbb{F}_{p^k}$ に座標をもつ $\mathbb{F}_{p^k}$ 有理点をさがしたい．そんなとき，よくするのは(A.30)の l 個の多項式の間で，足したり引いたり，または，別の多項式を(A.30)の多項式に掛けたり，それをまた足したり引いたりして(A.30)の解をさがすわけです．これは，すなわち $f_1, f_2, \cdots, f_l$ によって生成されるイデアル $(f_1, f_2, \cdots, f_l)$ 内の演算をしているということであるし，(A.30)から式もその式の個数 l も変わって $f'_1, f'_2, \cdots, f'_{l'}$ となっても，やはりイデアルとして $(f_1, f_2, \cdots, f_l) = (f'_1, f'_2, \cdots, f'_{l'})$．そんなわけで $\mathbb{F}_p$ 有理点の集合 $\overline{U}(\mathbb{F}_p) = \{(b_1, b_2, \cdots, b_n) \in \mathbb{F}_p{}^n ; f_1(b_1, \cdots, b_n) = f_2(b_1, \cdots, b_n) = \cdots = f_l(b_1, \cdots, b_l) = 0\}$ は $f_1, \cdots, f_l$ の生成するイデアル $I =$

$(f_1, \cdots, f_l)$ によってきまり,別の生成元 $f'_1, \cdots, f'_{l'}$ でも同じイデアルを生成するのなら共通ゼロ点は同じということです.そこで $\mathbb{F}_p$ 有理点がいくつあるかということが知りたいので

(A.31)
$$\begin{aligned}
N_1 &= |\overline{U}(\mathbb{F}_p)| = \mathbb{F}_p \text{ 有理点の個数} = \mathrm{Hom}_{\mathbb{F}_p}(\mathbb{F}_p, \overline{U}) \text{ の個数}, \\
N_2 &= |\overline{U}(\mathbb{F}_{p^2})| = \mathbb{F}_{p^2} \text{ 有理点の個数} = \mathrm{Hom}_{\mathbb{F}_p}(\mathbb{F}_{p^2}, \overline{U}) \text{ の個数}, \\
&\cdots\cdots, \\
N_k &= |\overline{U}(\mathbb{F}_{p^k})| = \mathbb{F}_{p^k} \text{ 有理点の個数} = \mathrm{Hom}_{\mathbb{F}_p}(\mathbb{F}_{p^k}, \overline{U}) \text{ の個数}, \\
&\cdots\cdots
\end{aligned}$$

としたとき,$I = (f_1, f_2, \cdots, f_l)$ によって定まる $\mathbb{F}_p$ 上の射影的多様体 (projective variety)

(A.32) $$\overline{U} = \mathrm{Proj}(\mathbb{F}_p[X_0, X_1, \cdots, X_n]/I)$$

のゼータ函数 $Z_{\overline{U}}$ を

(A.33) $$\frac{d(\log Z_{\overline{U}}(T))}{dT} = \sum_{k=0}^{\infty} N_{k+1} T^k, \quad \text{ここで } Z_{\overline{U}}(0) = 1$$

と定義します $\left(\text{または } Z_{\overline{U}}(T) = \exp\left(\sum_{k=0}^{\infty} \frac{N_{k+1}}{k+1} T^{k+1}\right) \right)$.逆に $\overline{U}$ のゼータ函数がわかれば $N_1 = |\overline{U}(\mathbb{F}_p)|$,$N_2 = |\overline{U}(\mathbb{F}_{p^2})|$,$\cdots$,$N_k = |\overline{U}(\mathbb{F}_{p^k})|$,$\cdots$ がわかります.もっと一般的に定義された多様体のゼータ函数に対する,ベイユの予想 (Weil's Conjectures) については,次の *Motives* を見てくだされば,Weil の 1949 年の

Weil, A.,
Numbers of Solutions of Equations in Finite Fields,
Bull. Amer. Math. Soc., **55** (1949), 497–508

以来のベイユの予想とそれを解いた l 進コホモロジー論 (l-adic cohomology),そして p 進コホモロジー論 (p-adic cohomology) は言うにおよばず,今の状態がうかがわれるでしょう:*Motives*, Part 1, Part 2, Proceedings of Symposia in Pure Mathematics, **55**, the A.M.S. (1994).

上のようなゼータ函数に対するリーマン仮説というのは楕円曲線 (elliptic curve) の場合

(A.34) $$|N_1 - 1 - p| \leq 2\sqrt{p}$$

でして一般的には $|N_k - 1 - p^k| \leq 2(\sqrt{p})^k$ です.これを初めて証明したのは楕円曲線 $Y^2 = X^4 - 1$ に対して C.F. ガウス (Gauss),そして一般の楕円曲線

(A.35) $$Y^2 = 4X^3 - g_2 X - g_3$$

に対しては 1933 年に H. Hasse によってリーマン仮説 (A.34) が証明されました.1940 年と 1941 年に証明のプランを二つ示した後 A. Weil は 1948 年に一般の代

Appendix コホモロジー代数史とその展望 177

ドゥリングと筆者の左肩

数曲線の場合のリーマン仮説 $|N_k - 1 - p^k| < 2 \cdot g \cdot (\sqrt{p})^k$ を証明しました. ここで g は代数曲線の種数(genus). そして高次元の場合のリーマン仮説は 1973 年に P. Deligne によって証明され, 論文は 1974 年に出ました. N. Katz による "An Overview of Deligne's Proof of the Riemann Hypothesis for Varieties over Finite Fields", *Mathematical Developments Arising from Hilbert Problems*, Proceedings of Symposia in Pure Mathematics, **28**, the A.M.S. (1976) を読まれたら, この辺の事情がうかがえると思います.

多様体 $\overline{U}$ がたとえば(A.30)のように具体的に与えられたときは, $\overbrace{\mathbb{F}_p \times \cdots \times \mathbb{F}_p}^{n\ \text{個}}$ 内にいくつのゼロ点があるかは実際に $\mathbb{F}_p{}^n$ 内の点の代入によって数え上げることができて N_1 を決めることができます. そこで具体例として(A.35)において g_2 と g_3 を変数とみなした楕円曲線の族(family)に対して, 実際の計算により, コホモロジーとゼータ函数の関係を説明します.

第 1 章と第 2 章(そして Appendix のサイトの部分も)は一, 二個所を除けばいわゆる 'self-contained'(すなわち,「だれだれどこどこの定理により……」という話し方をせずに)でしたが, これから話すことはそういうわけにはいきませんので先に書きました「代数幾何 1, 2, 3」の必要なところを見てください.

まずは単位元 1_R を持つ可換環 R 上の 3 次の方程式

(A.36) $$Y^2 = aX^3 + bX^2 + cX + d, \quad a \neq 0$$

からどのようにして, 上の(A.35)のワイアーストラース型(Weierstrass form)

(A.35) $$Y^2 = 4X^3 - g_2 X - g_3$$

を得るのかを考えます. (A.35)に 4 があるのは, 後で判別式(discriminant)が $\Delta =$

$g_2{}^3 - 27g_3{}^2$ となる($4g_3{}^2 - 27g_3{}^2$ とはならずに)からです. ここで R の標数(characteristic)は 3 でないとします. 代数的には線型変換 $X_0 = X + \dfrac{b}{3a}$ をしてやると $b=0$ と仮定していいことがわかりますので(A.36)のかわりに $Y^2 = aX^3 + cX + d$ から始めていいことがわかります. また $Y_0 = aY$ そして $X_0 = aX$ としてやると $Y_0{}^2 = X_0{}^3 + acX_0 + a^2 d$ となりますので, 一般の式は $Y^2 = X^3 + cX + d$ でもよかったわけです. また, 標数が 2 でなければ $Y_0 = \dfrac{Y}{2}$ として, $Y_0{}^2 = X^3 + \dfrac{c}{4}X + \dfrac{d}{4}$ となり(A.35)は(A.36)から線型変換によって得られるわけです. 次にこれを幾何学的にいいますと, 可換環 R 上の**ワイアーストラース族**(Weierstrass family)というのは $\mathrm{Spec}(R[g_2, g_3]) = \mathbb{A}^2(R)$, すなわち, R 上の 2 次元ユークリッド空間上の代数族(algebraic family)です:

(A.37)
$$\mathbb{W}_R = \mathrm{Proj}\left(R[g_2, g_3, X, Y, Z] \bigg/ \begin{pmatrix} -Y^2 Z + 4X^3 - g_2 XZ^2 - g_3 Z^3 \text{ が}\\ \text{生成する斉次イデアル} \end{pmatrix}\right).$$

ここで $R[g_2, g_3, X, Y, Z]$ は次数つき $R[g_2, g_3]$ 代数(graded $R[g_2, g_3]$-algebra)であって, X, Y, Z はおのおの次数は $+1$, $R[g_2, g_3]$ の元の次数はゼロとします. また, (A.36)に対応する代数族を $\mathrm{Spec}(R[a, a^{-1}, b, c, d])$ 上

(A.38)
$$\mathbb{G}_R = \mathrm{Proj}\left(R[a, a^{-1}, b, c, d, X, Y, Z] \bigg/ \begin{pmatrix} -Y^2 Z + aX^3 + bX^2 Z \\ + cXZ^2 + dZ^3 \text{ が生成する} \\ \text{斉次イデアル} \end{pmatrix}\right)$$

としますと, 上で話したことを幾何学的に表現すれば次のようになります. もし, 2 が R 内で可逆元(invertible element)なら $\mathbb{W}_R$ のベース・スキーム(base scheme)である $\mathrm{Spec}(R[g_2, g_3])$ は $\mathbb{G}_R$ のベース・スキーム $\mathrm{Spec}(R[a, a^{-1}, b, c, d])$ の閉部分スキームです. すなわち, それは $\{a-4, b, c+g_2, d+g_3\}$ によって生成されるイデアルに対応する閉部分スキームです. この閉埋め込み(closed immersion)を(A.30)にあるように

(A.39)
$$\begin{array}{ccc} \mathbb{G}_R & \longleftarrow & \mathbb{W}_R \\ \downarrow & & \downarrow \\ \mathrm{Spec}(R[a, a^{-1}, b, c, d]) & \longleftarrow & \mathrm{Spec}(R[g_2, g_3]) \end{array}$$

と書きますと, $\mathbb{W}_R$ は $\mathbb{G}_R$ のプルバック(pull-back)になっているわけです.

ヤコビの判定法(Jacobian criterion)を $\mathbb{A}^2(R) = \mathrm{Spec}(R[g_2, g_3])$ 上のアフィン代数族

Appendix　コホモロジー代数史とその展望　179

(A.40)

Spec($R[g_2,g_3,X,Y]/(-Y^2+4X^3-g_2X-g_3$ によって生成されたイデアル))
に適用しますと，ベース・スキーム Spec($R[g_2,g_3]$) 上の点の集合でその上のファイバー(fibre)が特異(singular)になるものはすべて $\Delta=g_2^3-27g_3^2=0$ という超平面上にあります(先に書いた「代数幾何 1, 2, 3」の 3 を見てください)．すなわち，$\mathfrak{p}\in$Spec($R[g_2,g_3]$) 上のファイバーが特異であるための必要かつ十分条件は $\Delta=g_2^3-27g_3^2$(この Δ を discriminant といいます)が $\mathfrak{p}$ で消えること，すなわち，g_2 と g_3 の $\mathfrak{p}$ での剰余体(residue class field)$\mathbb{K}(\mathfrak{p})$ での像 $g_2^{(0)}, g_3^{(0)}$ が $\mathbb{K}(\mathfrak{p})$ で $(g_2^{(0)})^3-27(g_3^{(0)})^2=0$ を満たすことです．このような特異ファイバーの特異点はアフィン開スキーム(affine open scheme)Spec($k[X,Y]/(Y^2-4X^3+g_2X+g_3)$) 上にあります．ここで $k=\mathbb{K}(\mathfrak{p})$．そしてまたこのようなアフィン開スキーム上にはたった一つの特異点があり，その点は $(x,y)=(0,0)$ か $(x,y)=\left(-\dfrac{3}{2}\cdot\dfrac{g_3^{(0)}}{g_2^{(0)}},0\right)$ で，前者は $g_2^{(0)}=g_3^{(0)}=0$ のとき，後者は $g_3^{(0)}\neq 0$(すなわち，$g_2^{(0)}\neq 0$)のときです．すなわち特異点は有理点です．ここで超平面(hypersurface)$g_2^3-27g_3^2=0$ といいましたが，もちろんそれは環 $R[g_2,g_3]$ の元 $\Delta=g_2^3-27g_3^2$ によって生成されたイデアルに対応する $\mathbb{A}^2(R)=$Spec($R[g_2,g_3]$) の閉部分スキームのことです．$\Delta=0$ かつ $g_2^{(0)}=0$(そのときは $g_3^{(0)}=0$ でもあります)，すなわち，$4X^3-g_2X-g_3=0$ の三つのすべての根が同じときのファイバー(fibre)は $Y^2=4X^3$，カスプ(cusp)です．そして $\Delta=0$ であって $g_2^{(0)}\neq 0$(そのとき $g_3^{(0)}\neq 0$ でもあります)，すなわち，二つだけ根が等しいときは，二重点を持つ射影線(projective line with an ordinary double point over $\mathbb{K}(\mathfrak{p})$)です．

まず一般論から．X を複素代数多様体(complex algebraic variety)とし，$\mathbb{C}$ 上埋め込み可能(embeddable over $\mathbb{C}$)とします．そして Y を完備多様体で X を閉部分多様体として含むものとします．また Y は $\mathbb{C}$ 上非特異なものとします．そのとき，相対超コホモロジー $H^{2\cdot\dim Y-j}(Y,Y-X,\Omega_\mathbb{C}^\bullet)$ で $H^c_j(X,\mathbb{C})$ を定義します．X_{top} で通常の位相(Zariski 位相ではない)を持った X の閉点の集まり，すなわち，ハウスドルフ(Hausdorff)位相空間とします．そのとき，通常のコンパクトな台を持つ特異ホモロジー(singular homology with compact supports) $H^c_h(X_{\text{top}},\mathbb{C})$ と比べたいわけです．Y を $\mathbb{C}$ 上非特異(simple)なもの，そして，X が Y 内で閉となるようにしましたので，$H^c_h(X,\mathbb{C})\stackrel{\text{def}}{=}H^{2N-j}(Y,Y-X,\Omega_\mathbb{C}^\bullet)\stackrel{\approx}{\longrightarrow}$ 古典的な特異コホモロジー(singular cohomology)$H^{2N-j}(Y_{\text{top}},Y_{\text{top}}-X_{\text{top}},\mathbb{C})$ です．Lefschetz の双対定理をこの $2N$ 次元 oriented な位相多様体 Y_{top} と部分空間の X_{top} に適用すると

$H^{2N-j}(Y_{\text{top}}, Y_{\text{top}} - X_{\text{top}}, \mathbb{C}) \approx \check{H}_c(X_{\text{top}}, \mathbb{C})$ で，右辺は古典的な Čech コホモロジーです．X は代数多様体ですので $\check{H}_c^h(X_{\text{top}}, \mathbb{C}) \approx H_c^h(X_{\text{top}}, \mathbb{C})$．ここに現れたすべては $\mathbb{C}$ 上有限生成ですので，双対を取れば

(A.41) $\qquad H^{2N-j}(Y_{\text{top}}, Y_{\text{top}} - X_{\text{top}}, \mathbb{C}) \approx H_h^c(X_{\text{top}}, \mathbb{C})$

です．すなわち $H_h^c(X, \mathbb{C}) \approx H_h^c(X_{\text{top}}, \mathbb{C})$ です．

空間自体がコンパクトならコンパクトな台を持つ特異ホモロジーは通常の特異ホモロジーのことですので，ワイアーストラース族の $\mathbb{K}(\mathfrak{p}) = \mathbb{C}$ となるような一点 $\mathfrak{p}$ 上のファイバー X(fibre over $\mathfrak{p}$)に対して

(A.42) $\qquad \begin{aligned} & H_0^c(X, \mathbb{C}) \approx \mathbb{C}, \\ & H_2^c(X, \mathbb{C}) \approx \mathbb{C}, \\ & H_1^c(X, \mathbb{C}) = \begin{cases} \mathbb{C} \oplus \mathbb{C}, & X \text{ が楕円曲線の場合}, \\ \mathbb{C}, & X \text{ が二重点を持つ射影線の場合}, \\ 0, & X \text{ がカスプ(cusp)を持つ射影線の場合}, \end{cases} \end{aligned}$

そして $H_2^c(X, \mathbb{C}) = \mathbb{C}$ で $j \neq 0, 1, 2$ のときは $H_j^c(X, \mathbb{C}) = 0$．

今一つの標数ゼロの体上の一般原理は，Y が標数ゼロの体 K 上非特異(simple)であって X を閉多様体として含むとき，K の拡大体 L に対して $Y \times_K L$ は Y 上アフィン(affine over Y)ですので $\Omega_L^\bullet(Y \times_K L)$ の順像(direct image)は $(\Omega_K^\bullet(Y)) \otimes_K L$ です．そこで

$$H^j(Y, Y-X, \Omega_K^\bullet) \otimes_K L \approx H^j(Y \times_K L, Y \times_K L - X \times_K L, \Omega_L^\bullet)$$

ですので，K 埋め込み可能な代数多様体 X に対して，$X \times_K L$ は L 上の代数多様体であり，そして L 上埋め込み可能になり，L 上のベクトル空間として

(A.43) $\qquad H_j^c(X, K) \otimes_K L \approx H_j^c(X \times_K L, L)$

となります．この(A.43)によって標数ゼロの体 K 埋め込み可能な X のコンパクトな台をもつホモロジー群を Lefschetz の原理で計算できることになります．すなわち複素数体 $\mathbb{C}$ に埋め込み可能な体 K に対して(A.43)から

(**L.P**) $\qquad H_j^c(X, K) \otimes_K \mathbb{C} \approx H_j^c(X \times_K \mathbb{C}, \mathbb{C})$

です．ここで(L.P)の右辺は複素代数多様体 $X \times_K \mathbb{C}$ の古典的なコンパクト台をもつホモロジー群です．

これまでのことを使ってワイアーストラース族 $\mathbb{W}_R$ のファイバーについて計算します．$k = \mathbb{K}(\mathfrak{p})$ が標数ゼロとなるような点 $\mathfrak{p} \in \text{Spec}(R[g_2, g_3])$ 上のファイバー X に対して

Appendix　コホモロジー代数史とその展望　　181

$$H_0^c(X,k) \approx k,$$

（A.44）　$H_1^c(X,k) \approx \begin{cases} k \oplus k, & X \text{ が非特異, すなわち, 楕円曲線の場合,} \\ k, & X \text{ が二重点を持つ射影線の場合,} \\ 0, & X \text{ がカスプを持つ射影線の場合,} \end{cases}$

$H_2^c(X,k) \approx k$ であり $H_j^c(X,k) = 0$, $j \neq 0, 1, 2$.

次は標数がゼロでない場合を考えます．すなわち X が $\mathbb{W}_R$ の $\mathfrak{p} \in \mathrm{Spec}(R[g_2, g_3])$ の上のファイバーで $k = \mathbb{K}(\mathfrak{p})$ の標数 p がゼロと異なるときです．そこで $\mathcal{O}$ を完備離散付値環(complete discrete valuation ring)でその剰余体(residue class field)k と商体(quotient field)K の標数が異なるときは，K 進のホモロジー(K-adic homology)

（A.45）　$H_j^c(X,K) = \begin{cases} K, & j = 0, 2, \\ K \oplus K, & j = 1, \\ 0, & j = 3, 4, \cdots \end{cases}$

が，X が非特異なら成り立つわけです．

この証明は次のようにします．X が $\mathcal{O}$ 上非特異かつ固有持ち上げ可能(liftable over $\mathcal{O}$)のとき X_K は楕円曲線になりますから上の定義で $Y = X$ として $H_j^c(X,K) = H^{2N-j}(X,K)$ です．この右辺は

　　Lubkin, S.,
　　A p-adic Proof of Weil's Conjectures,
　　Ann. of Math. (2) **87** (1968), 105–255

にある超コホモロジー $H^{2N-j}(X_K, K)$ です．そのとき $H^{2N-j}(X_K, K) \approx H_j^c(X_K, K)$ です．これは(A.44)より計算できます．

次は X が特異ファイバーのときですが $H_0^c(X,K) \approx K$, $H_2^c(X,K) \approx K$, $H_j^c(X,K) = 0$, $j = 3, 4, \cdots$ は証明できます．直接の計算で

（A.46）　$H_1^c(X,K) = \begin{cases} K, & X \text{ が二重点を持つ射影線,} \\ 0, & X \text{ がカスプを持つ射影線} \end{cases}$

を確かめることができます．

おのおのの $\mathfrak{p} \in \mathrm{Spec}(R[g_2, g_3])$ 上の $\mathbb{W}_R$ のファイバー X は無限遠点と呼ばれる有理非特異点 $(0,1,0)$ をもちます．U をアフィン曲線 $X - (0,1,0)$ とします．そのときコンパクト台のホモロジーの完全列

（A.47）　$\cdots \longrightarrow H_{j-2n}^c((0,1,0), K) \longrightarrow H_j^c(X, K) \longrightarrow H_j^c(U, K) \longrightarrow \cdots$

があります．ここで $n = \dim X = 1$ ですから $H_{j-2}^c((0,1,0), K) = 0$, $j \neq 2$. すなわち，アフィン曲線 U に対する $H_1^c(U, K)$ を計算すればよいことになります．$\mathbb{A}^2(k) =$

Spec($k[X,Y]$) の持ち上げ（lifting）は $\mathbb{A}^2(\mathcal{O})=$Spec$(\mathcal{O}[X,Y])$ で，$U=X-(0,1,0)$ は $\mathbb{A}^2(k)$ 内で閉ですから $H_j^c(U,K)=H^{4-j}(\mathbb{A}^2(k),\mathbb{A}^2(k)-U,\Omega_\mathcal{O}^\bullet((\mathbb{A}^2(\mathcal{O}))^\dagger)\otimes_\mathcal{O} K)$. $\mathbb{A}^2(k)$ も $\mathbb{A}^2(k)-U$ もアフィン開集合ですのでこのコホモロジー群は $\{\mathbb{A}^2(k),\mathbb{A}^2(k)-U\}$ というカバー（covering）を使って計算できます．この†コンプリーション（†-completion）コホモロジーについては，先に書いた Lubkin の Ann. の論文の第2章を見てください．また *p-Adic Analysis and Zeta Functions*, by P. Monsky, Lec. in Math., Dept. of Mathematics, Kyoto Univ., **4**, Kinokuniya Book-Store も参考にされるとよいかも知れません．

次は族のコホモロジーとファイバーのコホモロジーを結びつけるスペクトル系列のことを話します．$\underline{A}$ を $\mathcal{O}$ 代数とし F を $\underline{A}$ の自己準同型であって $A=\underline{A}/p\underline{A}$ の p 乗自己準同型（p-th power endomorphism）を引き起こすものとします．ここで p は $k=\mathbb{K}(\mathcal{O})$ の標数です．このとき

$$\underline{A} \longrightarrow W(A)$$

という唯一の環の準同型があります．$W(A)$ は $A=\underline{A}/p\underline{A}$ のヴィットベクトルです．どうしてかというと $(\underline{A}^{F^{-\infty}})^{\wedge}=\varinjlim(\underline{A}\xrightarrow{F}\underline{A}\xrightarrow{F}\underline{A}\xrightarrow{F}\cdots)$ とすれば $(\underline{A}^{F^{-\infty}})^{\wedge}$ は $W(A)$ であるための普遍写像性（universal mapping property of $W(A)$）を満たします．そのとき（F と両立する（compatible））$\underline{A}$ から $W(\mathbb{K}(\mathfrak{p})^{p^{-\infty}})$ への自然射があります．たとえば $\mathbb{K}(\mathfrak{p})$ が完全体（perfect field）なら $\underline{A}$ から $W(\mathbb{K}(\mathfrak{p}))$ への唯一の環準同型が定まります．そしてもし $\mathbb{K}(\mathfrak{p})$ が有限体（finite field）なら $\underline{A}$ から，$\mathbb{K}(\mathfrak{p})$ を剰余体に持つ混合標数の完備離散付値環 $W(\mathbb{K}(\mathfrak{p}))$ への自然な射があるということです．ワイアーストラス族の場合では $\underline{A}=\mathbb{Z}_p[g_2,g_3]$ です．閉点 $\mathfrak{p}\in$Spec(A) に対しておのおの $\mathbb{K}(\mathfrak{p})$ は有限体です．$g_2^{(0)}, g_3^{(0)}$ を g_2 と g_3 の像としますと素体 $\mathbb{Z}/p\mathbb{Z}$ 上 $\mathbb{K}(\mathfrak{p})$ を生成して $\mathbb{K}(\mathfrak{p})=(\mathbb{Z}/p\mathbb{Z})[g_2^{(0)},g_3^{(0)}])$ です．このときのヴィットベクトル $W(\mathbb{K}(\mathfrak{p}))$ を計算してみましょう．$g_2^{(0)}$ も $g_3^{(0)}$ もゼロであるか，または p と素な位数の 1 の根（a root of unity of order prime to p）ですから，乗法的巡回群（multiplicative cyclic group）$\mathbb{K}(\mathfrak{p})-\{0\}$ の生成元 $\rho\in\mathbb{K}(\mathfrak{p})$ を選びますと，$\mathbb{K}(\mathfrak{p})$ のおのおのの元はゼロか ρ^i と書けます．ρ の乗法的位数（multiplicative order）を a とします．$\mathbb{Z}_p$ を $\mathbb{C}$ へ部分環として埋め込み，位数がちょうど a となる 1 の $\mathbb{C}$ 内の根を ρ' とします．このとき $\mathbb{Z}_p$ と ρ' で生成される $\mathbb{C}$ の部分環が $W(\mathbb{K}(\mathfrak{p}))=\mathbb{Z}_p[\rho']$ です．$(g_2^{(0)})'=(\rho')^i$ とします．ここで $g_2^{(0)}=\rho^i$. $g_3^{(0)}$ に対しても同様にします．$g_2^{(0)}=0$ のとき $(g_2^{(0)})'=0$ と定めます．$(g_2^{(0)})', (g_3^{(0)})'$ が $W(\mathbb{K}(\mathfrak{p}))$ の中の $g_2^{(0)}$ と $g_3^{(0)}$ のタイヒミューラー元（Teichmüller representatives）です．$\underline{A}=\mathbb{Z}_p[g_2,g_3]$ なら $A=(\underline{A}/p\underline{A})_{\mathrm{red}}=(\underline{A}\otimes_\mathcal{O} k)_{\mathrm{red}}$ の極大イデアル $\mathfrak{p}$ に対して

Appendix　コホモロジー代数史とその展望　183

$\mathbb{K}(\mathfrak{p}) = (\mathbb{Z}/p\mathbb{Z})[g_2{}^{(0)}, g_3{}^{(0)}]$ であり $W(\mathbb{K}(\mathfrak{p})) = \mathbb{Z}_p[(g_2{}^{(0)})', (g_3{}^{(0)})']$ です．このとき自然な射 $\underline{A} \to W(\mathbb{K}(\mathfrak{p}))$ は $g_2 \mapsto (g_2{}^{(0)})'$, $g_3 \mapsto (g_3{}^{(0)})'$ で与えられます．

先にも話しました $\mathbb{K}(\mathfrak{p})$ の純非分離代数的閉包(purely inseparable algebraic closure of $\mathbb{K}(\mathfrak{p})$) $\mathbb{K}(\mathfrak{p})^{p^{-\infty}}$ の $W(\mathbb{K}(\mathfrak{p})^{p^{-\infty}})$ を $\underline{B}$ としますと $\underline{B}$ は完備離散付値環であって $\underline{B} \otimes_{\mathbb{Z}} \mathbb{Q}$ は標数ゼロの体です．X を Spec(A) 上のスキームで $\underline{A}$ 上埋め込み可能であるとき $\mathbb{K}(\mathfrak{p})$ 上のファイバー $X_{\mathfrak{p}}$ は $\mathbb{K}(\mathfrak{p})$ 上の代数多様体であって $Y_{\mathfrak{p}} = X_{\mathfrak{p}} \times_{\mathbb{K}(\mathfrak{p})} \mathbb{K}(\mathfrak{p})^{p^{-\infty}}$ とおきます．Lubkin, S., *Finite Generation of Lifted p-adic Homology with Compact Supports. Generalization of the Weil Conjectures to Singular, Non-complete Algebraic Varieties*, J. Number Theory, **11** (1979), 412-464 に定義されている，$K_{\mathfrak{p}} = \underline{B} \otimes_{\mathbb{Z}} \mathbb{Q}$ (すなわち，quotient field of $\underline{B}$)に係数を持つゼータ行列(zeta matrix)のスペクトル系列は

$$(\text{A.48}) \qquad E_{p,q}{}^2 = \operatorname{Tor}_p^{\underline{A}^\dagger \otimes_{\mathbb{Z}} \mathbb{Q}}(H_q^c(X, \underline{A}^\dagger \otimes_{\mathbb{Z}} \mathbb{Q}), K_{\mathfrak{p}})$$

です．これを**普遍係数スペクトル系列**というのですが，この極限が $H_n^c(Y_{\mathfrak{p}}, K_{\mathfrak{p}})$ ですので Spec(A) 上の族(family)X のすべてのファイバー $Y_{\mathfrak{p}}$ のコンパクト台をもつ持ち上げられた p 進コホモロジーはこれで計算できるというわけです．ここでもし $\mathbb{K}(\mathfrak{p})$ が有限体であるなら上の(A.48)の $E_{p,q}{}^2$ は $W(\mathbb{K}(\mathfrak{p}))$ の商体 $K_{\mathfrak{p}}$ 上有限次元ですので，次のようにおのおののファイバー $Y_{\mathfrak{p}} = X_{\mathfrak{p}}$ のゼータ函数が計算できます．$P_{p,q}$ を p^r 乗射によってきまる $E_{p,q}{}^2$ の自己準同型の特性多項式(characteristic polynomial)とします．ここで p^r は $\mathbb{K}(\mathfrak{p})$ の濃度(cardinality)です．$X_{\mathfrak{p}} = Y_{\mathfrak{p}}$ の**ゼータ函数**は

$$(\text{A.49}) \qquad Z_{X_{\mathfrak{p}}}(T) = \frac{\prod_{p+q=\text{even}} P_{p,q}(T)}{\prod_{p+q=\text{odd}} P_{p,q}(T)}$$

となります(この辺のところは上の Lubkin の論文の pp. 437-457 を見てください)．

このようにして(A.49)でわかるように埋め込み可能な A 上の代数族 X について(a)：コンパクト台を持つ X の p 進持ち上げホモロジー $H_j^c(X, \underline{A}^\dagger \otimes_{\mathbb{Z}} \mathbb{Q})$ が計算できかつ(b)：これらのホモロジー群のゼータ自己準同型が計算できたなら(ホモロジー群が $\underline{A}^\dagger \otimes_{\mathbb{Z}} \mathbb{Q}$ 自由加群なら，ゼータ自己準同型は正方行列，すなわち，ゼータ行列です)，すべてのファイバーのゼータ函数がきまることをいっているわけです．このような局所的な計算は，クリスタリン・コホモロジーには向いていないようです．クリスタリン・コホモロジー(crystalline cohomology)は

Berthelot, P.,
Cohomologie Cristalline des Schémas de Caractéristique $p>0$, Lecture Notes in Math. **407**, Springer-Verlag, 1974
が本格的ですが，P. Berthelot; A. Ogus の *Notes on crystalline cohomology*, Math. Notes, vol. **21**, Princeton Univ. Press, Princeton, N.J., 1978 の方が読みやすいでしょう．クリスタリン・コホモロジーをはじめ，B. Dwork のベイユ予想の p 進解析による仕事など，先に述べた A.M.S の *Motives*, Part 1, pp. 43–70 の Luc Illusie の論文に詳しい文献があります．また上に書いたワイアーストラース・スキームの局所計算は G. Kato, *Lifted p-Adic Homology with Compact Supports of the Weierstrass Family and its Zeta Endomorphism*, J. Number Theory **35** (1990), No. 2, 216–223 を見てください．

Weil の予想は 1950 年代から 1960 年代の代数幾何のコホモロジー論を強く刺激しました．p 進コホモロジー論は米国では，Lubkin, Monsky, Ogus そしてフランスでは Berthelot, Illusie によってなされ，Weil の予想のリーマン仮説をも証明に到達させた l 進コホモロジー論は Grothendieck, M. Artin, Deligne(日本語でよくドリーニュと書かれています)によって作り上げられました．

次は代数解析学の方に目を向けますと 1950 年代の後半に佐藤幹夫の超函数(hyperfunction)があらわれ，そして一般の線型微分方程式系を微分作用素の環の層 $\mathcal{D}$ 上の加群(すなわち，$\mathcal{D}$-module)としてとらえる考え方が現れましたが，これは同じころ進んでいた代数幾何学における Grothendieck のプランのようには，スムースには「火がつきません」でした．ただ 1960 年にフランスの A. Martineau は(ブルバキ・セミナー，Les hyperfonctions de M. Sato で)この新理論に目を向けました．次は $\mathcal{D}$ 加群の話に入ります．

まず $\mathbb{R}^n$ 上の佐藤超函数(hyperfunction of Sato)を説明します．開集合 $V\subset\mathbb{C}^n$ 上の複素解析函数の全体を $\mathcal{O}(V)$ とすると $\mathcal{O}$ は $\mathbb{C}^n$ の位相によるカテゴリー $\mathcal{T}_{\mathbb{C}^n}$ からアーベル群のカテゴリー $\mathcal{G}$ への前層になります．第 1 章の(1.4.1)のように書けば $\mathcal{O}$ は $\mathcal{G}^{\mathcal{T}_{\mathbb{C}^n}°}$ の対象です．すなわち $W\subset V$ に対して $\mathcal{O}(V)\to\mathcal{O}(W)$ という制限写像があって第 1 章の(1.4.1)の少し後にある(P.1),(P.2),(P.i),(P.ii)を満たします．そして $\mathcal{O}$ は層でもあります．$\mathcal{O}(V)$ を $\Gamma(V,\mathcal{O})$ と書くと今度は $\Gamma(V,-)$ はアーベル群の層のカテゴリー $\mathcal{S}$ から $\mathcal{G}$ への左完全関手です．これは第 2 章の(2.3.4)

Appendix コホモロジー代数史とその展望　185

で話しました．そのとき(2.3.38)の，$W \subset V \subset \mathbb{C}^n$ に対する

(A.50) $\qquad 0 \longrightarrow \Gamma(V, W, -) \longrightarrow \Gamma(V, -) \longrightarrow \Gamma(W, -)$

は脆弱層 $\mathcal{I}$ に対しては

(A.51) $\qquad 0 \longrightarrow \Gamma(V, W, \mathcal{I}) \longrightarrow \Gamma(V, \mathcal{I}) \longrightarrow \Gamma(W, \mathcal{I}) \longrightarrow 0$

まで完全です．このあたりについては第2章の(2.3.37)〜(2.3.41)を見てください．そこで $\Omega = \mathbb{R}^n \cap V$ としますと，上の W として $V - \Omega$ を考えると

(A.52) $\qquad 0 \longrightarrow \Gamma(V, V - \Omega, \mathcal{O}) \longrightarrow \Gamma(V, \mathcal{O}) \longrightarrow \Gamma(V - \Omega, \mathcal{O})$
$\qquad\qquad \longrightarrow H^1(V, V - \Omega, \mathcal{O}) \longrightarrow H^1(V, \mathcal{O}) \longrightarrow H^1(V - \Omega, \mathcal{O}) \longrightarrow \cdots$

が第2章の(2.3.40)に相当します．$V \subset U \subset \mathbb{C}^n$ に対して

(A.53)
$$\begin{array}{ccccccc} 0 & \longrightarrow & \Gamma(U, U - \Omega', -) & \longrightarrow & \Gamma(U, -) & \longrightarrow & \Gamma(U - \Omega', -) \\ & & \downarrow & & \downarrow & & \downarrow \\ 0 & \longrightarrow & \Gamma(V, V - \Omega, -) & \longrightarrow & \Gamma(V, -) & \longrightarrow & \Gamma(V - \Omega, -) \end{array}$$

を見てください．ここで $\Omega' = \mathbb{R}^n \cap U$ としました．(A.53)の $\dashrightarrow$ が

(A.54)
$$\begin{array}{ccc} H^j(U, U - \Omega', \mathcal{O}) & \xrightarrow{\rho_V^U} & H^j(V, V - \Omega, \mathcal{O}) \\ \| & & \| \\ R^j \Gamma(U, U - \Omega', -)\mathcal{O} & & R^j \Gamma(V, V - \Omega, -)\mathcal{O} \end{array}$$

を誘導します．この ρ_V^U によって $U \rightsquigarrow H^j(U, U - \Omega', \mathcal{O})$ は前層になりますが層には一般にはなりません(すなわち，第1章の(1.4.17)を思いおこしてください)．これを層化したものを

(A.55) $\qquad\qquad\qquad \mathcal{H}_{\mathbb{R}^n}^j(\mathcal{O})$

と書きます．とくに $j = n$ としたときの $\mathcal{H}_{\mathbb{R}^n}^n(\mathcal{O}) = \mathcal{B}$ を**佐藤超函数**(hyperfunction of Sato)の層といいます．実は(A.55)で消えないのは $j = n$ のときだけであることが知られています．まず日本語で，佐藤幹夫，超関数の理論，数学**10** (1958), 1–27 が，そして

　　Sato, M.,
　　Theory of Hyperfunctions, I, II,
　　J. Fac. Sci. Univ. Tokyo, Sec. I, **8** (1959), 139–193, 387–437

の II はとくに解析学を大きく変えました．III はまだ書かれていませんが，この本の第2章に書きました導来カテゴリーも III の一部であったのかも知れません．ハイパーファンクション(hyperfunction)とマイクロファンクション(microfunction)の理論は柏原正樹・河合隆裕・木村達雄，代数解析学の基礎，紀伊国屋書店，1980 を見てください．

佐藤幹夫

このあたりのコホモロジー代数とのかかわりを説明しますと次のようになります．まず(A.55)の $\mathcal{H}^j_{\mathbb{R}^n}(\mathcal{O})$ は $\mathcal{H}^0_{\mathbb{R}^n}(\mathcal{O})$ の j 次導来関手であること，すなわち，

(A.56) $\qquad\qquad \mathcal{H}^j_{\mathbb{R}^n}(\mathcal{O}) = R^j \mathcal{H}^0_{\mathbb{R}^n}(\mathcal{O}).$

この証明は，第 2 章の(R.D.F.1)〜(R.D.F.4)ですが，$H^j(V, V-\Omega, \mathcal{O}) = R^j \Gamma(V, V-\Omega, -)\mathcal{O}$ であり，そして第 1 章の(1.4.21)の層化関手 $\prime : \mathcal{P} \rightsquigarrow \mathcal{S}$ は完全関手です．このところを自分に納得させておいてください．それで(2.3.41)に対応する完全列を関手 $\prime$ で層化しても完全列になり，$\mathcal{H}^j_{\mathbb{R}^n}(-)$ が $\mathcal{H}^0_{\mathbb{R}^n}(-): \mathcal{S} \rightsquigarrow \mathcal{S}$ の導来関手であることがわかります．また(A.55)の層 $\mathcal{H}^j_{\mathbb{R}^n}(\mathcal{O})$ が $j \ne n$ ですべて消えること(これを $\mathbb{R}^n$ が $\mathcal{O}$ に対して 純 n 余次元的(purely n-codimensional)といいます)をはじめ，コホモロジー群に関する深い定理と証明は，上に書いた本を見てください．1973 年に現れた，いわゆる [SKK]：

  Sato, M.; Kawai, T.; Kashiwara, M.,
  Microfunctions and Pseudo-Differential Equations,
  Lec. Notes in Math. Vol. **287**, Springer-Verlag (1973), 265–529

は 20 世紀の解析学に "高津波" をおこしました．そこで

(A.57)
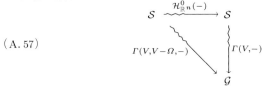

を見てください．これは第 2 章の(2.2.26)か，(2.3.57)の特別な場合と考えてもいいですが，これからスペクトル系列 $E_2^{p,q}=0$, $q \ne n$, そして $q=n$ のとき

(A.58) $$E_2^{p,n} = H^p(V, \mathcal{H}_{\mathbb{R}^n}^n(\mathcal{O}))$$
で極限は $H^{p+n}(V, V-\Omega, \mathcal{O})$ です．マルグランジェ（Malgrange）の定理というのがあってすべての $\mathbb{C}^n$ の開集合 V に対して $H^n(V, \mathcal{O})=0$ が成り立ちます．実はもっと強いこともわかっていて極限 $E^{p+n}=H^{p+n}(V, V-\Omega, \mathcal{O})$ は $p \geq 1$ で消えることも証明できます．これらの多変数函数論の定理を使うと，結局，$E_2^{0,n}=\Gamma(V, \mathcal{H}_{\mathbb{R}^n}^n(\mathcal{O}))\approx H^n(V, V-\Omega, \mathcal{O})=E^n$ がわかります．これは，いつものスペクトル系列の計算です．$\mathcal{H}_{\mathbb{R}^n}^n(\mathcal{O})$ が層ですから $V\rightsquigarrow H^n(V, V-\Omega, \mathcal{O})$ という前層は実は層であるということがわかります．これも納得しておいてください．層 $\mathcal{B}$ の後はマイクロファンクションの層 $\mathcal{C}$ を述べるべきですが，これは上に書いた本を見てください．ただ $\mathcal{C}$ も $\mathcal{H}_{S^*\mathbb{R}^n}^n(\pi^{-1}\mathcal{O})$ と書けることを付け加えておきます．ここで π は

(A.59)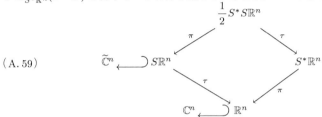

ですが，上のダイアグラムはここでは説明しませんので，コホモロジー的なくわしい説明は Kato, G.; D. Struppa, *Fundamentals of Algebraic Microlocal Analysis*, Marcel Dekker, 1999 の 120 と 121 ページを見てくださってもけっこうです．またこの本にはハイパーファンクションとマイクロファンクションのくわしい説明と歴史も書いてあります．$\mathcal{C}=\mathcal{H}_{S^*\mathbb{R}^n}^n(\tau^{-1}\mathcal{O})$ は $S^*\mathbb{R}^n$ 上の余接的（cotangential）超函数の層とみなしていいのでしょう．

　代数幾何学での方程式系（代数多様体）はこの Appendix の（A.21）のことで，解を見つけるということは（A.20）の s を見つけることです．これを代数解析学の $\mathcal{D}$ 加群のカテゴリーではどう捕らえるかというところから始めます．この考え方を説明したものとして佐藤幹夫教授自身による

　　　数理解析レクチャー・ノート **5**，1989 年 5 月
　　　佐藤幹夫講義録（梅田亨記）
　　　（1984〜1985）

があります．そして $\mathcal{D}$ 加群において

　　　柏原正樹，代数解析概論
　　　岩波講座 現代数学の展開，岩波書店，2000

が最良でしょう．

前と同じように $\mathcal{O}$ で解析函数の層を表します．$\mathbb{C}^n$ の開集合 V に対して $\mathcal{D}(V)$ の元は有限和

(A.60) $$P(z,\partial) = \sum_{\alpha \in \mathbb{Z}^n}^{\text{fin.}} a_\alpha(z)\partial^\alpha, \quad z \in V$$

で $\alpha=(\alpha_1,\cdots,\alpha_n)$, $\alpha_i \geq 0$, $i=1,\cdots,n$, $a_\alpha(z) \in \mathcal{O}(V)$ です．層 $\mathcal{D}$ を解析函数を係数とする**微分作用素の層**といいます．そこで偏微分方程式系

(A.61) $$\begin{cases} P_{11}u_1 + P_{12}u_2 + \cdots + P_{1m}u_m = 0, \\ P_{21}u_1 + P_{22}u_2 + \cdots + P_{2m}u_m = 0, \\ \cdots\cdots\cdots, \\ P_{l1}u_1 + P_{l2}u_2 + \cdots + P_{lm}u_m = 0 \end{cases}$$

を上の $\mathcal{D}$ 加群としてどう捕らえるかということです．それは $\mathcal{D}$ 加群 $\mathcal{M}$ で $u_1, u_2, \cdots, u_m$ より生成されているものであることがまず第一歩です．このことを完全列で書くと $\mathcal{D}$ の直和 $\mathcal{D}^m$ から $\mathcal{M}$ への

(A.62) $$\mathcal{D}^m \xrightarrow{\cdot \tilde{u}} \mathcal{M} \longrightarrow 0$$

という $\mathcal{D}$ 加群の全射 $\cdot \tilde{u}$ があるということです．この $\cdot \tilde{u}$ が第 2 章で話しました (2.1.26) とか (2.1.29) に現れた添加 (augmentation) ε に対応する射です．自由加群 $\mathcal{D}^m$ の元を $A_1 U_1 \oplus \cdots \oplus A_m U_m$ と書きますと（ここで $U_i = [0,\cdots,0,\overset{i}{1},0,\cdots,0]$），上の (A.62) の $\cdot \tilde{u}$ は $(A_1 U_1 \oplus \cdots \oplus A_m U_m) \cdot \tilde{u} = A_1 u_1 + \cdots + A_m u_m \in \mathcal{M}$ という射です．このとき $\operatorname{Ker} \tilde{u}$ は $\mathcal{D}^m$ の部分 $\mathcal{D}$ 加群ですが，$\mathcal{D}$ がネーター的 (Noetherian) なら $\operatorname{Ker} \tilde{u}$ も有限生成されますから $\mathcal{D}^l \xrightarrow{\tilde{v}} \operatorname{Ker} \tilde{u} \to 0$ という $\mathcal{D}$ 加群の全射 $\tilde{v}$ がまた存在します．ここで $v_1, v_2, \cdots, v_l$ が $\operatorname{Ker} \tilde{u}$ の $\mathcal{D}$ 加群としての生成元です．ここで $v_j = P_{j1} U_1 + P_{j2} U_2 + \cdots + P_{jm} U_m$ と書けますから $\mathcal{D}^l$ の元に対して $(B_1 V_1 \oplus \cdots \oplus B_l V_l) \cdot \tilde{v} = B_1 v_1 + \cdots + B_l v_l$, $V_i = [0,\cdots,0,\overset{i}{1},0,\cdots,0]$ であって

(A.63)
$$\begin{array}{ccccccc} \mathcal{D}^l & \xrightarrow{\cdot P} & \mathcal{D}^m & \xrightarrow{\cdot \tilde{u}} & \mathcal{M} & \longrightarrow & 0 \\ & \tilde{v} \searrow & \nearrow i & & & & \\ & & \operatorname{Ker} \tilde{u} & & & & \\ & \nearrow & \searrow & & & & \\ 0 & & & 0 & & & \end{array}$$

を得ます．ここで $P = i \circ \tilde{v}$．このとき $\tilde{u} \circ P$ は $\mathcal{D}^l$ から $\mathcal{M}$ へのゼロ射ですから，(A.61) は $(([B_1,\cdots,B_l]\tilde{v})i)\tilde{u} = 0$ を書き換えたものです．この方法を $\operatorname{Ker} P$ に対しても適用できますから

Appendix　コホモロジー代数史とその展望　189

(A.64)
$$\begin{array}{ccccccccc} \cdots & \longrightarrow & \mathcal{D}^r & \xrightarrow{\cdot Q} & \mathcal{D}^l & \xrightarrow{\cdot P} & \mathcal{D}^m & \longrightarrow & 0 & \longrightarrow & \cdots \\ & & \downarrow & & \downarrow & & \downarrow{\cdot \tilde{u}} & & & & \\ \cdots & \longrightarrow & 0 & \longrightarrow & 0 & \longrightarrow & \mathcal{M} & \longrightarrow & 0 & \longrightarrow & \cdots \end{array}$$

という $\mathcal{M}$ の射影(自由)分解(projective (free) resolution)が得られます．第2章の(2.1.26)をもう一度見てください．この $\cdot P : \mathcal{D}^l \to \mathcal{D}^m$ を行列

(A.65)
$$\begin{bmatrix} P_{11} & P_{12} & \cdots & P_{1m} \\ P_{21} & P_{22} & \cdots & P_{2m} \\ \cdots & \cdots & \cdots & \cdots \\ P_{l1} & P_{l2} & \cdots & P_{lm} \end{bmatrix}$$

として書き，$\cdot \tilde{u} : \mathcal{D}^m \to \mathcal{M}$ を

(A.66)
$$\begin{bmatrix} u_1 \\ u_2 \\ \vdots \\ u_m \end{bmatrix}$$

と書くと，$P\tilde{u}=0$ が(A.61)です．次は(A.61)のような系，すなわち，$\mathcal{D}$ 加群 $\mathcal{M}$ に対してある $\mathcal{D}$ 加群 $\mathcal{S}$ での解を見つけるということはどういうことかを話します．代数幾何のほうはダイアグラム(A.20)のことで，解の全体は(A.24) $\mathrm{Hom}_A(C,B)$ と書くのでした．例えば $\mathcal{S}=\mathcal{O}$ の場合で話をすすめますと，それは $\mathcal{D}$ 加群の射 $s:\mathcal{M} \to \mathcal{O}$ を見つけること，すなわち $\mathcal{M}$ を生成している $u_1,\cdots,u_m$ の s で行った先の解析函数 $s(u_i)=f_i \in \mathcal{O}$ が(A.61)の解 $f_1,f_2,\cdots,f_m$ です．それは s が $\mathcal{D}$ 線型ですから(A.61)のおのおのに $s\left(\sum P_{ij}u_j\right)=\sum P_{ij}f_j=0$ が成り立つからです．そのような s の集まりを $\mathcal{H}om_{\mathcal{D}}(\mathcal{M},\mathcal{O})$ と書きます．ここですぐ気のつくことは $\mathcal{H}om_{\mathcal{D}}(-,\mathcal{O})$ は(左)$\mathcal{D}$ 加群のカテゴリー $\mathcal{D}$-$\mathcal{M}od$ から $\mathbb{C}$ 加群の層のカテゴリー $\mathbb{C}$-$\mathcal{M}od$ への反変な左完全関手だということです．

$\mathcal{D}$ 加群の例として $\mathcal{O}$ を考えましょう．
$$\mathcal{D}/(\mathcal{D}\partial_1+\cdots+\mathcal{D}\partial_n) \xrightarrow{\approx} \mathcal{O}$$
です．ここで $\partial_i=\partial/\partial z_i$, $i=1,2,\cdots,n$．これから $\mathcal{O}$ の分解として完全列 $0\to \mathcal{D}^n \xrightarrow{\cdot \partial} \mathcal{D} \xrightarrow{\cdot \tilde{u}} \mathcal{O} \to 0$, すなわち，

(A.67)
$$\begin{array}{ccccccccc} 0 & \longrightarrow & \mathcal{D}^n & \xrightarrow{\cdot \partial} & \mathcal{D} & \longrightarrow & 0 \\ & & \downarrow & & \downarrow & & \downarrow{\cdot \tilde{u}} \\ 0 & \longrightarrow & 0 & \longrightarrow & \mathcal{O} & \longrightarrow & 0 \end{array}$$

を取ることができます．ここで $\partial=[\partial_1,\partial_2,\cdots,\partial_n]^t$．これを(A.61)のように系として書けば

(A.68)
$$\begin{cases} \partial_1 u = 0, \\ \partial_2 u = 0, \\ \cdots\cdots, \\ \partial_n u = 0. \end{cases}$$

これはコーシー–リーマン $\overline{\partial_i}u = \dfrac{\partial f}{\partial \overline{z_i}} = \dfrac{1}{2}\left(\dfrac{\partial u}{\partial x_i} - i\dfrac{\partial u}{\partial y_i}\right) = 0$, $i=1,2,\cdots,n$ ではなく上のように $\partial_i = \partial/\partial z_i$ ですから(L.P)を満たすような $\mathcal{O}$ 内での解の層 $\mathcal{H}om_{\mathcal{D}}(-,\mathcal{O})$ $\mathcal{O} = \mathcal{H}om_{\mathcal{D}}(\mathcal{O},\mathcal{O})$ は定数函数だけです．このことをコホモロジー代数的に確かめてみましょう．すなわち反変左完全関手

(A.69) $\qquad \mathcal{H}om_{\mathcal{D}}(-,\mathcal{O}) : \mathcal{D}\text{-}\mathcal{M}od \longrightarrow \mathbb{C}\text{-}\mathcal{M}od$

の $\mathcal{O}$ での導来関手 $R^j\mathcal{H}om_{\mathcal{D}}(-,\mathcal{O})\mathcal{O}$ を計算することです．定義により，$\mathcal{O}$ の一つの射影的分解 $\mathcal{P}_\bullet$ をとって $\mathcal{H}om_{\mathcal{D}}(-,\mathcal{O})$ で $\mathbb{C}\text{-}\mathcal{M}od$ に運んでコホモロジーを取るということです．このコホモロジーが $\mathcal{O}$ のどの射影的分解でもみな同じ(同型)というのが導来関手です．そこで $\mathcal{P}_\bullet$ として(A.67)の $\mathcal{O}$ の分解をとりますと $\mathbb{C}\text{-}\mathcal{M}od$ 内では

(A.70)
$$\begin{array}{c} 0 \\ \downarrow \\ \mathcal{H}om_{\mathcal{D}}(\mathcal{O},\mathcal{O}) \\ \downarrow \\ 0 \longleftarrow \mathcal{H}om_{\mathcal{D}}(\mathcal{D}^n,\mathcal{O}) \xleftarrow{\widetilde{\partial}\cdot} \mathcal{H}om_{\mathcal{D}}(\mathcal{D},\mathcal{O}) \end{array}$$

ですが，$\mathcal{H}om_{\mathcal{D}}(\mathcal{D},\mathcal{O}) \approx \mathcal{O}$ ですから(A.70)を書き換えると

(A.71)
$$\begin{array}{c} 0 \longrightarrow \mathcal{O} \xrightarrow{\widetilde{\partial}\cdot} \mathcal{O}^n \longrightarrow 0 \\ \uparrow \\ \mathcal{H}om_{\mathcal{D}}(\mathcal{O},\mathcal{O}) \end{array}$$

$\mathbb{C}\text{-}\mathcal{M}od$ 内での複体(A.71)のコホモロジーを計算すれば $R^0\mathcal{H}om_{\mathcal{D}}(-,\mathcal{O})\mathcal{O} \stackrel{\mathrm{def}}{=} \mathcal{E}xt^0_{\mathcal{D}}(\mathcal{O},\mathcal{O})$．これは(2.1.60)の少し後で話しましたように $F = \mathcal{H}om_{\mathcal{D}}(-,\mathcal{O})$ が左完全なので $\mathcal{H}om_{\mathcal{D}}(\mathcal{O},\mathcal{O})$，次は $R^1\mathcal{H}om_{\mathcal{D}}(-,\mathcal{O})\mathcal{O} \stackrel{\mathrm{def}}{=} \mathcal{E}xt^1_{\mathcal{D}}(\mathcal{O},\mathcal{O})$，… です．(A.71)から層として $\mathcal{H}om_{\mathcal{D}}(\mathcal{O},\mathcal{O}) = \mathrm{Ker}\,\widetilde{\partial} \cong \mathbb{C}$, $\mathcal{E}xt^1_{\mathcal{D}}(\mathcal{O},\mathcal{O}) = \mathcal{O}^n/\mathrm{Im}\,\widetilde{\partial} = 0$, $j>1$ に対しては，もちろん(A.71)から $\mathcal{E}xt^j_{\mathcal{D}}(\mathcal{O},\mathcal{O}) = 0$ です．$j=0$ の場合は，すなわち $f \in \mathcal{O}$ で

Appendix　コホモロジー代数史とその展望　191

$\frac{\partial}{\partial z_i}f=0$ となるのは $f\in\mathbb{C}$ しかないということ，$j=1$ の場合は，$\frac{\partial}{\partial z_i}g=f$ となる $g\in\mathcal{O}$ が常にあるということ，すなわち，$g=\int f dz_i$，をいっているわけです．後で $\mathcal{H}om_{\mathcal{D}}(\mathcal{O},\mathcal{O})$ を $\mathcal{H}om_{\mathcal{D}}(\mathcal{O},-)\mathcal{O}$ と見なしてこの計算をします．$\mathcal{D}$ 加群 $\mathcal{O}$（これをド・ラーム加群(de Rham module)といいます）ではなく一般の $\mathcal{D}$ 加群 $\mathcal{M}$ に対する $R^j\mathcal{H}om_{\mathcal{D}}(-,\mathcal{O})\mathcal{M}=\mathcal{E}xt^j_{\mathcal{D}}(\mathcal{M},\mathcal{O})$ の計算には(A.67)の代わりに(A.64)のような射影的分解を考えればいいわけですから，そのときは(A.71)の一般化

(A.72)
$$0 \longrightarrow \mathcal{O}^m \xrightarrow{\tilde{P}\cdot} \mathcal{O}^l \xrightarrow{\tilde{Q}\cdot} \mathcal{O}^r \longrightarrow \cdots$$
$$\uparrow$$
$$\mathcal{H}om_{\mathcal{D}}(\mathcal{M},\mathcal{O})$$

でもって $\mathcal{H}om_{\mathcal{D}}(\mathcal{M},\mathcal{O})=\mathrm{Ker}\,\tilde{P}$（すなわち，もっとも伝統的な意味での $\tilde{P}u=0$），$\mathcal{E}xt^1_{\mathcal{D}}(\mathcal{M},\mathcal{O})=\mathrm{Im}\,\tilde{Q}/\mathrm{Im}\,\tilde{P}$，… と計算できます．第 2 章の導来カテゴリー $D(\mathcal{A})$ とその導来関手 $\boldsymbol{R}F$ で上のことを言いますと，まずカテゴリー $\mathcal{D}$-$\mathcal{M}od$ の導来カテゴリー $D(\mathcal{D}$-$\mathcal{M}od)$ を考えて

(A.73)　　　$\boldsymbol{R}\mathcal{H}om_{\mathcal{D}}(-,\mathcal{O}):D(\mathcal{D}$-$\mathcal{M}od)\rightsquigarrow D(\mathbb{C}$-$\mathcal{M}od)$

とします．$\mathcal{D}$-$\mathcal{M}od$ の対象 $\mathcal{O}$ や $\mathcal{M}$ を $D(\mathcal{D}$-$\mathcal{M}od)$ の対象とみなして $D(\mathbb{C}$-$\mathcal{M}od)$ の対象 $\boldsymbol{R}\mathcal{H}om_{\mathcal{D}}(\mathcal{O},\mathcal{O})$ や $\boldsymbol{R}\mathcal{H}om_{\mathcal{D}}(\mathcal{M},\mathcal{O})$ を考えることができます．第 2 章の(2.4.23)から(2.4.25)の少し後のあたりで話したことですが，これらの複体のコホモロジー $\boldsymbol{R}^j\mathcal{H}om_{\mathcal{D}}(\mathcal{O},\mathcal{O})\overset{\mathrm{def}}{=}\mathcal{E}xt^j_{\mathcal{D}}(\mathcal{O},\mathcal{O})$, $\boldsymbol{R}^j\mathcal{H}om_{\mathcal{D}}(\mathcal{M},\mathcal{O})=\mathcal{E}xt^j_{\mathcal{D}}(\mathcal{M},\mathcal{O})$ が上の(A.71)や(A.72)の複体のコホモロジーの計算です．とくに $D(\mathbb{C}$-$\mathcal{M}od)$ の対象として

(A.74)　　　$\boldsymbol{R}\mathcal{H}om_{\mathcal{D}}(\mathcal{O},\mathcal{O})=\mathbb{C}=(0\longrightarrow\mathcal{O}\xrightarrow{\tilde{\delta}\cdot}\mathcal{O}^n\longrightarrow 0)$

です(ここで思い出しましたが(A.74)は第 2 章の(2.5.2)のシフト(shift)ではありませんが佐藤超函数層 $\mathcal{H}^n_{\mathbb{R}^n}(\mathcal{O})$ を導来カテゴリー的導来関手として書くと $\boldsymbol{R}\mathcal{H}^0_{\mathbb{R}^n}(\mathcal{O})$ ですので $\boldsymbol{R}\mathcal{H}^0_{\mathbb{R}^n}(\mathcal{O})[n]=\mathcal{B}$ です．(A.74)の定数層 $\mathbb{C}$ も $\mathcal{B}$ もともに 0 次に $\mathbb{C}$ と $\mathcal{B}$ があり，その他はすべてゼロという複体です)．

次は共変な左完全関手 $\mathcal{H}om_{\mathcal{D}}(\mathcal{O},-)$ を考えます．こちらの方をド・ラーム関手 (de Rham functor)，前に現れた $\mathcal{H}om_{\mathcal{D}}(-,\mathcal{O})$ の方を**解関手**(solution functor)といいます．今までに書きました本か，または谷崎俊之・堀田良之，$\mathcal{D}$ 加群と代数群，シュプリンガー・フェアラーク東京，1995 というすぐれた本において $\mathcal{D}$ 加群の理論のより全貌を学ぶことができます．結論からいいますと(左)$\mathcal{D}$ 加群 $\mathcal{M}$ に対して

(A.75)　　　　　$\mathcal{H}om_{\mathcal{D}}(\mathcal{O},\mathcal{M})=\Omega^{\bullet}\otimes_{\mathcal{O}}\mathcal{M}$

です．ここで $\Omega^{\bullet}$ は(A.12)で話しました外微分形式の層です．$\mathcal{H}om_{\mathcal{D}}(\mathcal{O},-)$ を

$R\mathcal{H}om_\mathcal{D}(\mathcal{O}, -)$ として $D(\mathcal{D}\text{-}\mathcal{M}od)$ から $D(\mathbb{C}\text{-}\mathcal{M}od)$ への導来関手と考えることができます. $\mathcal{M}$ として $\mathcal{O}$ を選ぶと(A.75)により

(A.76) $\qquad\qquad\qquad \mathcal{H}om_\mathcal{D}(\mathcal{O}, \mathcal{O}) = \Omega^\bullet$

を得ますがこの右辺は(A.13)のときのようにポアンカレの補題で $\mathcal{H}^j(\Omega^\bullet) = 0$, $j \neq 0$ です. これからも(A.74)が得られます. すなわち, $R^0\mathcal{H}om_\mathcal{D}(\mathcal{O}, -)\mathcal{O} = R^0\mathcal{H}om_\mathcal{D}(\mathcal{O}, -)\mathcal{O} \stackrel{(A.76)}{=} \mathcal{H}^0(\Omega^\bullet) = \mathbb{C}$ そして $R^j\mathcal{H}om_\mathcal{D}(\mathcal{O}, -)\mathcal{O} = R^j\mathcal{H}om_\mathcal{D}(\mathcal{O}, -)\mathcal{O} = \mathcal{H}^j(\Omega^\bullet) = 0$, $j \neq 0$.

(A.75)の右辺の複体を $\Omega^\bullet(\mathcal{M}) \stackrel{\text{def}}{=} \Omega^\bullet \otimes_\mathcal{O} \mathcal{M}$ と書きますと $R^j\mathcal{H}om_\mathcal{D}(\mathcal{O}, -)\mathcal{M} = \mathcal{E}xt^j_\mathcal{D}(\mathcal{O}, \mathcal{M}) = \mathcal{H}^j(\Omega^\bullet \otimes_\mathcal{O} \mathcal{M})$ と計算できます. $\mathcal{D}$ 加群の本として Björk, J.-E., *Analytic D-Modules and Applications*, Kluwer Acad. Pub., 1993 もすすめます. 1950年代の終わりころ佐藤幹夫は微分方程式系のコホモロジー的研究を始めましたが, おどろくべき柏原正樹の(博士でなく)修士論文が出たのは1971年

柏原正樹,
偏微分方程式系の代数的研究, 東京大学修士論文, 1971

です. この後1975年の

Kashiwara, M.,
On the Maximally Overdetermined Systems of Linear Differential Equations, I,
Publ. Res. Inst. Math. Sci. **10** (1974/75), 563–579

と $\mathcal{D}$ 加群の理論は鰻登りに登っていって, 他の分野, とくに代数幾何学に強い影響を与えています. とくに, 1981年に

Kashiwara, M.; Kawai, T.,
On Holonomic Systems of Microdifferential Equations III,
Publ. Res. Inst. Math. Sci. **17** (1981), 813–979

が現れ, そして1984年には, ヒルベルト(Hilbert)の23の問題の第21番目の問題を, 確定特異性を高次元かつ $\mathcal{D}$ 加群に拡張して解いた

Kashiwara, M.,
The Riemann-Hilbert Problem for Holonomic Systems,
Publ. Res. Inst. Math. Sci. **20** (1984), 319–365

が出版されました. コホモロジー代数という立場から見た $\mathcal{H}om_\mathcal{D}(-, \mathcal{D})$ という関手について話を続けます.

Appendix コホモロジー代数史とその展望　193

　$\mathcal{D}$ 加群の理論で最も大切な概念に**ホロノミー加群**(holonomic module)というのがあります．その定義は，その $\mathcal{D}$ 加群 $\mathcal{M}$ の特性多様体(characteristic variety)の次元で定義されますが実はそれが

(A.77) $\qquad\qquad\mathcal{E}xt^j_{\mathcal{D}}(\mathcal{M},\mathcal{D})=0, \qquad j\neq n$

と同値なのです．実はこの(右)$\mathcal{D}$ 加群 $\mathcal{E}xt^n_{\mathcal{D}}(\mathcal{M},\mathcal{O})$ もホロノミー加群になり，すなわち，$\mathcal{E}xt^j_{\mathcal{D}}(\mathcal{E}xt^n_{\mathcal{D}}(\mathcal{M},\mathcal{D}),\mathcal{D})=0$, $j\neq n$, その消えないもの，$j=n$ に対して

(A.78) $\qquad\qquad\mathcal{E}xt^n_{\mathcal{D}}(\mathcal{E}xt^n_{\mathcal{D}}(\mathcal{M},\mathcal{D}),\mathcal{D})\approx\mathcal{M}$

が成り立ちます．(A.78)はスペクトル系列だけで証明できますので，それをここでします．まず $\mathcal{D}$ 加群 $\mathcal{M}$ の射影的分解

(A.79)
$$\cdots \longrightarrow P^{-2} \longrightarrow P^{-1} \longrightarrow P^0$$
$$\downarrow$$
$$\mathcal{M}$$

を取ります．これから関手 $\mathcal{H}om_{\mathcal{D}}(-,\mathcal{D})$ で

(A.80)

$$\mathcal{H}om_{\mathcal{D}}(P^0,\mathcal{D}) \longrightarrow \mathcal{H}om_{\mathcal{D}}(P^{-1},\mathcal{D}) \longrightarrow \mathcal{H}om_{\mathcal{D}}(P^{-2},\mathcal{D}) \longrightarrow \cdots$$
$$\uparrow$$
$$\mathcal{H}om_{\mathcal{D}}(\mathcal{M},\mathcal{D})$$

を得ます．(A.80)の複体を $'P^{\bullet}$ と書きそのカルタン–アイレンベルグ分解 $Q^{\bullet,\bullet}$ を作ります(すなわち，第 2 章の(2.2.29)の射影版です)．

(A.81)

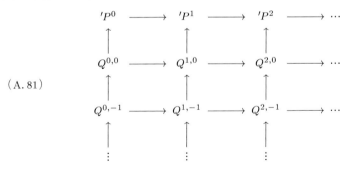

(A.81)の二重複体を関手 $\mathcal{H}om_{\mathcal{D}}(-,\mathcal{D})$ で第二象限に納まる

194　Appendix　コホモロジー代数史とその展望

(A. 82)

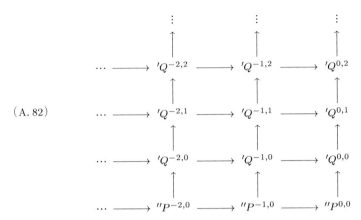

に移せます. ここで $''P^{-j,0} = \mathcal{H}om_\mathcal{D}('P^j, \mathcal{D})$, $'Q^{-i,j} = \mathcal{H}om_\mathcal{D}(Q^{i,-j}, \mathcal{D})$ です. このとき第 2 章の二重複体に伴うスペクトル系列でフィルターを(2.2.16)で定めるもの, そして(2.2.35)で定めるものから(2.2.20), (2.2.22), (2.2.25)そして (2.2.36)にまとめたスペクトル系列が出てきます. この場合は

(A. 83)
$$E_0^{-p,q} = 'Q^{-p,q}, \qquad 'E_0^{p,-q} = 'Q^{-q,p},$$
$$E_1^{-p,q} = \mathcal{H}_\uparrow^q('Q^{-p,\bullet}), \qquad 'E_1^{p,-q} = \mathcal{H}_\rightarrow^{-q}('Q^{\bullet,p}),$$
$$E_2^{-p,q} = \mathcal{H}_\rightarrow^{-p}(\mathcal{H}_\uparrow^q('Q^{\bullet,\bullet})), \qquad 'E_2^{p,-q} = \mathcal{H}_\uparrow^p(\mathcal{H}_\rightarrow^{-q}('Q^{\bullet,\bullet}))$$

です. 極限は $\mathcal{H}^n('Q^\bullet)$ です. ここにて $'Q^n = \bigoplus_{p+q=n} 'Q^{p,q}$ です. そのとき $E_1^{-p,0} = \mathcal{H}_\uparrow^0('Q^{-p,\bullet})$ であって $\mathcal{H}om_\mathcal{D}(-,\mathcal{D})$ は左完全なので $\mathcal{H}_\uparrow^0('Q^{-p,\bullet}) \approx \mathcal{H}om_\mathcal{D}('P^{p,0}, \mathcal{D})$ です. 射影加群は反射的(reflexive)ですので $''P^{-p,0} = \mathcal{H}om_\mathcal{D}('P^{p,0}, \mathcal{D}) = \mathcal{H}om_\mathcal{D}(\mathcal{H}om_\mathcal{D}(P^{-p}, \mathcal{D}), \mathcal{D}) \approx P^{-p}$ を得ます. すなわち

(A. 84)
$$\cdots \longrightarrow E_1^{-p,0} \longrightarrow E_1^{-(p-1),0} \longrightarrow \cdots$$
$$\cdots \longrightarrow P^{-p} \longrightarrow P^{-(p-1)} \longrightarrow \cdots$$

から $E_2^{-p,0} = 0$ が $p \neq 0$ に対して成り立ちます. そして $E_2^{0,0}$ は $P^{-\bullet}$ が $\mathcal{M}$ の射影的分解なので $\mathcal{M}$ に同型です. 次に言いたいことは $E_1^{-p,q} = 0$, $q \neq 0$ ということです. すなわちダイアグラム(A.82)は縦方向には完全ということです. しかしそれは $\mathcal{H}_\uparrow^q('Q^{-p,\bullet}) = R^q\mathcal{H}om_\mathcal{D}(-,\mathcal{D})'P^p = R^q\mathcal{H}om_\mathcal{D}(-,\mathcal{D})(\mathcal{H}om_\mathcal{D}(-,\mathcal{D})P^{-p})$ ですから

Appendix コホモロジー代数史とその展望   195

(A.85)

から出てくる Grothendieck のスペクトル系列

(A.86) $\qquad E_2^{q,0} = R^q \mathcal{H}om_{\mathcal{D}}(-,\mathcal{D})(R^0 \mathcal{H}om_{\mathcal{D}}(-,\mathcal{D})(P^{-p}))$

がこの $E_1^{-p,q}$ と解釈できます．そして(A.86)の極限は $E^q = R^q(\mathcal{H}om_{\mathcal{D}}(-,\mathcal{D}) \circ \mathcal{H}om_{\mathcal{D}}(-,\mathcal{D}))P^{-p}$ ですが P^{-p} が射影的なので $\mathcal{H}om_{\mathcal{D}}(\mathcal{H}om_{\mathcal{D}}(P^{-p},\mathcal{D}),\mathcal{D}) \approx P^{-p}$ です．すなわち極限 $E^q = 0$, $q \neq 0$ (恒等関手は完全です!)．これから(A.86)の $E_2^{q,0} = 0$, $q \neq 0$ であり，これは $E_1^{-p,q} = 0$, $q \neq 0$ を意味するものでした．いつものスペクトル系列の計算: $0 = E_2^{-2,1} \to E_2^{0,0} \to E_2^{2,-1} = 0$ より $E_\infty^{0,0} \approx \mathcal{M}$ であって $E_\infty^{0,0} \approx E^0 = H^0('Q^\bullet)$ です．次はスペクトル系列(A.83)の右側の方を計算します．

(A.87)
$$\begin{array}{ccccccc} \cdots & \longrightarrow & 'E_0^{p,-q} & \longrightarrow & 'E_0^{p,-q-1} & \longrightarrow & \cdots \\ & & \| & & \| & & \\ \cdots & \longrightarrow & 'Q^{-q,p} & \longrightarrow & 'Q^{-q-1,p} & \longrightarrow & \cdots \end{array}$$

から

(A.88)
$$\begin{array}{ccc} \vdots & & \vdots \\ \uparrow & & \uparrow \\ 'E_1^{2,-q} & = & \mathcal{H}_\to^{-q}('Q^{\bullet,2}) \\ \uparrow & & \uparrow \\ 'E_1^{1,-q} & = & \mathcal{H}_\to^{-q}('Q^{\bullet,1}) \\ \uparrow & & \uparrow \\ 'E_1^{0,-q} & = & \mathcal{H}_\to^{-q}('Q^{\bullet,0}) \\ \uparrow & & \uparrow \\ 0 & & 0 \end{array}$$

であって

(A.89) $\qquad 'E_2^{p,-q} = \mathcal{E}xt_{\mathcal{D}}^p(\mathcal{E}xt_{\mathcal{D}}^q(\mathcal{M},\mathcal{D}),\mathcal{D})$

です．そして極限 E^{p-q} は恒等関手の $p-q$ 次導来関手ですから $p-q=0$, すなわち，$E^0 = \mathcal{M}$．そのとき

(A.90) $\cdots \longrightarrow 0 = {}'E_2{}^{p-2,-q+1} \longrightarrow {}'E_2{}^{p,-q} \longrightarrow {}'E_2{}^{p+2,-q-1} = 0 \longrightarrow \cdots$

から ${}'E_\infty{}^{p,-p} = F^p(E^0)/F^{p+1}(E^0) = F^p(\mathcal{M})/F^{p+1}(\mathcal{M})$, すなわち,

$$\mathcal{M} = \bigoplus_{p=0}^{\infty} E_\infty{}^{p,-p}$$

を得ますので, ホロノミー加群 $\mathcal{M}$ に対しては

(A.91) $\quad {}'E_2{}^{n,-n} = \mathcal{E}xt_\mathcal{D}^n(\mathcal{E}xt_\mathcal{D}^n(\mathcal{M}, \mathcal{D}), \mathcal{D}) \approx E_\infty{}^{n,-n} \approx \mathcal{M}$

が成り立つわけです.

上の(A.90)の ${}'E_2{}^{n,-n}$ だけが消えないということは, (A.77)の少し後で言いましたようにホロノミー加群 $\mathcal{M}$ に対して(右)$\mathcal{D}$ 加群の $\mathcal{E}xt_\mathcal{D}^n(\mathcal{M}, \mathcal{D})$ もホロノミー加群になることを言っているわけです. ここまでに話した関手はド・ラーム関手 $\mathcal{H}om_\mathcal{D}(\mathcal{O}, -)$, そして解関手の $\mathcal{H}om_\mathcal{D}(-, \mathcal{O})$, そしてすぐ上で話した $\mathcal{H}om_\mathcal{D}(-, \mathcal{D})$ ですが, この他にはまず $-\otimes_\mathcal{D} -$ があります.

まず一般論から始めます. $\mathcal{A}$ と $\mathcal{B}$ をアーベリアン・カテゴリーとし, G を $\mathcal{A}$ から $\mathcal{B}$ への右完全加法的関手とします. 第2章の(2.2.46)のように Co(G) で Co$^+(\mathcal{A})$ から Co$^+(\mathcal{B})$ への

$\cdots \longrightarrow A_j \longrightarrow A_{j-1} \longrightarrow \cdots \overset{\mathrm{Co}(G)}{\longmapsto} \cdots \longrightarrow GA_j \longrightarrow GA_{j-1} \longrightarrow \cdots$

で定義される複体間の関手とします. そこで考えるダイアグラムは

(A.92)
$$\begin{array}{ccc} \mathrm{Co}^+(\mathcal{A}) & \overset{\mathrm{Co}(G)}{\rightsquigarrow} & \mathrm{Co}^+(\mathcal{B}) \\ H_0 \downarrow & \searrow G_0 & \downarrow H_0 \\ \mathcal{A} & \underset{G}{\rightsquigarrow} & \mathcal{B} \end{array}$$

で, $G_0 \overset{\mathrm{def}}{=} H_0 \circ \mathrm{Co}(G) = G \circ H_0$ です, すなわち, Co($\mathcal{A}$) の対象 $A_\bullet$ に対して

(A.93) $\quad G_0(A_\bullet) = G(\mathrm{Ker}(A_1 \longrightarrow A_0)) = \mathrm{Ker}(GA_1 \longrightarrow GA_0)$

です. $G_n A_\bullet$ で G の超導来関手を表します. そのとき(A.92)から

(A.94) $\quad \begin{aligned} {}'E_2{}^{p,q} &= L_p G(H_q(A_\bullet)), \\ E_1{}^{p,q} &= L_q GA_p \end{aligned}$

が誘導されます. すなわち第2章の(2.2.55)と(2.2.54)にあたります. そこで $\mathcal{M}$ を(左)$\mathcal{D}$ 加群そして $\mathcal{N}^\bullet$ を(右)$\mathcal{D}$ 加群の複体とするとき, 超 Tor(hypertor)である $\mathcal{T}or_n^\mathcal{D}(\mathcal{N}^\bullet, \mathcal{M})$ に極限を持つ第一のスペクトル系列

(A.95) $\quad E_2{}^{p,q} = \mathcal{H}^q(\mathcal{T}or_{-q}^\mathcal{D}(\mathcal{N}^\bullet, \mathcal{M}))$

があります．もちろん $q>0$ に対しては(A.95)は $E_2^{p,q}=0$ です．(A.95)は

(A.96) $$E_1^{p,q} = \mathcal{T}or_q^{\mathcal{D}}('\mathcal{N}_p, \mathcal{M})$$

から始めてもいいです．ここで $'\mathcal{N}_p = '\mathcal{N}^{-p}$ です(第2章の(2.1.56)から(2.1.59)のあたりを思い出してください)．そこで $E_2^{p,q} = \mathcal{H}_p(\mathcal{T}or_q^{\mathcal{D}}('\mathcal{N}^\bullet, \mathcal{M}))$ で，これをコホモロジー的に書いたのが(A.95)です．先に $\mathcal{H}om_{\mathcal{D}}(-, \mathcal{D})$ という反変左完全関手のことを話しましたから，これを導来カテゴリーに拡張して $\boldsymbol{R}\mathcal{H}om_{\mathcal{D}}(-, \mathcal{D})$ を考えます．(左)$\mathcal{D}$ 加群 $\mathcal{N}$ に対して複体 $\boldsymbol{R}\mathcal{H}om_{\mathcal{D}}(\mathcal{N}, \mathcal{D})$ を得ます．そこで上の $'\mathcal{N}^\bullet$ の代わりは導来カテゴリーの対象 $\boldsymbol{R}\mathcal{H}om_{\mathcal{D}}(\mathcal{N}, \mathcal{D})$ ですから，上の $-\otimes_{\mathcal{D}}\mathcal{M}$ の導来カテゴリーの意味での導来関手 $-\otimes_{\mathcal{D}}^{\boldsymbol{L}}\mathcal{M}$ を使って

(A.97) $$\boldsymbol{R}\mathcal{H}om_{\mathcal{D}}(\mathcal{N}, \mathcal{D}) \otimes_{\mathcal{D}}^{\boldsymbol{L}} \mathcal{M}$$

を考えることができます．(A.97)は左完全関手と右完全関手の合成ですので"普通の"とは異なります． $P_\bullet$ を $\mathcal{N}$ の射影的分解とすると $\mathcal{H}om_{\mathcal{D}}(P_\bullet, \mathcal{D})$ のコホモロジーは定義から $\mathcal{E}xt_{\mathcal{D}}^q(\mathcal{N}, \mathcal{D}) = \mathcal{H}^q(\mathcal{H}om_{\mathcal{D}}(P_\bullet, \mathcal{D}))$ です．そこで複体 $\mathcal{H}om_{\mathcal{D}}(P_\bullet, \mathcal{D})$ に擬同型で $\mathcal{D}$ 平坦($\mathcal{D}$-flat)な複体を $'P_\bullet$ としたとき，複体 $'P^\bullet \otimes_{\mathcal{D}} \mathcal{M}$ のコホモロジー $\mathcal{H}^l('P^\bullet \otimes_{\mathcal{D}} \mathcal{M})$ は $\mathcal{N}$ と $\mathcal{M}$ に対する関手です．そのとき $\mathcal{H}^n('P^\bullet \otimes_{\mathcal{D}} \mathcal{M})$ を極限にもつスペクトル系列は

(A.98) $$E_2^{p,q} = \mathcal{T}or_{-p}^{\mathcal{D}}(\mathcal{E}xt_{\mathcal{D}}^q(\mathcal{N}, \mathcal{D}), \mathcal{M})$$

です． $\mathcal{M}$ の $\mathcal{D}$ 平坦な分解(flat resolution) $Q_\bullet$ を使って $\boldsymbol{R}\mathcal{H}om_{\mathcal{D}}(\mathcal{N}, \mathcal{D}) \otimes_{\mathcal{D}}^{\boldsymbol{L}} \mathcal{M}$ を計算してみますと

(A.99) $$\begin{aligned}\boldsymbol{R}\mathcal{H}om_{\mathcal{D}}(\mathcal{N}, \mathcal{D}) &\otimes_{\mathcal{D}}^{\boldsymbol{L}} \mathcal{M} \\ &= \mathcal{H}om_{\mathcal{D}}(P_\bullet, \mathcal{D}) \otimes_{\mathcal{D}}^{\boldsymbol{L}} \mathcal{M} \\ &= 'P^\bullet \otimes_{\mathcal{D}} \mathcal{M} = 'P^\bullet \otimes_{\mathcal{D}} Q^\bullet\end{aligned}$$

です．

この Appendix の普遍係数スペクトル系列(universal coefficient spectral sequence)(A.48)と上のスペクトル系列(A.98)は，コホモロジー代数的には，同じです．また(A.98)の特別な場合として $\mathcal{N}=\mathcal{O}$ とすると， $\mathcal{O}$ はホロノミー加群ですので(証明は，今までに書いた本を見てください)， $\mathcal{E}xt_{\mathcal{D}}^j(\mathcal{O}, \mathcal{D})=0$, $j \neq n$ で，実は， $j=n$ では $\mathcal{E}xt_{\mathcal{D}}^n(\mathcal{O}, \mathcal{D})=\Omega^n$ です．そして一般の $\mathcal{D}$ 加群でなく， $\mathcal{M}$ が有限表示，すなわち， $\mathcal{D}$ 連接($\mathcal{D}$-coherent)の場合を考えますと(A.98)の極限は $\mathcal{H}om_{\mathcal{D}}(-, \mathcal{D}) \otimes \mathcal{M} \approx \mathcal{H}om_{\mathcal{D}}(-, \mathcal{M})$ ですので $\mathcal{E}xt_{\mathcal{D}}^l(\mathcal{O}, \mathcal{M})$ ですが， $E_2^{p,q}$ で消えないのは $E_2^{l-n,n} = \mathcal{T}or_{n-l}^{\mathcal{D}}(\mathcal{E}xt_{\mathcal{D}}^n(\mathcal{O}, \mathcal{D}), \mathcal{M}) \approx \mathcal{T}or_{n-l}^{\mathcal{D}}(\Omega^n, \mathcal{M})$ だけです．いつもの計算 $0 = E_2^{l-n-2, n+1} \to E_2^{l-n,n} \to E_2^{l-n+2, n-1} = 0$ から極限であるド・ラーム関手に対するコホ

モロジー $E^l = \mathcal{E}xt_{\mathcal{D}}^l(\mathcal{O},\mathcal{M})$ は $E_2{}^{l-n,n} = E_\infty{}^{l-n,n} = \mathcal{T}or_{n-l}^{\mathcal{D}}(\Omega^n,\mathcal{M})$ に同型ということを言っているのです．ポアンカレの双対定理とセールの双対定理の両方の一般化であるメブクの定理を紹介します．

複素多様体 X 上の $\mathcal{D}$ 加群 $\mathcal{M}$ に対して $\Gamma_c(X, \mathcal{H}om_{\mathcal{D}}(\mathcal{O},\mathcal{M}))$ でコンパクトな台を持つ層 $\mathcal{H}om_{\mathcal{D}}(\mathcal{O},\mathcal{M})$ の X 上の切断の集まりを表し，それを $\mathrm{Hom}_{\mathcal{D},c}(\mathcal{O},\mathcal{M})$ と記します．そしてまた $\mathrm{Hom}_{\mathcal{D}}(\mathcal{M},\mathcal{O}) \stackrel{\text{def}}{=} \Gamma(X, \mathcal{H}om_{\mathcal{D}}(\mathcal{M},\mathcal{O}))$ とします．そのとき

(A.100)
$$\mathcal{D}\text{-}Mod \xrightarrow[\mathcal{H}om_{\mathcal{D}}(-,\mathcal{O})]{\mathcal{H}om_{\mathcal{D}}(\mathcal{O},-)} \mathcal{C}\text{-}Mod$$
$$\mathrm{Hom}_{\mathcal{D},c}(\mathcal{O},\mathcal{M}) \searrow \downarrow \Gamma_c(X,-)$$
$$\mathcal{G}$$

から

(A.101) $\quad E_{2,c}{}^{p,q} = H_c^p(X, \mathcal{E}xt_{\mathcal{D}}^q(\mathcal{O},\mathcal{M})) \Longrightarrow \mathrm{Ext}_{\mathcal{D},c}^n(\mathcal{O},\mathcal{M}),$
$\quad\quad\quad\quad\quad E_2{}^{p,q} = H^p(X, \mathcal{E}xt_{\mathcal{D}}^q(\mathcal{M},\mathcal{O})) \Longrightarrow \mathrm{Ext}_{\mathcal{D}}^n(\mathcal{M},\mathcal{O})$

という，スペクトル系列を得ます．導来カテゴリーでは，これらは $\boldsymbol{R}\mathrm{Hom}_{\mathcal{D},c}(\mathcal{O},\mathcal{M}) = \boldsymbol{R}\Gamma_c(X, \boldsymbol{R}\mathrm{Hom}_{\mathcal{D}}(\mathcal{O},\mathcal{M}))$, $\boldsymbol{R}\mathrm{Hom}_{\mathcal{D}}(\mathcal{M},\mathcal{O}) = \boldsymbol{R}\Gamma(X, \boldsymbol{R}\mathrm{Hom}_{\mathcal{D}}(\mathcal{M},\mathcal{O}))$ です．そこで米田の対写像(Yoneda pairing)

(A.102) $\quad \mathrm{Ext}_{\mathcal{D},c}^{2n-j}(\mathcal{O},\mathcal{M}) \times \mathrm{Ext}_{\mathcal{D}}^j(\mathcal{M},\mathcal{O}) \longrightarrow \mathrm{Ext}_{\mathcal{D}}^{2n}(\mathcal{O},\mathcal{O}) \xrightarrow{\text{trace}} \mathbb{C}$

が $\mathrm{Ext}_{\mathcal{D},c}^{2n-j}(\mathcal{O},\mathcal{M})$ と $\mathrm{Ext}_{\mathcal{D}}^j(\mathcal{M},\mathcal{O})$ の位相的双対性を与えるという定理です (Mebkhout, Z., *Théorèmes de Dualité Pour les $\mathcal{D}_X$-Modules Coherent*, C. R. Acad. Sci. Paris Sér. A-B **285** (1977), A785–A787, Math. Scand. **50** (1982), 25–43). (A.102) における $\mathcal{M}$ が $\mathcal{O}$ のときがポアンカレの双対定理で，$\mathcal{M}=\mathcal{D}$ のときがセールの双対定理となることを次に計算します．まず $\mathcal{M}=\mathcal{O}$ であれば $E_{2,c}{}^{p,q} = H_c^p(X, \mathcal{E}xt_{\mathcal{D}}^q(\mathcal{O},\mathcal{O}))$ ですが，$\mathcal{E}xt_{\mathcal{D}}^q(\mathcal{O},\mathcal{O})=0$, $q \neq 0$, $\mathcal{E}xt_{\mathcal{D}}^0(\mathcal{O},\mathcal{O})=\mathbb{C}$, すなわち，$\mathcal{O}$ の分解 (A.67) から $\boldsymbol{R}\mathcal{H}om_{\mathcal{D}}(\mathcal{O},\mathcal{O}) \approx \mathbb{C}$ ((A.70), (A.71) のあたりを見てください)．消えないのは

(A.103) $\quad E_{2,c}{}^{p,0} = H_c^p(X, \mathcal{E}xt_{\mathcal{D}}^0(\mathcal{O},\mathcal{O})) \cong H^p(X,\mathbb{C})$

だけです．(A.101) の $E_2{}^{p,q}$ の方も同じく消えないのは

(A.104) $\quad E_2{}^{p,0} = H^p(X,\mathbb{C}).$

このときの極限はそれぞれ

(A.105) $\quad \mathrm{Ext}_{\mathcal{D},c}^{2n-p}(\mathcal{O},\mathcal{O}) \cong E_{2,c}{}^{2n-p,0} \cong H_c^{2n-p}(X,\mathbb{C}) \cong H_p^c(X,\mathbb{C}),$
$\quad\quad\quad\quad\quad \mathrm{Ext}_{\mathcal{D}}^p(\mathcal{O},\mathcal{O}) \cong E_2{}^{p,0} \cong H^p(X,\mathbb{C})$

で，対写像は

Appendix コホモロジー代数史とその展望　*199*

（A.106）　　　$H_p^c(X,\mathbb{C}) \times H^p(X,\mathbb{C}) \longrightarrow \mathcal{E}xt^{2n}_{\mathcal{D},c}(\mathcal{O},\mathcal{O}) \approx H_c^{2n}(X,\mathbb{C}) \longrightarrow \mathbb{C}$

です．すなわちポアンカレの双対（Poincaré duality）です．

セールの双対は，$\mathcal{M}=\mathcal{D}$，すなわち，方程式なし，制限なしの系，としたときです．このとき関手 $\mathcal{H}om_{\mathcal{D}}(\mathcal{D},-)$ は完全ですので高次のコホモロジーは消えますから，まずは $\mathcal{E}xt^q_{\mathcal{D}}(\mathcal{D},\mathcal{O})=0$，$q \ne 0$ です．そして $\mathcal{E}xt^0_{\mathcal{D}}(\mathcal{D},\mathcal{O}) \cong \mathcal{H}om_{\mathcal{D}}(\mathcal{D},\mathcal{O}) \approx \mathcal{O}$．
（A.101）から $E_2^{p,0} = H^p(X,\mathcal{O})$ です．上のコメントで話しましたように $\mathcal{E}xt^q_{\mathcal{D}}(\mathcal{O},\mathcal{D})=0$，$q \ne n$，$\mathcal{E}xt^n_{\mathcal{D}}(\mathcal{O},\mathcal{D})=\Omega^n$，すなわち，$\mathcal{O}$ はホロノミー加群．そのとき（A.101）において $E_{2,c}^{n-j,n} = H_c^{n-j}(X,\Omega^n)$ です．そして極限の計算は

（A.107）　　$\begin{aligned} \mathrm{Ext}^{2n-j}_{\mathcal{D},c}(\mathcal{O},\mathcal{D}) &\cong E_{2,c}^{n-j,n} = H_c^{n-j}(X,\Omega^n), \\ \mathrm{Ext}^j_{\mathcal{D}}(\mathcal{D},\mathcal{O}) &\cong E_2^{j,0} = H^j(X,\mathcal{O}) \end{aligned}$

です．この場合はセールの双対（Serre duality）

（A.108）　　$H_c^{n-j}(X,\Omega^n) \times H^j(X,\mathcal{O}) \longrightarrow \mathcal{E}xt^{2n}_{\mathcal{D},c}(\mathcal{O},\mathcal{O}) \approx H_c^{2n}(X,\mathbb{C}) \longrightarrow \mathbb{C}$

を得ます．くわしいことは先にも書きました C. Banica; O. Stanasila, *Algebraic Methods in the Global Theory of Complex Spaces*, John-Wiley and Sons, 1976 を見てください．

この他にも大切な関手が $\mathcal{D}$ 加群にありますが，今まで書いた文献の他に T. Oda, *Introduction to Algebraic Analysis on Complex Manifolds*, Adv. Stud. Pure Math. **1** (1983), 29–48 もありますし，また代数的 $\mathcal{D}$ 加群論は A. Borel, et al. (ed.), *Algebraic $\mathcal{D}$-Modules*, Academic Press, 1987 もありますので，そちらのほうで学んでください．

参考文献とあとがき

　今までとくに Appendix で書かなかった文献についてここで書き加えます．カテゴリーの本からいいますと B. Mitchell, *Theory of Categories*, Academic Press, 1965 が読みやすいかも知れません．コホモロジー代数は，Appendix にも書いた Cartan–Eilenberg の本の他に，S. I. Gelfand; Yu. I. Manin, *Methods of Homological Algebra*, Springer-Verlag, 1996 は導来カテゴリーもしっかり書いてあります．スペクトル系列については S. Lubkin, *Cohomology of Completions*, North-Holland Mathematics Studies **42**, Notas de Matemática **71**, North-Holland, 1980 に非常に一般的にスペクトル系列論が書かれています．代数幾何のコホモロジー論は，G. Tamme, *Introduction to Étale Cohomology*, Springer-Verlag, 1994，そしてもっと本格的なのは J. S. Milne, *Étale Cohomology*, Princeton Univ. Press, 1980 のほうかも知れません．代数解析では，M. Kashiwara; P. Schapira, *Sheaves on Manifolds*, Springer-Verlag, 1994 にもコホモロジー論が詳しく書かれています．

　第 1 章と第 2 章は，意識の流れを切らないように書いてきました．この本の中心は第 2 章です．これから数学の檜舞台を踏もうとしている若い人々にコホモロジー論をまず大きくつかんでいただきたくこの本を書きました．そして，そんなに若くない数学者でコホモロジーは使っているが，何かしっくりしないと感じておられた方に，この本で「なんだ，そんなことか」と思っていただきたいという気持ちもありました．Appendix では代数幾何学，代数解析学の屋敷内には入っていません．せいぜい門を叩いた程度です．しかし第 2 章を書いた喜びは大きく，実に数学の女神は，心やさしく，こんな私にでも

　　　籠もよ　み籠持ち　掘串もよ
　　　み掘串持ち　この岳に　菜採ます児

家聞かな　告(の)らさね
そらみつ　大和(やまと)の国は　おしなべて
われこそ居(お)れ
しきなべて　われこそ座(ま)せ
われにこそは　告(の)らめ　家をも名をも

　　　　　　　　　　　雄略天皇(万葉集，巻一の一)

なんて気持ちにしてくれました．「まえがき」にもどって，はたして「コホモロジーそよ風」は「釣する海人の袂」を翻したでしょうか，お知らせください．

　　　　　　　　　　　　　　　　　　　　　　　Goro Kato

索　引

abutment　84
acyclic　51
acyclic object　59
additive　28
additive category　159
associated sheaf　45
Buchsbaumの定理　96
Cartan–Eilenberg resolution　93
category　1
category of Abelian groups　5
coboundary　51
cochain complex　50
cocycle　51
cohomology　2
cohomology class　51
cohomology group　50
commutative ring　6
complex　50
contravariant functor　11
converge　84
de Rham functor　191
de Rham module　191
direct image　121
direct limit　35
discriminant　179
distinguished triangle　148
double complex　86
dual category　11
edge homomorphism　117
embedding　17
exact　51

faithful functor　17
field　6
full functor　17
full subcategory　16
functor　3
germ　41
group homomorphism　5
half exact functor　58
higher direct image　121
holonomic module　193
homotopic　54
homotopy equivalence class　54
hyperderived functors　100
hyperfunction of Sato　185
identity morphism　4
image　2
imbedding　17
injective object　60
injective resolution　60
injective sheaf　105
kernel　2
left adjoint functor　29
left derived functor　69
left exact functor　58
localization functor　135
morphism　1
natural transformation　14
object　1
opposite category　11
Poincaré lemma　170
presheaf　38

204　索　引

projective object　61
purely n-codimensional　186
quasi-isomorphic　62
quasi-isomorphism　108
refinement　113
relative cohomology group　118
relative hypercohomology group　118
representable functor　18
restriction map　13, 39
right adjoint functor　29
right derived functor　62
right exact functor　58
ring　6

section　42
sheaf　42
sheafification　45
site　167
solution functor　191
spectral sequence　89
stalk　40
subcategory　16
triangle　146
triangulated category　158
Čech cohomology group　111
Čech complex　111
Weierstrass family　178

ア 行

アフィン・スキーム　174
アーベリアン・カテゴリー　25
アーベル群のカテゴリー　5
位相　7
位相空間　6
埋め込み　17

カ 行

解関手　191
開集合　7
可換環　6
核　2
カテゴリー　1
カバー　167
加法的　28
加法的カテゴリー　159
カルタン-アイレンベルク分解　93

環　6
関手　1, 3
完全　51
完全埋め込み定理　27
擬同型　62, 108
帰納的極限　35
共変関手　9
極限　84
局所化関手　135
茎　40
グロタンディエック位相　167
グロタンディエック・スペクトル系列　89
群　5
群の準同型写像　5
圏　1
高次の順像　121
恒等射　4
コホモロジー　2, 69

コホモロジー群　50, 105
コホモロジー類　51

サ行

サイト　167
細分　113
佐藤超函数　185
三角　146
三角化されたカテゴリー　158
自然変換　14
射　1
射影的極限　30
射影的対象　61
収束する　84
充満な関手　17
充満な部分カテゴリー　16
純 n 余次元的　186
順像　121
スペクトル系列　89
制限写像　13, 39
脆弱層　107
ゼータ函数　176, 183
切断　42
セールの双対定理　198
前層　38
層　42, 168
像　2
層化　45
相対コホモロジー群　118
相対超コホモロジー群　118
双対カテゴリー　11
双対境界輪体　51
双対鎖複体　50
双対輪体　51

タ行

体　6
対象　1
単射的層　105
単射的対象　60
単射的分解　60
チェック・コホモロジー群　111, 114
チェックの複体　111
忠実な関手　17
超コホモロジー　108
超導来関手　100
同型　146
導来カテゴリー　135
導来関手　140
特別三角　148
ド・ラーム加群　191
ド・ラーム関手　191

ナ,ハ行

二重複体　86
半完全関手　58
反変関手　11
p 進整数環　175
左完全関手　58
左随伴関手　29
左導来関手　69
微分作用素の層　188
表現可能関手　18
表現する対象　18
非輪状　51
非輪状対象　59
複体　50
複体のカテゴリー　51

部分カテゴリー　16
普遍係数スペクトル系列　183
辺射　117
ポアンカレの双対定理　198
ポアンカレの補題　170
ホモトピック　54
ホモトピー同値類　54
ホモロジー　69
ホロノミー加群　193

マ 行

マルグランジェの定理　187
右完全関手　58
右随伴関手　29

右導来関手　62
芽　41
メブクの定理　198

ヤ 行

米田の埋め込み　166
米田の補題　21

ラ,ワ 行

リーマン仮説　176
ルレー・スペクトル系列　121

ワイアーストラース族　178

■岩波オンデマンドブックス■

コホモロジーのこころ

2003年 3月25日　第 1 刷発行
2009年 1月 6日　第 4 刷発行
2015年11月10日　オンデマンド版発行

著　者　加藤五郎

発行者　岡本　厚

発行所　株式会社　岩波書店
〒 101-8002 東京都千代田区一ツ橋 2-5-5
電話案内 03-5210-4000
http://www.iwanami.co.jp/

印刷／製本・法令印刷

© Goro Kato 2015
ISBN 978-4-00-730305-0　　Printed in Japan